毒の水

PFAS汚染に立ち向かった
ある弁護士の20年

ロバート・ビロット 著
旦 祐介 訳
Robert Bilott／Yusuke Dan

花伝社

私の息子たち、テディとチャーリーとトニーへ

日本語版への序文

ロバート・ビロット

『エクスポージャー』が二〇一九年一〇月に米国で初めて出版されて以来、このストーリーが提起したグローバルなインパクトを目の当たりにして、本当に身が引き締まる思いです。一九九八年にウェストバージニア州の小農場の一人の農場主が、何十年もの間隠蔽されていた秘密を暴いたことは、私が夢想だにしなかった形でとうとう世界に向けて明らかになりました。本書で語られる「永遠の化学物質」の物語に呼応する形で人々（と環境）を守るために、法律が変わり、規制が修正され、ようやく対策が世界規模で取られ始めています。

米国環境保護庁はついに、この種の毒物の少なくとも二種類について、全米飲料水基準を設定すると表明し、さらに連邦浄化法の「有害物質」に指定する計画になっています。ごく最近の二〇二二年六月に同庁は飲料水ガイドラインを改定して、これらの化学物質はいかなる検知可能な濃度でも健康被害をもたらすとしました。この改定版ガイドラインは、最近の健康調査と有害性情報で、健康と環境に対してもっと深刻な潜在的インパクトがありうるとされた結果です。はるかに低い服用レベルであっても健康リスクは明確なのです。特に人間の免疫機能を阻害し、ワクチンの効力を減少させることさえありうるとされています（これは、世界規模でＣＯＶＩＤ-19のパンデミックと皆で闘っている現在、考えるだけで恐ろしいことです）。警告はもっともなことで、「化学物質」はこの惑星のいたるところの飲料水、及び、私たちの血液から検出されているのです。これに対処すべく、メイン州からカリフォルニア州まで米国の諸州は「永遠の化学物質」の使用禁止と規制に乗り出していて、気運は高まっています。私の住むケンタッキー州でさえ、州知事が二〇二二年九月一八日を永遠の化学物質「記念日」と宣言しました。二〇二二年一二月二〇日、これら有害物質の大半を発明した３Ｍ社ですら、二〇二五年までに製造を全面的に中止すると表明しています。

「永遠の化学物質」の世界規模の脅威について、日本でも意識が高まっています。マーク・ラファロとアン・ハサウェイ主演のハリウッド映画『ダーク・ウォーターズ』は、本書の物語に基づく映画で、米国では本書の出版と同時にロードショーになりました。日本ではＣＯＶＩＤ−19のパンデミックの影響で、二〇二一年一二月にようやく字幕付きで公開されました。その頃には日本のメディアも、さまざまな形で人工の「永遠の化学物質」が日本中の環境及び人々を汚染していることを報道し始めたのです。

オンライン翻訳サービスという驚異的な技術のおかげで、私はますます多くのニュース記事で、沖縄の汚染や、東京の血液検査や、日本中の都市での「永遠の化学物質」の水質検査が報道されるようになっていることを追っています。残念ながら記事や解説では、何十年もの間、日本でどのようにして特定の組織がこの汚染問題を隠蔽してきたかをほとんど問題にしていません。米国でも事情は同じで長年隠蔽されてきましたが、たとえば日本の報道では、ウェストバージニア州の農場主が一九九八年に発見した汚染を生んだのと同じ会社が、静岡市清水区で製造施設を操業し、一九九〇年代始めから、本書で扱ったのと全く同一の「永遠の化学物質」で大気と地下水と駿河湾を汚染してきたことを自覚し、社員の血液検査をしてきたのですが、そのことはほとんど報道されていません。

『エクスポージャー』の日本語版の刊行により、ウェストバージニア州の一人の農場主の話が、実は私たち一人ひとりに打撃を与えている前例のない規模のグローバルな汚染の話であることを、日本の皆さんに理解していただきたいのです。この地球上のどこに住んでいても、現在日本に住む人たち――そしてこれから生まれる人たち――を含めて事実上全員が影響を受けています。そしていちばん重要なこととして、私たち一人ひとりが、将来の世代のためにこの問題を解決する力と能力を持っていることをわかっていただきたいと思います。

あいつらは何でも隠したがってやがる。何だかでかい秘密みてーによ……。それが何かあいつらは言わねえ。俺とは話したがらないんでね。一介の年寄りで愚かな農場主には、何もわからねえと思ってんだ。でも蓋したままにはさせねえ。俺がみんなに見えるようにぶちまけてやるからさ。

――ウィルバー・アール・テナント――

著者まえがき

この本に出てくる事実と出来事は、過去何十年かの私の努力に基づいている。その努力は、E・I・デュポン・ドゥ・ネマーズ社［以下デュポンと略記］及びその他の企業の行動から生じた、過去から現在に続く一般市民に対する危険を警告するためのものである。これらの企業は、PFOAと関連するPFAS化学物質への曝露［exposure《エクスポージャー》］によって、個人と一般市民の利益を大きく害する可能性をもたらしている。

このような事実と出来事は、公開された裁判資料、公判記録、規制機関その他のドケット［オンライン訴訟資料］や資料保管サイト、出版物、メディアの声明、その他の手段により、法廷で承認された守秘義務あるいは保護命令による制約を受けずに一般に入手可能となったり、公的記録として保管されたりしている情報、資料、証言、声明に基づくもの、あるいはそれらから導き出されたものである。

氏名と登場人物はすべて変えていない。［氏名は実名であり、登場人物は実在する。］

細心の注意を払うために、この本の出版は、懲罰的賠償評決を含む最終的な陪審員評決と命令が出たそれぞれ数週間かかったオハイオ連邦裁判所での三回の陪審員裁判、及び、終結した上訴裁判所ブリーフィングと口頭弁論とを含む数回の公開の陪審員裁判の終了後に実現した。

いくつかの会話と出来事は、著者の能力で可能な限り正確に再現してある。その際、クライアント［顧客］へのアドバイスや秘密や作業成果の公表や開示を避け、同時にいかなるクライアントやその他の人に関するあらゆる特権や保護その他、法的に認められた、あるいはその他の形で得られる特権、または保護の権利を放棄することのないように最善を尽くした。従って誰も、この本の中身がそのような権利放棄を示したり構成していたりすると解釈してはならず、すべての権利放棄を明確に否定する。

裁判記録で引用されるもの以外、著者の意見と発言はすべて純粋に本人の個人的見解と回想（思い出せる限り）と気持ちと発言であるから、いかなる目的であっても元クライアントやパートナーや法律事務所その他の人格［または組織］によるものと見なしてはならない。

毒の水——ＰＦＡＳ汚染に立ち向かったある弁護士の20年◆目次

第一幕　その農場主

第二幕　町

第三幕　世界

凡例

・〔〕で示した部分は訳者による注釈である。

第一幕
その農場主

第1章　ドライ・ラン川

一九九六年七月七日
ウェストバージニア州ワシントン

誰も彼を助けようとしなかった。

その農場主は、太陽でまだらになった渓谷を流れる小川の淵に立っていた。後ろには白い顔をしたヒアフォード種の牛たちが、なだらかに広がる牧草地で草を食んでいた。母方の曽祖父がこの土地を購入し、農場主はここで生まれ育った。少年の頃、彼はこの小川でよく足を冷やしたものだった。大人になってから、妻とともに川岸を歩き、父として浅い波間で幼い娘たちが水遊びするのを見た。家畜は川の水たまりで飲んだものだった。

この小川は、彼の広い農場を流れる他の多くの小川と同じように見えた。ウェストバージニア州をかたどる山々は、古代からの霧のかかった、青くてまるで天国のような光景を見せてきたが、その間隙に集まった雨水がこの小さな乾きやすい小川に流れていた。時として嵐がひどくなって小川が増水すると、歩いて渡ることができなかった。乾季には、小川は干上がって小さな水たまりの連続するネックレスのようになり、その中に銀ヒメハヤが光って見えたが、時々あまりに乾燥して泥の中に死んでいた。これがドライ・ラン［乾いた川］と呼ばれる由来である。

ドライ・ラン川は、昔はジンと同じくらい透き通っていた。しかし、今や食洗機の廃水のようになってしまった。石の上を流れるにつれて、泡が石鹸の膜のようにできていた。もっと厚ぼったい泡は渦を巻いて固まり、泡立てた卵白のように震えながら盛り上がって、そよ風で時たま吹き飛ばされるようだった。棒でつつけば穴が残った。腐った臭いがした。

「あれが川です、泡の下に見えるでしょう」と農場主は言った。

彼は目に押し付けたビデオカメラに話しかけていた。彼は自分の土地で目撃したことを訴えたが、誰も信用してくれなかった。もしかしたらビデオに撮って観てもらえば、彼がどこかの狂った老農場主ではないことに気づいてもらえるかもしれないと思っていた。彼が渓谷にビデオカメラを向けると、鳥は高い湿度の中でもさえずっていた。ズームボタンを押すと彼の手が震え、澱んだ水溜りがアップになった。水面は乾き、岸辺にシワが寄っていた。

「自分の家畜がこういうものを飲まされるのを見たらどう思いますか」。彼はビデオを観ている人を想像しながら話しかけていた。

農場主の名はウィルバー・アール・テナント。あまりよく知らない人たちはウィルバーと呼んだが、友達や家族はアールと呼んでいた。五四歳のアールは一八〇センチの堂々とした体躯で、引き締まって雄牛のような肩とごわごわした手が特徴で、いつも眩しそうにしていた。よく森の中をシャツなし、靴なしでズボンをたくし上げて歩き、子牛を持ち上げて柵の中に入れるようなことを生涯やってきたような、機敏な力強さで動ける人だった。

彼は生まれつき働き者だった。それにより、曽祖父が購入した一五〇エーカーの土地に、二階建てでベッドルームが四室ある母屋を、森で切った木を引きずってきて自分で建てたのだった。母屋はなだらかに上る並木道の麓にあり、その先は木のない小高い丘に続いていた。

ドライ・ラン川は家から歩いて一マイルもないところにあった。リー川を渡り、平野を通って、二本のわだちをたどったところだった。ドライ・ラン川は、三〇〇エーカーの農地の隅でアールが「ホーラー」と呼ぶ場所を流れていた。ホーラーは夏中、家畜を放牧する場所だった。毎日そこまで歩いて行き、頭数を数え柵をチェックしていた。雌牛は、オランダクローバー、ブルーグラス、フェスキュー、赤クローバーなどの混ざった牧草地に放牧した。すべて混じり合ったデュークの牧草と呼ばれるものだった。最近まで、家畜は必ずその牧草と、仕上げに彼が栽培したトウモロコシ、そして飼料店で買った雑穀で良い感じに肥えていた。それが今や、飼料を二倍食べさせても痩せこけていくのを見守るほかなかった。

彼は、問題は食べ物ではなく飲み水だと考えていた。時々家畜は牧草地の遠い先にある泉からのバスタブ水槽から水を飲んだが、たいていはドライ・ランの水を飲んでいた。アールは水に毒が入っていると確信していたが、その毒物が何であるかは知らなかった。

「あそこに来て採水して、何が入っているか確認すべきなんです」。彼はビデオカメラを膝の高さの水草で区切られた澱んだ水に向けながら話した。オリーブ色の水には、草で覆われた岸をさえぎる茶色の泡が浮いていた。「これが素晴らしい風景と言えるか？」。

彼の声には鋭い怒りがあった。家畜は原因不明のまま、何十頭も死んだ。二年たたないうちに少なくとも子牛一〇〇頭と雌牛五〇頭を失った。彼は一頭ずつカレンダーに印をつけた。単純な斜線一つはグロテスクな一頭の死を意味した。一時期三〇〇頭近くいたが、今や半分に激減していた。

アールは助けを求めたが、誰も聞いてくれなかった。ウェストバージニア州自然資源局と環境保護局に相談した時は拒絶感を味わった。州の獣医は農場を見にも来なかった。彼は自然資源局の職員を知っていた。シーズン以外に自分の土地で狩猟する特別許可の申請で知り合った。しかし今や彼らも彼を無視するようになっていた。

「自然資源局に行っても何にもなりません。彼らは背を向けて立ち去るだけです」。アールはカメラに向かって言った。「しかしもう少し時間がほしい。どうにかしたいんです」。

要するに、時間が足りなくなっていたのである。彼の家畜が死んでいるだけではない。シカ、鳥、魚、その他の野生動物が、ドライ・ランとその近辺で次々に死んでいた。アールは自分の土地で仕留めたシカの肉を自分の家族に食べさせるのを止めていた。シカの内蔵は変な臭いがした上に、時々腫瘍のようなものがそこここに散りばめられていたからである。死骸は行き倒れた場所にそのまま放置されたが、猛禽類で死骸を好むバザードやスカベンジャーですら、食べようとはしなかった。

狩猟はアールの重要な楽しみの一つだった。彼は農場を見回る時、いつでも夕食の獲物を撃てるようにライフルを持っていた。腕のよい狩人であり、家族はいつも肉には困らなかった。かつて冷凍庫は、シカ、野生の七面鳥、リスやウサギの肉で満杯だった。

その同じ冷凍庫は、今や病理学研究室でしかお目にかからないような標本で埋め尽くされていた。

問題はドライ・ランでしかありえない、と彼は思った。もはや小川でヒメハヤが泳いでいるのを見ることはほとんどなかった。見るとすれば腹を上にして浮かんだものだけだった。

彼はビデオカメラをズーム・アウトし角度を変えて、小川に泡を吐き出す工業排水管に向けた。「しかしはっきり言いたいのです」彼はズーム・インして続けた。「あれがドライ・ランの口です」。その管は産廃地の下端の集積池から流れ出ていた。彼の所有地境界線の反対側では、ドライ・ラン産廃地が、かつて彼の一族が所有していた小さな谷を埋め尽くしていた。投棄ピットは防水加工されておらず、事務古紙や日々のゴミといった非有毒産業廃棄物の廃棄用に設計されていた。少なくとも彼の家族は一三年前に彼らの土地を買った会社からそう言われていた。

もはや彼はそれを信じていなかった。埋立地だけでなく監視責任のある規制当局についても信用しなかった。誰が見ても何か途方もなく間違っていることがわかる状態だった。彼らは誰も気づかないと思ったのだろうか。彼が黙認すると考えたのだろうか。

「誰かがきちんと仕事をしていないのです」と彼はカメラに対して、耳を傾けてくれる人に向かって言った。「そして彼らはいつか必ず、誰かがもう我慢できないと感じているのがわかるでしょう」。

泡だった水を撮影した二週間後、アールはビデオカメラを雌牛に向けた。白っぽい目をして拓けた草原に立っているのは、赤茶けて白い顔とひらひらする耳を持ちツノのないヒアフォード種だった。カメラのアングルを少し動かすと、彼女が産んだ白黒の子牛は丸くなった干草の上で死んでいた。せいぜい生後数日だった。頭はおかしな角度に後ろ向きになっていた。死骸は臭い始めていた。

「あそこのもう一頭の子牛と同じです」彼は敷き詰めた草の上を映しながら言った。「みんな意欲がなくなっているのがわかりますか。あの子牛は惨めな死に方でした。信じられないほど、蹴ったり突っかかったりしたかと思うと、そのあたりで具合悪そうになりました」。その子牛は黒く、ぶんぶん音を立てる霧に飲み込まれていた。彼はカメラをアップして言った。ハエだった。

彼はさらに画面を動かした。牧草地の斜面に大きなゴミ容器くらい幅広い丸太の山の焚き火が燃えていた。炎の中に子牛が横たわり燃えていた。黒い煙が陽射しに照らされながら立ち上っていた。「農場でこの問題が起きた一〇七頭目の子牛です。全部焼きました。雌牛五六頭も同じように焼いたのです」

別の草原では成牛になった雌牛が倒れて死んでいた。彼女の白い革は下痢便でこわばっていた。腰椎骨が出っ張り皮革をテントのようにつっぱらせていた。眼は頭骨の奥深くに沈み込んでいた。「この雌牛は二、三〇分前に死にました」とアールは言った。「私は毎日少なくとも穀物一ガロンを食べさせました。この雌牛はあそこで子牛を産みました。死産でした」。

アールは雌牛をかわいがっていて、雌牛たちもアールが好きだった。彼が頭をかいてやると雌牛の方も鼻をこすりつけてきた。春には、彼は走って子牛を捕まえ、娘たちがなでられるようにしてやった。最後は肉牛として屠殺されるとわかっていても、脚を折ってしまった牛の苦しみを終わらせる必要がある時以外、心優しい彼は自分で殺すことはできなかった。最近になって、雌牛が猛進したり、蹴ったり頭突きしたりするようになったが、この雌牛も死ぬ前はそういう風になっていた。

この雌牛は夏を渓谷で過ごし、ドライ・ランの水を飲んだ後、奇妙な行動をとり始めた。政府職員も地元の獣医すらやろうとしなかったので、アールは自分で死体解剖をした。これは初めてではなかった。前回までの解剖はいずれも不快な驚きを露呈した。腫瘍、異常な臓器、不自然な異臭。彼は専門家ではなかったが、病気は明白だったので、物理的な証拠を袋に入れ、関心を持つ有資格者が現れて証拠を見る日まで冷凍庫に保管した。誰も見に来なかったので、ビデオに録画したのだった。

「彼女は北米や中米の夜鷹のようにみじめでした。私はこの雌牛を解剖してなぜ死んだか解明します。十分食べさせていたので、痩せるのではなく太るはずでした。まず頭を開いて歯を調べます」

アールは白い手袋をはめて、雌牛の口をこじあけ、歯茎と歯を探った。舌は正常に見えたが、何本かの歯は石炭のように黒く、ところどころ白い歯と交互に並んで、ピアノの鍵盤のようだった。一本の歯は大きく腫れ上がり、アイスピックを差し込めるほどだった。ハエはミツバチくらい騒がしかった。彼は胸部を割いて、肺を取り出してからカメラを再開した。臭いは異様だった。彼は見当がつかなかった。今まで彼が扱った普通の死牛の臭いと違った。

「あそこの大きい赤黒い部位はわかりません。全然理解できないのです。以前それを見た記憶はありません」

彼は心臓を切り出し、割いて開いた。筋肉は正常だったが、薄い黄色の液体が、かつて拍動していた空洞部分に溜まっていた。「あの液体が紅茶カップ一杯くらい溜まっています。とても暗い黄色です。今まで見たことがないものです」。

彼は次に雌牛から肝臓を取り出した。これはだいたい正常に見えた。胆嚢がくっついていたが、それは正常には見えなかった。「人生でこんなに大きな胆嚢は見たことがありません。何かここに問題があります。これは、えー、通常の一・七倍くらいに肥大しています」。

腎臓も異常に見えた。滑らかに見えるはずのところが、縄のように盛り上がっていた。脾臓は今まで見たどれよりも薄く白かった。もう一つの肺を切り出すと、ふわふわピンク色であるべきところに濃い紫の血腫が見えた。「暗い色の場所がずっと下まで見えますか。肺の先端近くまでつながっていませ。とても普通ではありません。私には少しがんのように見えます」。

アールには、この雌牛を殺した何かが内側から蝕んでいるように見えた。

第2章　電話

一九九八年一〇月九日
オハイオ州シンシナティ

オフィスの電話が鳴った。

「もしもし」と聞いたことのない声が言った。「ロビーですか」。

「ロブ・ビロットです」私は驚きながら言った。二〇年間ロビーと呼ばれたことはなかった。

その男は特徴あるゆったりとした南部なまりとアパラチア特有の鼻音の声で話し、単語は切れ目のない一文につながって聞こえた。彼はひどく興奮していて、あまりに早口だったので、私はほとんど理解できなかった。男は助けを求めていた。何か、雌牛のことのようだった。単なる雌牛ではなく死にかけている雌牛のことだった。私は企業法務の弁護士だった。なぜ彼は私に電話をかけてきたのか。彼の声の音量と調子が強かったので、私は椅子に深く座ってひるんだ。どうやって私の番号を知ったのか。私の直通電話には顧客、他の弁護士、そして家族以外からかかってくることはほとんどなかった。他の人は法律事務所の代表番号にかけてくるだろう。直通番号は非公開だった。彼が雌牛について延々とわめいている間、私は秘書に転送するか電話を切るか思案していた。そんな時、彼が発した二語が私の注意を引いた。「オルマ・ホワイト」。

グランマー？　この死にそうな雌牛の話と私の八一歳の祖母と、どういう関係があるのか。

私はメモパッドに彼の名前を書いた。アール・テナント。彼の家族はウェストバージニア州パーカーズバーグ郊外に牧場を所有していた。パーカーズバーグはグランマーが何年も住んでいた町だった。私の母の出身地でもあった。母はここで育ち、高校に通った。私が子供の頃、車でウェストバージニア州に行く時、母はいつも「家に帰る」と言っていたものだった。

この町は、グランマーと曽祖父母に会いに行った子供時代の旅行でよく知っていた。小学校時代しばらく住んでもいた。米軍家族だったので基地から基地へ引っ越しを繰り返し、新しい友達ができたと思ったらすぐ別れるような生活だった。パーカーズバーグは若い時の数少ない定住場所であり、幸せな子供時代の思い出が結びついていた。楽しかったクリスマスはパーカーズバーグで過ごした記憶と繋がっていた。うちは核家族で両親と一歳上の姉のベスだけだった。それでも祖母と曽祖父母とで大人数のディナーを食べたあと、祖母宅の近隣の、質素な五〇年代、六〇年代の家に住む牧場家族を車で回ったものだった。豪華なクリスマスのイルミネーションと飾りが明るい思い出だった。

近所だったものの、アールの農場は祖母宅の半郊外地域とは別世界で、町の南側の丘陵のどこかでグレアムという名の家族が経営する農場の隣りにあった。以前からアールは、隣りのアン・グレアムに死にかけている雌牛の話をしていた。彼女には、化学物質が近くの産廃埋立地から漏れ出ていて、彼の家畜を毒殺していると言っていた。地元弁護士に相談したが、彼らは、ひとたび産廃地の所有者を聞くと尻込みし、別の弁護士を探すよう失礼なほどきっぱりと断った。所有者は町最大の雇用者デュポン社だった。「政府の人たち」も助けにならなかった。彼が喋りまくるのを聞くだけで、何もしなかった。彼はデュポン社に数えきれないほど電話した。電話に出た人たちは曖昧な返答に終始した。これが二年続き、その間に彼の雌牛は死んでいった。彼はお隣りさんに、他の州に行ってでも弁護士を見つけると言っていた。

アン・グレアムは助けてあげたかった。彼女はちょうど私の祖母と電話で話していたところだった。祖母は当時引っ越してオハイオ州デイトンの私の両親の近くに住んでいた。祖母は私が環境問題弁護士としてシンシナティのかっこいい会社に勤めていると自慢していた。祖母がアンを通じてアールに、私の名前と電話番号、そして真の法律的理解というより祖母としての誇りから推薦し、孫が必ずや助けてくれると約束したのだった。

私は静かに頭を横に振った。グランマーは、ハロウィーンのお菓子のように簡単に私の電話番号を教える前に、私に確認してほしかった。そうしたら、私が全くふさわしくない環境弁護士であると忍耐強く説明しただろう。私の事務所は、デュポンのような会社が誰かの農場を汚染したと非難された時、会社側の弁護をする事務所だった。端的には、私は相手側チームのために働いていたのだった。

しかし私は、最後までこの男の話を聞くことにした。彼の声色にあふれる痛みと情熱が私の心を動かしていた。誰も助けるために指一本動かしてくれず、動物たちが苦しみながら死ぬのをただ眺めつつ、成すすべもなく立ち尽くすことがどれほどつらいことか、想像しようとした。最も避けたかったのは、教会で繰り返される連祷のように、彼をがっかりさせた人々の側に付くことだった。彼を助けたかった。しかし疑問はあった。

「デュポン社が埋立地を所有していると証明できる書類を持っていますか」

「もちろん」と彼は言った。実際、彼と彼の家族は、今やドライ・ラン埋立地になっている土地の一部をデュポンに売却していた。彼はまだ書類を持っていた。

「埋立地からの化学物質が牛の体内に取り込まれていると、どうしてわかるのですか」

「何頭か解剖しました。私の人生でこんな状態を見たことはいままでありません」と彼は言った。

「埋立地から何が漏れ出しているか特定できますか」

「ノー」と彼は言った。しかし何かが漏れ出していることは絶対に確実だと彼は思っていた。何か悪いもの。彼の家畜をこれほど病気にさせてしまうのはよほど悪いものに違いない。加えて、誰かがそれを知っていて周りに知られないようにしている、と彼は信じていた。そうでなかったらなぜ皆が見て見ぬふりをしているのか。

私は懐疑的だった。私が職業柄、懐疑的だと思われているかもしれない。デュポンは、規制当局のレーダーに引っかからないよう夜密かに飛ぶような、いかがわしい会社ではなかった。世界有数の化学企業で、二〇〇〇年の歴史があり高く尊敬されていて、当時は健康と安全に関して産業部門のリーダーだと自他共に認める会社だった。

私がそう認識していたのは、デュポンは顧客ではなかったが、同社の環境担当弁護士といっしょにさまざまなスーパーファンド埋立地に関して仕事をしていたからである。スーパーファンドは、全米の最も汚染された土地と水域をきれいにする政府主導のプロジェクトである。デュポンの弁護士は一流だった。訓練され、十分な予算を持ち、物事を正しくやろうとしていた。私の経験では、それこそが企業環境弁護士がやりたかったような仕事だった。

アールは、デュポン社が非有害物質用の埋立地に密かに有害化学物質を投棄したと言い張っていたが、これは私の好みからすれば、行き過ぎた陰謀論のように聞こえた。法律事務所で法人顧客と対応した経験では、そのような行動に遭遇したことはなかった。アールは私の声色でその疑念を察知した。「私は全部証明できます」と彼は主張した。説明しているすべてのことを裏付ける何箱もの写真とビデオテープを持っている。もし私が少しでも見れば理解してもらえる、と彼は言った。「それらがすべてを明らかにしてくれます」。

明白だったのは、アールが正しければ、世界有数の化学薬品会社との訴訟になるということだった。私には、「私はデュポンのような会社を訴えるようなことはしていなくて、むしろ彼らを弁護している」と言う勇気はなかった。彼らの弁護費用が私の請求書を払ってくれているとは言えなかった。しかし私はいつでも、誰かをがっかりさせたくはなかった。特に絶望している人は何とかしてあげたかった。最低限できることは、彼を法律事務所に呼んで、耳を傾け、見せたいと力説する何かを見ることだ、と考えた。それに、彼は私の祖母の提案で電話してきたのだった。私はシンシナティまで三時間半ドライブしてくるようにと彼を招待した。すべての箱を持ってきてよいと言った。もし何もできなかったとしても、私は、こういう筋の仕事をする別の弁護士事務所を紹介できると思った。

「何も約束はできない」と私は言った。「でも見るだけ見てみましょう」。

最悪でも、私は雑多であまり意味のない写真と書類の束を見て一時間無駄にするだけだろう。

その程度のことだったら。

アールからの電話を取る前、私の人生はこれ以上正常と言えないほどノーマルだった。

私は三二歳で、六か月になる男児テディの父になりたてであり、あと二か月でシンシナティで老舗のタフト法律事務所の幹部パートナーになることが決まっていた。妻セーラと私は、結婚以前の六年前に買った築一〇〇年の家（大工仕事が得意な人限定の特選物件が、特に器用ではない人に売られたようなものだった）より家族にふさわしい家を建てる準備をしていた。セーラとは、私がタフトで仕事を始めて一年と少したった一九九一年秋に出会った。ある日、私は同僚二人とコーヒーを飲んでいた。一人は私のような二〇代の男性、もう一人はマリアという名の同僚女性だった。そこで私は新米所属弁護士として長時間かつ不規則な勤務なので、社会生活がほとんどないと愚痴をこぼした。皆、一生あまり移動しないシンシナティでは特にそうで、高校でできた友達と大人になってからも付き合っていた。「会わせてあげられる友達がいる」とマリアは言った。ほどなくして、二六歳の私に紹介するために、二五でダウンタウンの別の企業弁護法律事務所で働き始めたばかりのセーラ・バーリッジに電話した。マリアとセーラはケンタッキー州北部のオハイオ川を渡った同じ街で育ち、同じ学校に通った。マリアはタフト勤務の二人の独身男性（私ともう一人の男性）について、私が静かな人、と説明していた。セーラは聡明で活気があり、パーティー好きの人が好みだった。マリアの説明に基づく限りでは、セーラはもう一人の方の独身男性を明らかに好んだ。「でも私は最初にプロポーズしてくれた人を取る」と言った。

私はそれが自分であるように努力した。マリアとセーラと私はランチをいっしょに食べた。最初に紹介してくれた時の第一印象は、二六歳男性の典型的な反応だった。彼女はゴージャスだった。女性二人は外交的でおしゃべりではだれにも負けない人たちで、ランチの間中二人で喋り続け、私は聞き役だった。私は、セーラの美しいライトブルーの眼に釘付けになっていたに違いない。彼女はいきいきとして輝いていた。チャーミングで社交的で誰についてもよいところを見つけ出せる人だった。私についても、実際と裏腹のことも褒めてくれた。そのランチで私は一言か二言しか話さなかったが、何やら思慮深い雰囲気を感じさせることができたのでは、と期待した。そうではなかったかもしれないが。

ランチのあと、セーラは私からかかってくるかもしれないと息を止めて電話のところで待っていた、というわけではなかったようだが、夕食と映画への誘いは少なくとも断らなかった。私たちは「ケープ・フィア」を観たが、あとになって彼女が映画に行くのはあまり好きでないことを知った。今になって、彼女はその夕食のとき、私が姉と両親のことを心優しく話したので、私のぎこちない振る舞いの先にあるものを見ることができたと言った。それは相当見通すのが困難なことだったに違いない。私はよくヒントも出さずいられたものだ。プロポーズしようと決めた晩、彼女は怒り狂う偏頭痛で寝込んでいた。私は一目見るために立ち寄ったが、彼女は頭痛でベッドから頭を上げることもできず、暗がりで寝ていた。彼女ができたのは、鎮痛薬を持ってきてほしいと私に頼むことだけだった。私はこれこそがチャンスだと思い、指輪を処方箋薬の瓶の中に入れた。瓶を開けた時に指輪がよく見えるように電気をつけた。彼女はひとこと、「指輪は素敵です。さあ電気を消して帰ってください」と言っただけだった。しかしどうやら彼女は、私の不器用さの中に私の最良の姿、結婚を承諾してくれなかったら見えてこない側面を見てくれたのだった。

彼女は私の古い家に移ってきたが、妊娠した時、家を探し始めた。古い家は、特に壁はおそらく有毒な鉛入り塗装だし、近隣は二〇代カップルばかりで子供のいる家はほとんどなかった。それに対して、ケンタッキー北部のオハイオ川の対岸の緑豊かで丘のある手頃な価格の魅力的な地域は、セーラが育った地域でもあった。

私たちは、私の新しく予定されているパートナーとしての安定的な地位と高い収入があれば、ケンタッキーの丘に家族に合った家を建てるだけでなく、労働者の補償問題で会社を弁護する仕事をしていたセーラがしばらく殺人的な勤務時間から解放され、数年間は家族の世話に専念できると考えた。

毎朝私は、一九九〇年製トヨタ・セリカをベンツとビーエム［BMW］にあふれた駐車場まで運転し、二〇階までエレベーターで上り、現代絵画の版画や亡くなって久しい歴代パートナーたちの油絵を飾った廊下を歩いて自分のオフィスに向かった。パートナーの中にはウィリアム・ハワード・タフト大統領の息子もいた。一八九八年創業のタフト法律事務所は、私が働き始めた頃には、代々の資産と素晴らしい家族の血統を誇るアイビー・リーグ有名校出身者の集まりと見られていた。空軍の家族の子供として公立学校を卒業するまでに五、六回転校した私は、蝶ネクタイや縞模様のシアサッカー・スーツの世界にようやく慣れてきたところだった。この世界ではしばらく前までジャケットなしで廊下を歩くことはマナー違反で、名刺はダサいと考えられていた。ロースクール時代、私はタフト事務所の夏期インターンシップに申し込んだが、初回のインタビューで落とされた。しかし卒業後、どういうわけか入り込むことができた。一九九〇年の入社初日のことは忘れない。シニアのパートナーが歓迎してくれた。

「ハーバードかい」と彼は言った。

「ちがいます」と私。

「バージニアか」

「オハイオ州立大学です」

「あー」と彼は言った。「あのダークホース〔競馬で予想外に優勝する馬〕か！」。

八年たった後も、私はまだアウトサイダーの感覚を払拭しきれないでいた。私自身と私のパートナーたちに対して、私がタフトにふさわしいことを証明しようと強く願った。栄誉で欠ける部分を私はコツコツ仕事の強い忍耐心で補った。ほとんどの弁護士が恐れて避けるような根気のいる仕事、細部に何時間も没頭するような仕事も気にならなかった。私には以前から、強迫的なほど細部へのこだわりがあった。子供の時、仮免を取るずっと前から車に強く惹かれ、あらゆる車種やメーカー名や年式を電気掃除機のように記憶していた。歩く自動車百科事典のように、ビューイック・エレクトラの一九七二年型と七三年型の仕様の違いを暗唱していたし、部品が一千ピースもあってヘッドランプを組み立てるのにピンセットと虫眼鏡が必要なモデルカー・キットが好きだった。

弁護士としてこのこだわりが役立つようになるとは想像できなかったが、その性質のせいで、多くの新米弁護士が苦しむ退屈さもそれほど苦にならなかった。

私の性格は、法律関係の仕事に向いていたが、法律関係のビジネスとなると話は別だった。それまで私は、すべて他の弁護士の顧客のために仕事をしていた。自分自身の顧客簿は持っていなかった。実のところ、法律事務所に新しいクライアントを連れてきたことはなかった。しばしばタフトのような企業専門の法律事務所では、それが成功の重要な証だった。大半の男性が買い物が嫌いなのと同じように、私は丁寧に顧客対応するのが嫌いだった。どこかのチャリティ・ガラ・イベントでレンタルしたタキシードを着て白のジンファンデルワインを飲みながら、どのフォークを使えばいいか冷や汗をかくようなヤツにはなりたくなかった。他の弁護士と競って何かヒントはないか集まった人々に探りを入れるような態度は、私の性質に全く合わなかった。私はワインとディナーは同僚たちに任せ、黙々と彼らのために縁の下の仕事をすることで満足だった。まさに彼らの言う「発見者ではなくこつこつ屋さん」だった。

私は弁護士事務所の環境実務グループに所属した。全米をカバーし評判の高い小さな部署だった。ただ、私がそこに属したのはちょっとした偶然のせいだった。ロースクールの最後の学期に、私は選択科目の環境法を履修していた。というのも、心を麻痺させるように抽象的な契約法や税法の科目のあとに、とても地に足がついているように聞こえたからである。そのこと以外は環境に関して何も特別なことはないまま、タフト事務所に名高い環境グループがあるのを知って、参加を申し出たのだった。そのグループが実際に何をしているのか、その時は何も知らなかった。

程なくしてわかったことに、ほとんどのクライアントが大企業で、私の仕事は許可証、規制対応の資料作り、およびそれに関連した裁判だった。基本的に私の仕事は、企業が、廃棄物を規制する多くの環境法や条例に違反しないようにすることだった。アールが私に電話した頃、私は、連邦政府のスーパーファンド法に基づき、汚染された有毒物廃棄施設を除染する企業クライアントの仕事で忙しかった。

祖母に電話してアールを紹介してくれたお礼を伝えた時——目を白黒させた部分は省略したが——、思っていたより私とアールとの関係が近いことがわかった。一九七六年、少年だった頃、アールのすぐ隣のグレアム農場を訪れたことがあったのだ。今もその訪問は幸せな思い出として克明に覚えている。雌牛の搾乳までした。その子孫は今農場を流れる泡立った水を飲んでいるのかもしれなかった。

二週間後、アールと妻サンディに、タフト事務所のガラス張りの応接エリアで会った。私が来ると、ジーンズと格子縞のフランネル・シャツを着たアールは、二〇世紀半ばのモダンなソファから立ち上がった。彼は私を見下ろすように背が高かった。感謝の笑みをたたえ、ごわごわする手で握手を求めた。サンディは教会行きの服で、恥ずかしそうに微笑んだ。私は彼らが持参した四つか五つの段ボール箱を一瞥した。アールが言ったのは冗談ではなかった。箱には資料、ビデオテープそして写真が詰まっていた。

私たちはエレベーターで二〇階にある大きめの会議室ギャンブル・ルームに行った。この階で環境実務グループの全員が仕事をしていた。行く途中で、トム・タープに出くわした。グループ責任者となっている二人のパートナーの一人で、私にスーパーファンドの仕事のやり方を教えてくれた。キム・バークが私たちのグループにいたもう一人のパートナーで、環境分野の複雑な許可やコンプライアンス〔法令遵守〕の相談と支援の方法を教えてくれた。私はトムとキムをたいへん尊敬している。寛容な恩師として厳しい職業倫理とずば抜けて高い基準を示すとともに、私にもそれを要求した。クライアントから午後遅くに電話で質問があった場合、クライアントの希望にかかわらず、徹夜して翌朝一番に回答を準備しておくようにと言われた。重要なのは、最高の仕事と顧客サービスをしていると繰り返し証明することだった。

ちょうどトムに出会ったので、私は会合に参加してくれないかと誘ったところ同意してくれて、私はほっとした。アールは我々の典型的なクライアントとは正反対の人物で、通常我々の弁護士事務所が弁護するような企業クライアントを批判する彼の訴えは、くすぐったい領域に踏み込むことになりかねなかった。トムが最初の打ち合わせに参加してくれたのは、とても大きな安心材料だった。

アールとサンディが部屋の様子に慣れるのを見ながら、私は彼らがくつろげるようにしたいと考えていた。ギャンブル・ルームは厳格な感じのある窓無しの部屋だった。オフ・ホワイトの壁には現代アートが飾られていた。署名入りのアンディ・ウォーホールの版画もあって、その価値はアールの農場全体より高いに違いなかった。亡くなって久しい元パートナーだったギャンブル氏の額に入った写真が、壁から私たちを見ていた。このような案件を検討するのに恐れおののいていたかもしれない。

私たちは巨大な黒っぽい会議テーブルの一端に集まり、青い生地の椅子に納まった。いつもの顧客との会合と同じように、訪問者用にお盆にソフトドリンクが並び、水差しもあった。しかしアールとサンディは雑談や飲み物には関心がなかった。すぐさま用件に入りたかったのだ。

アールは自分の話を始めた。彼の語りは少しぜいぜいしていた。時として一文のあと間を取る必要があった。あたかも空気が足りなくなって、続ける前に息継ぎをするかのようだった。でもその困難を彼は気にしていないようだった。彼は話す機会を長い間待っていたので、肺の苦しさは苦にならなかった。

この二、三年、彼は考えられる全ての機関に電話してきた。地元の機関は取り合わないか無視するか。そのあと連邦政府機関に連絡した。米国環境保護庁は問題を調査していると言った。一九九七年に政府職員数名が彼の農場にやってきて、数日間、サンプルを採取しメモをとって調べ回っていったが、そのあと何も連絡がなく、結果も出てこなかった。この調子では役に立つ回答が出てくる前に家畜は全滅するだろう、と彼は言った。

「皆関わりたくないと思っているのです」と彼は言った。

彼は会議テーブルに箱を乗せ、私に見せたいものを取り出し始めた。私たちは、三インチ×五インチ〔七・五センチ×一二・五センチ〕の雌牛や野生動物（魚、カエル・シカ）の死体ばかりの写真の束をぱらぱらめくって見た。小川に白い泡立つ水を吐き出しているパイプを彼は写真に撮っていた。パイプの脇にある標識には、E・I・デュポン・ドゥ・ネマーズ社の名前と会社のロゴと、「排出口」の言葉があった。

次はビデオだった。アールはこの数年にわたる「ドライ・ラン川」「リー川」と手書きした黒いVHSビデオテープの束を出した。職員が一九インチのカラーテレビとビデオプレーヤーを載せたカートを押してきた。アールが一つ目のテープを渡し、私はそれを再生機に入れ再生ボタンを押した。

ざらついた画像の動画が、静止画を挟んで、画面上にちらついた。アールはビデオカメラの字幕を編集して、陰惨なハイライト集に仕上げてあった。ひずんだ音声を通じて、彼の怒りの説明の声が、スクリーン上に繰り返されるむごいイメージの一つひとつのシーンごとに聞こえた。

ビデオが終わる頃には、私は打ちのめされていた。これは強烈だった。もはや疑いはなかった。これは何かひどく間違っている。

とうとう誰かが聞いてくれるのを感じたアールの雰囲気は明るくなった。彼にとって何より大切なことは、私たちが理解したことだった。彼の眼の炎は、怒りから希望に変わった。

「私たちを助けてくれますか」

それは結構大きな質問だった。

テナント夫妻が帰った後、いろいろ検討する必要があった。彼の憤怒と情熱は伝染していた。なぜ連絡した弁護士や政府公務員の誰ひとりとして、これほど明白な問題を確認できなかったのか。私は映画『エリン・ブロコビッチ』と『市民行動』を観ていた。悪徳で顔のない企業が時として実在することは知っていた。他方、多数の企業のまともで道徳的な男女社員と働いた経験もあった。彼らは同胞市民を傷つけようとは思いもしない人たちだった。だから私は、性急にアールの言葉を鵜呑みにするのにはためらいがあった。地元でも州レベルでも、みんなデュポン社で働いているか、デュポン社と取引があるか、関係を壊す悪影響を恐れているかである。

もう一つ、ビデオテープの箱に入っていない要素があった。その日アールの話を聞く中ではっきりしたことだった。アール本人が病気だったのだ。埋立地や小川の近くに行くと息が苦しくなると言っていた。特に埋立地の池にある換気装置からの「水蒸気の雲」が彼の農場を覆う時にひどくなった。彼はサンディと二人の娘、クリスタルとエイミのことを心配していた。かつて子供の時、散歩し水遊びをした小川の近くに行くことは禁止してあった。しかし飲み水はどうか。吸う空気はどうなのか。

私は彼を助けたかった。それにはなんの疑問もなかった。腐敗した権力者から弱者を守る使命を負った『アラバマ物語』のアティカス・フィンチになるために弁護士を志したわけではなかった。タフトに来るまで弁護士事務所での仕事がどのようなものか、全然知らなかった。専門職の仕事でいい生活ができればよい、その程度に考えていた。しかし今ここで援助を懇願する人が私の前にいる。

単純な選択肢ではなかった。この事件を引き受けると深刻な皺寄せが来そうだ。タフト法律事務所は、いつもだったら弁護しているような企業と裁判することになる。そういうニュースは業界で天ぷら油の火災のようにまたたく間に広がるだろう。実業界でのこの弁護士事務所の輝かしい評判を傷つけたくなかった。この裁判をすると重要な関係を破壊することにならないか。新しいクライアントが逃げていかないか。これを事務所に持ってくる初めてのケースに本当にしていいのだろうか。

アールとサンディが段ボール箱を持って帰ったあと、トムと私は会議室で振り返りのミーティングをした。環境法の先駆者であるトムは、一九七〇年に環境保護庁が設立された頃から法律分野のキャリアを築いてきていた。全米初のスーパーファンド埋立地浄化プロジェクトに関わり、今やこの分野では全米のリーダー格だった。彼の方がこのケースに関して、どういうリスクがあるか、また、社内のパートナーだけでなく化学業界がどう受け止めるか、はるかに熟知していた。

ところがトムは私と同じく、写真とビデオを観て、本当に間違ったことが行われていると確信していたのだった。この風変わりな事件に怖気づいていなかった。たった一人の農場主と彼の家畜の小さなケースだ。池の水を撒き散らしても、この法律事務所が手がける大企業の魚たちが怖がるほどの水はねは起こさないだろう、と受け止めていたのである。

彼は、言うまでもなく、これを手がけるのは正しいことであると言った。

それに、時折小さな原告裁判をすることで、我々がよりよい企業弁護士になれる、とも言った。もう一つ問題があった。トムはすぐ、アールの家族が私たちの弁護士事務所の時間当たりの請求書を払えるはずがないとも言った。他の大きな企業弁護士事務所と同じく、タフトも一時間あたり数百ドルを請求していた。私たちが弁護する多くの企業にとって、投資に対する明確な見返り利益があるビジネスをする上で、弁護士費用は単なる経費にすぎなかった。我々の仕事は、廃業に追い込まれかねないクライアントの責任を軽減することだった。罰金を回避し裁判で勝つことでその会社が節約できる金額は、時間当たりの弁護士費用より圧倒的に多かったのである。

他方、原告を弁護する法律事務所の場合は、しばしば時間単位で弁護士費用を払うゆとりのないクライアントの代理人として仕事をする。たいてい成功報酬の契約で仕事をしていた。これは、和解をまとめるか裁判に勝つまで（あるいはそうしない限り）報酬がないということだ。クライアントの獲得額に対して事前に合意した割合（通常二〇％から四〇％の間）で弁護士報酬を得る。一か八かのギャンブルだった。通常、企業弁護士は結果の如何にかかわらず報酬を得られるが、原告弁護士は原告に有利な成果が得られた時だけ支払われる。原告弁護士は裁判で負けたら、かかったコストをかぶらなければならない。法律事務所がかかった経費をかぶる一方、原告はそれ以上貧しくはならなかった。

報酬がないリスクというのは弁護士事務所だけの話ではなかった。企業弁護の法律事務所は、作業をした時間で請求するシステムになっていた。これは代理人として働きクライアントに請求できる時間数のことで、これが法律事務所の財政的健全性を支え、個々の弁護士の存在を正当化するものだった。多くの大法律事務所では、まともな仕事量は年間一八〇〇時間から二千時間程度と考えられていた。これを大幅に下回る弁護士は、給料が上がらないだけでなく（場合によっては給料が下がった上に）、もし速やかに修正されなければ潜在的に自分のキャリア形成が危うくなりかねなかった。

したがって、成功報酬方式でテナント家の代理人を務め、私がこの訴訟を担当し請求書を管理するという条件にトムが同意した時、私はことの重大さをかみしめた。裁判はかなり単純なように思えた。つまり、今まで企業弁護で首尾よくやってきたように、許可を申請して、どの化学物質が埋立地に流れ込み、どれくらい基準値を超過しているか探し出せばよいだろう。あとはトムやキムとともに処理してきた他の裁判と同じように、この事件も記録にとどめれば済む。我々の推察としては、テナント氏の裁判は時間も労力もそれほど必要とせず、自分で対処できる課題について、私が新クライアントを開拓できるよい機会に見えた。思うに、トムは弁護士事務所のリソース〔予算と職員〕を大きく賭けるようなケースではないと考えていて、私が他の方法で新しい大企業クライアントを連れてくる可能性はあまりなかったからである。もしかしたら彼は、私が自分の殻から脱皮するチャンスと見ていたのかもしれない。

第3章　パーカーズバーグ

一九九九年六月八日
ウェストバージニア州パーカーズバーグ

アール来訪の八か月後、私は顧客訪問用のスーツを着て、ウェストバージニア州へ私の小さなセリカを走らせた。物理的な環境をつぶさに見ておきたかったからである。問題の核心に迫るような明白なヒントが得られるかもしれなかった。これまでのところ、あまり何も見つかっていなかった。

何か月もこの事案に費やした後の告白としては、これはあまりにも情けないものだった。すべての関連する機関に自由情報法に基づいて資料請求を出し続けて、埋立地の許可と操業に関する回答として私たちが受け取った何千もの記録を確認したにもかかわらず、あまり進展は見られなかった。その間に私はトムとスーパーファンド埋立地の裁判、キムとは規制関係の仕事も並行してやっていた。要請に従ってデュポン社は埋立地の排水に関するテスト報告書を定期的に発出していたが、報告書にアールの雌牛に起きたことを説明するような証拠は何もなかった。法律事務所内にある環境関係の図書室にも通った。もっともそこは環境関係の参考書で埋められた二〇階にあるクローゼットくらいのサイズの部屋に図書室という大げさなラベルをつけただけのものだった。その図書室では様々な化学物質の本をあさって、アールがドライ・ラン川で見つけたように泡立つ物質はないか探していた。

ピッタリ合うものは見つからなかった。

法律事務所の仕事では、いつも干草の中から針を探し出せた。そのおかげで、まだ自分のクライアントを連れてきていないのに、トムとキムは私を法律事務所のパートナーに推薦する際に高い評価をしてくれたのだった。ところが今回、私は初めて連れてきたクライアントの事案で、どうしても証拠を探し出せないでいた。私はさらに深堀りし、超過勤務はさらに伸びた。これまでも週六日朝八時半に出勤して夜六時か六時半までは仕事をしていたが、今や一〇時か一一時まで居残るようになった。

日が経つにつれて、アールは毎週数回電話をかけてきて、何か見つかったか、どれくらい見通しが立ったかを聞いてくるようになった。まだ資料を漁っているという回答はいつも同じだったので、彼の苛立ちが高まるのを感じた。政府の資料を見てみよう、と私は言ってみたが、彼はほとんど満足しなかった。今まで何年間も、彼は「そういう人たち」——州政府、環境保護庁、そして特にデュポンの人たち——を相手にしてきて、彼らの口から出てくる言葉は一言も信用しなかった。彼がどう感じているかを理解していたものの、私は科学を信頼していた。つまりサンプルを採取し検査すれば、問題が明らかになる、と考えていたのだ。

電話はいつも同じように、アールが明らかに不幸せそうに切って終わった。彼は、事案の進展と個人的には私にも不満を抱いていた。それまで私はクライアントを不幸せにしたことがなかったので、それも私にとって重圧だった。

正攻法では何も役立つものが見つからなかったので、私はデュポン社宛ての裁判を始めるための正式な苦情の手紙を書いた。それにより我々は法律的な証拠開示のプロセスを始めることができる。私はこれが、問題ある化学物質を特定できる唯一の方法だと考えていた。デュポンだけがドライ・ラン埋立地にどの化学物質があるかを正確に把握し、それらの物質の毒性を知っていると思われた。デュポンは社内で広範な毒性検査をしていたが、これは稀なことではなかった。デュポンのような大きな化学会社は、規制当局よりも化学物質の毒性を熟知していることが多かった。

テナント一族に私の裁判計画を説明するのは、一族全員に会い、農場を見せてもらい、敵味方をはっきりさせる、つまり私が本当に味方であると今一度確認するよい機会になるだろうと思った。彼らがいったん正式な書類に署名したら、私は裁判所に訴状を送り、公式に裁判が始まることになる。

シンシナティを出て東方向に向かうと、高速道路は四車線の道に狭くなり、オハイオ州南部の木に覆われた丘の合間を縫うようになった。これは私にとってシュール［非現実的］な体験だった。というのは、両親の一九六七年型リンカーンの後ろの座席でその昔旅行した道を、今自分で運転していたからである。デイトンの私の両親の近くにグランマー［祖母］が引っ越した一九八五年以来、パーカーズバーグには行っていなかった。グランマーと曽祖父母の家の前を通り、子供時代の目印になるような町並みを見ようと計画した。

私は運転していて、パーカーズバーグの繁華街がさびれてしまったことに驚いた。私と姉がカフェテリアで卵サンドを注文したディルズ・デパートはなくなって久しかった。れんが造りの歴史的建造物は古びて見すぼらしくなっていた。通りはがらんとしていた。店のショーウィンドーは板が打ち付けてあった。私がわかる範囲で言うと、かつて街で繁盛していた商店は廃業したか、近くのビエナのショッピング・モールの方へ移ったのだろう。

パーカーズバーグは米国独立革命後すぐ定住が始まったが、川が高速道路の役割を果たした頃に隆盛を誇った。一九世紀後半、鉄道建設ブームにより電車が川のバージ〔貨物船〕に取って代わって貨物を運ぶようになるとパーカーズバーグは衰退したが、一八五九年、かん水（塩を作る原料、当時貴重な産物だった）をドリルで穴を開けて探していた試掘者が、石油を掘り当てた。さらに、これ以上のブームは来ないというほど絶好調だった時、この地域は天然ガスも豊富だとわかった。

オイルとガスの資本は、この作業員の川辺町を文化のオアシスに変貌させたものの、一九三〇年代、大恐慌でパーカーズバーグの銀行や企業の多くは廃業した。そうした暗い時代に街を支えた会社の一つが、アメリカン・ビスコース社だった。世界有数のこの企業は、人類初の人工繊維であるレーヨンの製造会社だった。ウェストバージニアは、化学関連企業にとって夢のような地域と考えられている。二〇世紀が進展するにつれて、パーカーズバーグの南一六〇キロにあるカナホワ川渓谷は、世界でもっとも多くの化学工業企業が集中する地域となり、「ケミカル・バレー」として知られるようになった。

第二次世界大戦が終わる頃、デュポン社は、もともと独立革命のあと建国の父ジョージ・ワシントンに付与された底地一区画を買った。町の南、オハイオ川の東岸にあり、プラスチック工場を作るには最適の場所だった。デュポン社（町の人たちは皆、第一音節を強く発音していた）は、たちまち町の経済の源泉となった。誰しもが、誰か一人は幸運にもデュポンの工場で働く人を知っていた。デュポンターズ（デュポン社の従業員）は中産階級のひとつ上の独自の社会階級を形成していた。

パーカーズバーグ住民は、化学製造業職を第一級の就職口と見なしていた。年俸が州の平均より数千ドルも低い町において、化学関係の労働者は二倍稼いでいた。デュポン社は惜しみなく地元に寄付した。学校、非営利団体から、公園などの市民生活プロジェクトまで、自社従業員だけでなくコミュニティ全体が喜ぶことに支出していた。住民にとって工場は、仕事であり、経済的安定であり、安心感を与えてくれる希望の存在だったのである。

ランチのために私は地元の食堂に入り、知り合いの弁護士と落ち合った。私はオハイオ州の弁護士免許を持っていたが、ウェストバージニア州で裁判するには地元弁護士の協力が必要だった。私と同じ企業弁護士のラリー・ウィンターは、短髪でソフトな声で、穏やかな立居振る舞いの静かな男だった。ウェストバージニアのスーパーファンド埋立地の件で机を並べて仕事をしたことがあった。その時彼はクライアント企業側の地元ウェストバージニア州弁護士だった。当時、ラリーはスピルマン・トマス＆バトル法律事務所のシニア・パートナーだった。同事務所はウェストバージニア州チャールストンの評判の高い企業弁護士事務所で、タフトと顧客層は似ていた。彼はその後そこを辞めて、チャールストンで自分自身の小さな弁護士事務所を始めていた。

私がテナントの裁判をすることにした、と初めてラリーに伝えた時、彼は驚いていた。世の中に私より控えめな人がいるとは到底思えない中で、それでもラリーは私より控えめなのは確かなので、私は彼がどれほど強い衝撃を受けたか、その時は気づかなかった。後に彼は、タフト法律事務所がデュポンを訴えることを許したとは「考えられないことだった」と認めた。しかしテナント農場の話を聞いて、彼は、たとえそれが「原告側」に立つことになるとしても、あえて同意してくれたのだった。

昼食後、私の車でテナント農場に一緒に行った。農場は町の南側の丘陵地帯にあった。道中、デュポンの工場の前を通った。その工場は、最初の所有者に敬意を表して、ワシントン・ワークスと命名されていた。川に沿って町のようにそびえる工場の煙突は、蜘蛛の巣のような金属管に絡め取られた要塞から、いく筋もの煙を噴き上げていた。工場に沿う二車線の横道であるデュポン通りを運転しながら窓越しに観察すると、建物が延々と続いていた。一マイル［一・六キロ］近くあるに違いない。

この規模の工場は、毎年、何トンもの産業廃棄物を出す。廃棄物は多様だ。空気伝播の粒子は排気塔から大気中に、さまざまな粘性の工業スラッジ（泥）は敷地内の専用の廃棄場所に、そして液状の廃棄物は川に放出された。会社はどの物質をどれくらいどこに放出するかの許可証が必要だった。

副生成物は処理か廃棄のために特別埋立地へ、また固形物は地元埋立地にトラック輸送された。許可証を見ると、テナント一族が言っていた通りだった。同家の隣りのドライ・ラン埋立地は、デュポンが単独で所有し工場廃棄物を投棄するために利用していたが、投棄できる廃棄物は、建設ゴミ、鉄道関連、事務所ゴミ、その他非有毒物質に限られていた。私の調査で、ヒ素、鉛その他の規制汚染物質もそこで管理されていることもわかっていた。しかしどれも、アールの動物たちを襲った、黒い歯や腫瘍や衰弱を起こす汚染物質ではなかった。水を泡立たせる物質には見えなかった。

それでも私は、企業クライアントとの経験から、許可なくして有害物質が埋立地に投棄されたなら、デュポンの責任を問えると知っていた。政府の資料によれば、ドライ・ラン埋立地では、危険な化学物質を豪雨時に漏出させない対策は講じられていなかった。さらに、産業へドロの投棄許可があるかどうか明確ではなかった。これらの食い違いが裁判の基礎になるのではないかと考えた。

私が急いでメモに書き留めておいたアールの道順の説明をラリーが読んでくれた。それに従って幹線道路を外れ、丘と谷に入っていった。工場から離れるとアスファルトの道は狭くなり、上りはきつくなり曲りくねっていった。道に迷ったと思った時、説明書きの目印を見つけた。道のわきの古い郵便受けだった。道を曲がるとひとけのない小さなログキャビンがあり、未舗装の小道の先に家が建設中だった。最近の雨で、窓から湿った土の豊かな匂いが入ってきた。細長い通路を曲り、砂利ががらがら音を立てるのを聞いたあと、車輪がぬかるみに沈んだところで車を止めた。

ラリーと私はネクタイを直し、咳払いをし、クライアントに会う準備を整えた。私は車のドアを開け、左足のウィングチップの靴を泥に踏み出した。

第4章　農場

一九九九年六月八日
ウェストバージニア州パーカーズバーグ

　正装用の靴がウェストバージニアの泥にのめり込むと、急に服装が気になった。クライアントとの打ち合わせ用のいつもの服を着ていた。ダーク・スーツに白いボタンダウン・シャツ、そして保守的なネクタイだった。ラリーも同じだった。その時になって、いかに服装が場違いか気づいた。何を考えていたのだろう。ここの人たちは、一目でこの二人は愚か者だと理性的に判断するだろう。

　大型犬が出迎えにきて、泥だらけの前足でスーツに飛びかかった。尻尾を振り私たちが彼の新しい親友であるかのようだった。アールはデニムのつなぎと頑丈な作業靴で出てきて、寛容にも私たちの服装は無視してくれた。

「やあ、元気か！」と彼は言い、つなぎ服で手を拭いてからしっかりとした握手で挨拶してくれた。彼は会うのが本当に嬉しそうに見えた。私は改めて彼のそびえるような体格と田舎風の頑丈さを印象付けられた。加えて彼は、シンシナティで会った時よりさらにぜいぜいして、やつれて疲れているようだった。途中で息を吸わなければ一文も言い切れないようだった。アールは未完成の家に私たちを呼び入れた。彼が板きれから建築している家だった。一階は柱があったがこれから壁を入れるところだった。アールに続いて下りた階下の完成した地下室は、完成するまで彼とサンディが住んでいるところだった。彼女は、別のカップルと食卓に向かって座っていた。その夫婦は私たちを見て少し表情を曇らせた。アールは弟ジム・テナントと、義理の妹デラであると紹介した。アールより細くて小柄のジムは野球帽の下から短く会釈した。デラは一五〇センチもないくらいで、腕組みしたまま、我々のスーツを見てにやっと笑った。弁護士を信用しない人たち特有の表情だった。

食卓に座ると、アールがタフト事務所で見せなかったスクラップブックとビデオを出しながら、いくつもの変色した水入れを光にかざした。さまざまな動物の骨が一つずつテーブルの回りに、言い当てゲームのショー・アンド・テルのように回ってきた。中には黒い歯の雌牛の頭蓋骨もあった。彼は冷凍庫の底から臓器や肉片のサンプルを取り出した。すべて農場での死体解剖で集められたものだった。三インチ×五インチの、病気や死んだ動物の写真集も見た。予期したよりはるかにたくさんあった。感銘を受ける以上のもので圧倒された。私は、誰の責任か熱く議論する他の弁護士たちとともに、スーパーファンド埋立地訴訟に切り込むのに慣れていた。深刻な課題と大きな金額が関わっていた。そうした事件には専門家として冷静に対応することができた。究極的には問題はその会社の問題であり、弁護士本人の問題ではなかったからだ。一日の仕事が終わったら、弁護士は、化学物質の脅威から遠く離れた居心地のよい自宅に帰り、カクテルを楽しみ、翌朝の出勤まで仕事のことは忘れていられた。

テナント一族に小休止はなかった。常に対処を迫られた。毎朝、自分の病状が悪化していないか、もう一頭死んでいないか心配していた。彼らには安息の場所などなかった。

苦労して集めた証拠を夫が見せる間、サンディは静かに聞いていた。到着した時のジムとデラの遠慮は消え、いくつもエピソードを話した。草原で死んでいだシカのこと、埋立地近くでぜいぜい咳き込むこと、死因不明のまま犬や猫などのペットを埋葬したことも話してくれた。

私は大量の情報に戸惑っていた。私の分野は秩序と手順の世界だ。会議の議題や準備されたインタビューや整った手順に慣れていた。同僚たちも、慣れた形式と順番とペースで情報を伝える訓練ができていた。ところがここでは、細かい内容とエピソードが大量かつ順不同に押し寄せてきた。

当初私は、きちんとメモを取ろうとした。しかし、膨大な情報を同時に処理する羽目に陥った。書類、ビデオ、写真、いやな臭いの瓶、凍った雌牛の肝臓、野生動物の骨、そしてあまりにもたくさんのエピソードの中にさらに小話があった。全部集めて精査し、分析し、整理する必要があった。ことわざにある消火ホースから水を飲むような話で、とても手に負えなかった。程なくしてメモは脇に置き、聞くだけにした。話は何時間も続いた。そのうちアールとジムの弟ジャックが参加した。アールとジムに比べて落ち着いたジャックは金属工で、兄弟より背は低くずんぐりしていて、弁護士と裁判の話全体に関して見るからに乗り気ではなかった。ジャックが農場で生計を立てていなかったせいだろう。静かに座って耳を傾け、時折加わって補足説明をしたり質問に答えたりしたが、深入りするか決めかねていた。三兄弟の性格は際立って異なり、いろいろ意見が合わなかったが、確実に一致する点があった。ドライ・ラン埋立地が問題だ、という点だった。

一九八〇年代始め、デュポンは、テナント家を含む地元一族の土地を買い上げ始めた。これは珍しいことではなかった。工場の拡張のため土地が必要になると、地主宅に出向きいい金額を提示するのだった。ほとんどの住民は売りたがった。地元企業を良き隣人と見ていたからだ。それに工場の拡張は、職が増え経済がよくなるので、皆の利益になることだった。

何十年にもわたって、テナント一族はそういう家族だった。一族の誰かが折に触れてデュポンに土地を売っていた。何十年も前、アール三兄弟の母親リディアは、断れないほどの条件で、八十数エーカーの土地を売った。デュポンが土地を購入し所有するが、そのままテナント家が使い続けられるという好条件だった。一年更新の形だけのリース契約で、一族は二世代の間、放牧権を保障された。

従って、一九八〇年頃デュポンがジム・テナントに数エーカーの土地を買いたいと持ちかけてきたのは、特別なことではなかった。ジムは一九六四年から、工場で時々働いていた。ジムとデラは売りたくなかった。しかし同社は粘り強かった。その土地は、埋立予定地の真ん中にあったからである。数年おきに同社社員が立ち寄って説得しようとした。ジムとデラは、口頭および書面で、有害化学物質は決して投棄されないとの確約を得ていた。地主たちに配られた埋立地説明資料には、「埋立地は非有害廃棄物だけしか投棄しない、たとえば工場のボイラーの灰、プラスチックごみ、ガラス、金属スクラップ、紙、そしてゴミなどである。すべて覆いをかけたトラックか密閉されたコンテナで運ぶ」と書かれていた。「埋立地は近隣住民に最大限の配慮をするよう設計され運用される。灰は濡らす。道は埃と泥が出ないよう舗装する。埋立地は一日の終わりに土でカバーする。日中の作業は計画的に行う。埋立地は一日一〇台から一四台分の廃棄物を受け入れる」。

母リディアとの約束と同じく、デュポンはジムとデラに対して、ドライ・ラン川沿いに家畜を放牧する権利を保障すると言った。最後はこの条件で売ったのだった。本当は手放したくなかったが、売却後も使えるなら有利であり、追加収入はありがたかった。彼らは数エーカーを売り、デュポンは他の数名の地主からの土地と合わせて七七エーカーの小渓谷をドライ・ラン埋立地とした。

一九八四年に操業が始まると、ジムとデラはダンプカーがうなりをあげて通るのを眺めた。あとからあとから廃棄物が運ばれ、渓谷が徐々に埋め立てられていった。

私は、ドライ・ラン埋立地につながる土地と小川を見たかった。ラリーと私は上着を脱ぎ、ネクタイを外し、腕まくりして華氏九〇度［摂氏三二度］の夏の日の農場ツアーに臨んだ。

テナント家はまず我々を「わが家」に連れて行った。母リディアが彼らを育てた小さな農家の家だった。なだらかな丘の麓の小さな川のそばに立ち、ありえないくらい深い緑色の草を食べる雌牛を見た。何頭か痩せて悲しそうな雌牛も見た。彼の数多くいた家畜の最後の何頭かだった。しかし水に泡は見えなかった。アールが、泡は所有地の遠い端にあって、歩いては行けないと説明した。ビデオではすべて見ていた。彼が本当にやりたかったのは、農場を自慢することだとわかった。何もかもうまくいかなくなっても、農場に対する彼の誇りは明白だった。テナントたちは、コンクリート・ブロックで手作りした納屋と穀物サイロを見せてくれた。子供のおもちゃのリンカーン・ログズのように組み立てたものだった。冬中、牛たちに食べさせるとうもろこしと干草を貯蔵できた。納屋の巨大な棚にある干草の匂いがした。大きなバスケットボール・コートくらいありそうだった。夏の草を刈り取り干して、高さ二〇フィート［六メートル］の天井までいっぱいになった。

その光景と匂いは、そこから遠くないグレアム農場の記憶を呼び起こした。刈り取った草の匂い、牛の鳴き声、動物がアールを信頼して鼻をすり寄せる様子は、私の中に本源的で確信させる何かをかき立てた。私は小さい頃から動物好きだった。おそらく一九六三年に私の家族が飼い始めた白黒のダックスフントとフォックステリアの混血種に対する深い感情的なつながりから始まっていた。子供時代仲良しだった愛犬チャーリーは、一九八一年のクリスマス・イブにパーカーズバーグのグランマーのところに遊びに行っていた時、病気で死んだ。これは、アールが見せてくれたものを見るまで、この町の唯一の不幸な記憶だった。アールと牛とのつながりを理解できたように感じた。牛は家族のようなものであって、家畜ではない。彼は守る義務を感じていた。今、私も守る義務があると気づいた。

これはもはや何か抽象的な「課題」ではない。生きて息をしている問題で、一家の将来がかかっていた。彼らは、私を信用して解決してほしいと頼んできたのだった。

農場への旅の三日後、私はテナント家の法律文書を仕上げてラリー・ウィンターに送った。彼は訴状をウェストバージニア州の連邦裁判所に提出した。その中で私たちは、デュポンがドライ・ラン埋立地の廃棄物を不適切に管理し、許可証に違反して有害物質を放出したと主張した。この裁判で勝てば、デュポンに埋立地を浄化させ、家畜を毒殺している物質を除去できると考えた。所有物の損害に関する過失請求、およびアールと家族の健康被害に関する人身傷害も訴えに含めた。

訴状は裁判所に郵送されると同時にエージェントにも送られて、公式にデュポンに通知されることになっていた。一日か二日のうちに裁判官が任命される。私はアールに、裁判官が初公判日を決めるのも時間がかかると理解してもらった。法的手続きでは、ほとんど何も素早くは進まない。それでも少なくとも裁判は公式に始まったのだった。

私には心配するゆとりができた。デュポンの弁護士たちは衝撃を受けるだろうか。怒り狂うだろうか。私を反逆者と見なすだろうか。原告側弁護士と企業弁護士は、お互い全く別種の存在と見られ、それぞれ独自の文化と癖と人間性を持っていた。私は、ラリーと私自身以外、「攻守を入れ替えた」弁護士を一人も知らなかった。何を期待すべきかわからず、心配するなと言われても無理だった。

五日後、オフィスの電話が鳴った。デュポンの社内弁護士からで、きつい応対を覚悟したが、電話の声はかなり中立的だった。そして奇妙なほど聞き慣れた声だった。誰かわかると私の緊張は解けた。

「バーニーか」

バーナード・ライリーは私が信用している弁護士だった。一緒に仕事をしたこともあった。彼がタフトの裁判でショックを受けているとしても、声色からはわからなかった。物静かで冷静で親しげな感じで、同僚と雑談しているようだった。彼は規則を知り、違反は深刻なことと理解していた。

バーニーとは、ラリー・ウィンターと知り合いになったのと同じスーパーファンド事案で会った。他の弁護士との交渉で、埋立地に廃棄物を捨てた会社が浄化をどう分担すればいいか何時間も議論した。弁護士はお金のことではとても白熱するが、バーニーとはいつもお互いに敬意があった。

年長の彼はやせぎすで、出勤前、朝四時半に犬とジョッギングするタイプだった。賢く責任も強く、健全な倫理観の勤勉な弁護士と受け止めていた。テーブルの反対側に座っても、最後まで気持ちよく仕事ができると感じていた。デュポン側の弁護士がバーニーであることは幸運に思えた。

近況報告の後、バーニーは良い知らせがある、もうすでにテナント農場の調査が始まった、と教えてくれた。あとでわかったが、調査はアールの環境保護庁への陳情で始まったのだった。同庁職員がデュポン社の耳元でうるさく言うので、会社は共同調査を提案したのだった。

同庁と組んだデュポンは六名の全米有数の獣医の「家畜チーム」を結成した。デュポンが三名、同庁が三名選んだチームだった。広範囲の高価な調査の目的は牛問題の原因探しで、同社が、方向性をコントロールし問題に先手を打てるようになっていた。

バーニーは、家畜チームの獣医がすでに数か月作業していて、最終報告が二週間ほどで出る予定だと言った。届いたらすぐにコピーを送ると約束してくれた。彼は、それまで徹底的な証拠開示は延期しようかと提案してきた。これは裁判の第一段階の膨大な労力が要る作業で、お互いに資料を要求しあうものだった。家畜チーム報告書が出れば明らかになることに時間と労力を無駄遣いするべきではないという意味だった。報告書を待つ間、彼は、埋立地許可証や権利書や規制申請の内部文書を送ると言った。私は情報自由法の請求により、公開情報の大半は入手ずみだったが、これで同社から追加資料が入手できることになった。私からは、訴えを裏付ける写真やビデオなどを送ることにした。

これはすべて完璧に理にかなったことに思われた。私は通常の企業クライアントのために分析したのと同じようなデュポン側の記録を得られる。バーニーは農場の問題をよりよく知ることができる。月末には家畜チーム報告書が入手でき、どの物質なのかがわかるので、そこから前進できるはずだった。

これは一九九九年六月のことだった。アールの電話から九か月経っていた。一週間が二週間、二週間が四週間になり、二か月、三か月、四か月が過ぎた。私は毎週のように、家畜チームは「ほとんど仕上がった」と言われ続けた。夏が秋、秋が冬になった。感謝祭の二週間前になると、セーラは二人目の息子のチャーリーを出産した。分娩は素早く問題なく終わり（私が言うのは簡単だが）、ありがたいことに合併症もなかった。私たち夫婦はもちろん感激したが、やっと一歳になった幼いテディについても、私が幼い頃いつも望んでいたような弟ができてよかったねと喜んだ。クリスマスになって、二人子供がいるのは一人の時に比べて一〇倍大変だという不思議な算数を学びながら、私はまだ家畜チームの結果を待っていた。いったい、なぜこんなに時間がかかるのだろうか。

私は疑念を持ち始めていた。この時点で、テナント家の裁判を統括する連邦判事は公判予定を二〇〇〇年中頃に確定していた。たった六か月後のことなのに、まだ全然その準備を始めていなかった。トム・タープがテナント事案の進捗状況を尋ねる度に、私の内臓の結び目はきつくなった。事務所では誰も、この裁判がはるかに長引いていると心配するようなことは一言も言わなかった。金銭的請求の当てもなく無報酬のまま私が仕事をしていることを心配する様子もなかった。しかし同僚たちは心配しなくてもよかった。私は次第に不安になり、生産性のなさを意識するようになった。さらに具合の悪いことに、この事案は熟知した分野の単純な裁判だったはずなのに、複雑になるばかりだった。

進展のないこの六か月間、トムとキムのためのいつもの企業弁護に加えて、私は証拠開示の代わりにデュポン社から受け取ったドライ・ラン埋立地の書類の確認に、数えられないほどの時間を費やしていた。さらに、情報自由法による請求で環境保護庁とウェストバージニア州環境保護局からの記録も見直した。やっと埋立地のすべての廃棄物がわかったが、農場の被害の原因は全く出てこなかった。

この事案は這うような速度になったが、農場では時間は止まらなかった。アールはほとんど毎週電話で死んだ動物のことを知らせてきた。電話の度に苛立ちと怒りが高まるのが感じられた。彼を非難はできなかった。人質を取られて、救援なしの一日ごとに、また一つの生命が失われる状況だった。

二一世紀の最初の週、バーニー・ライリーと初めて話した六か月後に、家畜チーム報告書が私のデスクに到着した。報告書は目立つように、コピーされた分厚いページに写真とデータの大きな付録がついており、明らかに印象付けようとするものだった。まだ知らない答えに期待しながら読み始めた。

報告書をめくるうちに、私の楽観主義は消えた。牛問題につながる化学物質は、一つも特定されていなかった。六人の獣医はアールの動物の血液を採取し、生体のサンプルを取り、あらゆるテストをした。牧草地と飲む水と補助飼料も分析したが、彼らは……何も見つけられなかった。埋立地に関連するものは何もなかった。彼らは、化学物質汚染の証拠は何もなかった、と結論づけたのだった。

私は失望しながら読み進んだ。報告書の結論は驚きであるだけでなく、屈辱的だった。牛の体重が増加しないのは「蝿」のせい、「牛の発狂するような突進」は「おそらく多数の蝿のせい」とされた。妊娠率の低下は、農場主による「集中的交配管理の欠如」のせい、子牛の生育が遅いのは「バランスのとれた餌の欠如」のせいだった。牛の問題は栄養不良、結膜炎、銅不足、牧草に自然に繁殖するカビによる中毒が原因だとしていた。臨床的、実験的および歴史的データが、「これらの四つの状態はテナント農場の慢性的な家畜の問題をたやすく説明できる」という結論を裏付けているとされた。

野生動物の死はどうか。ビデオテープで提出された二〇の動物の死体は、「診断的価値がない」とされていた。死体は、生物の種や位置やタイミングに一貫性がなく、「偶然」との結論だった。

家畜チームは、「栄養不良と不十分な獣医学的ケアと蝿の管理欠如」が原因であるとした。チームの勧告は、「テナント農場の家畜の所有者が、家畜健康プログラムの策定のために獣医学的および栄養学的コンサルタントを雇うこと」だった。

言い換えれば、すべてアールが悪いという結論だった。「専門家」たちによれば、一五〇頭の死はすべて不適切な飼育のせいであり、アールは飼育方法が全くわかっていない、あるいはさらに悪いことに、彼は動物を虐待しているのだ、という結論だった。

私はがっかりした。厚い束をどさっと床に落としデスクから遠くに押しやった。怒り心頭に発し座っていられず、部屋を歩き回りながら、頭は回転していた。アールのせいにする結論は、よく言ってやり過ぎだ。確実すぎる有罪宣告で、農場で私が観察したものとは縁もゆかりもなかった。

さらに悪いシナリオとして、私がヘマをしたのではないか。私は純情にも、バーニーが相手方弁護士になったのは単なる幸運だと考えたが、実は彼は作為的に選ばれたのではないか。デュポンは、私たちの以前からの関係を利用して油断させたのではないか。恐れていたことが起こったと思った。

バーニーが報告書の完成まで証拠開示は遅らせようと提案した時、私は彼が便宜を図ってくれたと思った。しかし、あれはずる賢い罠だった。デュポン側は会社初の原告弁護裁判を担当する新しいパートナー（私）が、会社の細かいチェックを受け、未請求の費用で苦労していることを熟知していたのだ。私は無駄に待たされたツケを払うことになった。牛の報告書は何も明らかにしなかったので、私は改めて証拠開示をする羽目になった。これは原因を探し出す最後の手段だが、膨大な時間がかかり、時間切れ寸前だった。全面的証拠開示の遅延を簡単に許したのが悔やまれた。

しかし自己憐憫のゆとりはない。私は後悔を忘れて仕事に集中した。残された時間で足りるか、いや、足りるようにする。アールと家族は危機に瀕していて、私が問題を解決するのを待っていた。

救いは、私がもう金輪際、相手に騙されないと自覚したことだった。

彼らは全力で私を寄せ付けないようにしていた。なぜだろう。当初、私はアールの陰謀説に懐疑的だったが、今やアールと同じく、誰かが何かを私たちに知られないようにしていると確信した。

私は、何かわからないが、今や意地でもその何かを明るみに出そうと思った。しかしまず、嫌悪したくなる任務があった。アールに報告書の内容を伝える務めだった。

電話した時、彼が受話器から飛び出してくるのではないかと思った。

「この報告書はゴミだ」と彼は憤慨して言った。「家畜チームは全部『完全なジョーク』だった」。

アールは、初めから獣医たちの能力を信用していなかった。横柄な知ったかぶりの「インテリ」で、おしゃれなドレス・シャツの袖にＰｈＤ［博士号］を縫い付け、アールのことは愚かな田舎者と考えて、彼に雌牛の育て方を教えようとした。彼らは彼が集めた証拠にほとんど関心を持たず、何を探せばいいのか皆目わかっていなかった。アールが自分の牛を殺していると暗にほのめかすとは何様か。

報告書は、デュポン社も環境保護庁も信用できないというアールの確信を強めただけだった。彼は、以前にも増して、同社と「政府」が結託して彼を「黙らせて追いやろう」としているのは確実だと感じていた。

アールは今まで何十年も上手に牛を育ててきた。良質のツノなしヒアフォード種を買い、最高品種の雄牛と交配し改良してきた。一九八〇年代後半のオハイオ州祭りのオークションで、同州から出品された二番目の優勝雄牛を競り落としていた。

彼の農場で起こったことはアールのせいではなかった。しかしどうやって証明できるのか。どうすれば、埋立地の誰も知らない物質をテナント家の死にかけている動物と結びつけることができるのか。

「どうするつもりだ」とアールは質問した。

私はアールに、簡単には引き下がらない、デュポン社が隠蔽しているものを徹底して暴き出す、初公判の日程は近いが、まだ答えは全く出ていない、でも、私はもうお人好しではなくなったと伝えた。

牛の報告書で、事態が簡単に解決しないことがわかった。「専門家たち」が明確にデュポン側についた今、我々も専門家を連れてくることにした。それはうまく行ってもきわめて高くつき、最悪の場合破滅的だった。何を調べてほしいか具体的にわからないので、これを調べてほしいとも言えなかった。我々の専門家は、政府とデュポンが見逃しているか隠蔽している毒物を一から探すことになる。

決意は固まったが、アールだけでなく会社も危機に晒すことになった。裁判のリスクは高まる一方、支払いの見通しは暗くなるばかりだった。トムとキムに牛の報告書の説明をするのは気が進まなかった。報告した時二人は、なぜ引き受けることにしたのか、と何人もが不審に思っている事件に会社のリソース［予算と職員］を傾けるリスクは理解したが、不承諾や後悔の表情は微塵も見せなかった。

彼らの支援は幸運だった。負債が膨らみ倒産に直面する大半の原告弁護士とは異なり、給与は安定し、時給で私の給与をカバーしてくれる他のクライアントがたくさんいた。それでも、この裁判の結果が私のキャリアを左右することは覚悟した。当時会社には二種類のパートナーがいた。私は第一レベルで給与をもらっていた。会社の収益を受け取りはるかに身入りの良い第二段階に上がるには、在籍年数に加えて、どれくらい新しい仕事を取ってくるかが重要だった。事務所の中心的な人たちが大声で言わなくても、テナント家の裁判が決着するまで、昇進は再開しないと理解した。

私は、テナント家と会社だけでなく、家族をがっかりさせているのではないかと心配していた。ほとんど一人で二人の幼い子供を抱えながら家事のストレスを背負っているセーラのことを心配した。ありがたいことに二人の息子は生まれた時から夜は熟睡する赤ん坊だった。私はとても恵まれていた。

すでに多くの時間を浪費したので、ラリー・ウィンターと私は、復讐心で新規の証拠開示請求に踏み込んだ。デュポン社が何か隠したいなら、もっと攻撃的な証拠開示請求を通じて白状させる。バーニー・ライリーは、書類の作成を私もラリーもよく知っているスピルマン社に委託していた。騙したことについてバーニーに文句を言いたくても、彼はもはや連絡相手ではなかった。それにデュポン社には、シフトアップして戦闘モードに入ったことを知らせたくなかった。

スピルマン社でラリーは上り詰めて管理パートナーになったところで退社し、自分の事務所を開いていた。これは、以前の同僚たちと良好な関係にある点で、前向きの展開だと二人とも感じていた。

当初、スピルマンは追加の埋立地許可・規制の関係書類を出してくれたので、証拠開示は簡略で心が通じていた。同社は証拠開示に余裕を持たせるために、公判日程を二〇〇一年一月に遅らせる共同提案にも同意した。ところが二〇〇〇年の春になると、力関係が突然変わった。

埋立地記録からは何も出てこないが、何かが雌牛を殺しているので、証拠開示を工場記録に広げようと思い至った。ワシントン・ワークス工場のファイルを請求すると、デュポンは激しく抵抗した。新しい請求は、「広範すぎて負担が重すぎ」、裁判に「関係ない」事柄への「不必要な拡大だ」として却下された。何故怒らせたのか。熱い反応を見ているうちに、ますますファイルを見たくなった。

デュポンは逆に、テナント家の個人情報をたびたび念入りに請求してきた。税務記録、健康記録、そして所有地と家屋の検査命令まで要求した。資産も健康も争点なので請求権はあるが、私は威嚇だと感じた。「追及するなら、我々もやり返す」というメッセージで、嫌な予感がした。

デュポンの弁護士とは、社交辞令の段階は過ぎていた。相手の心配をするのは止め、請求は徹底的にした。捜索の範囲を広げて、埋立地の証拠開示請求から漏れていたあらゆるものをかき集めた。

私は、デュポンが公判前に時間切れを狙っていると感じ始めた。埋立地への投棄に関連する書類と質問中心のごく普通の請求（専門用語では証拠開示制度の質問書）を送ったところ、デュポン側弁護士は、連邦裁判所規則で許される三〇日の応答期限の最後の一分まで回答を遅らせるようになった。しかも彼らの「回答」は請求に対する異議申し立てだけだった。

それに対して私は、その異議申し立ては不適切なので今すぐ回答するよう強い手紙を書いた。それを彼らが拒否したら、残された唯一の手段は、裁判所に「強制動議」を出し、デュポンに命令を出してもらうだけだった。動議のあとデュポンの回答を待ち、裁判所の判断を仰ぐ必要があった。時間は下水に流れるように過ぎていった。

この応酬は何か月も続いた。長引けば長引くほど、また、デュポンが争えば争うほど、アールの最初からの見方を確信した。同社は牛に毒を盛ったことを知っていて、それを隠蔽しているのだ。

今までスーパーファンド埋立地の裁判で、心が邪悪な人に出会うことはあった。たいてい野暮な商売人で、どうしていいかわからず、規則も知らないか十分に理解していない人たちだった。デュポンは野暮とは縁遠い会社だった。同社は私と同じくらい規則を熟知していたので、アールの方が正しいのではないかと今や私も疑うようになったのは、驚くべきことだった。彼らは故意に規則を破っているのか。私は心の中でまだ、デュポンはもっと善良だと思いたかった。もしかしたら彼らは、牛の報告書で我々が猛然と工場の資料を要求し始めたので、カッとなったのかもしれない。同社はもう勝訴したと思った法廷闘争に、膨大な時間とお金をつぎ込むことになった。この強い反発は、彼らの立腹の印かもしれない。

ちょうどその頃、トム・タープが嬉しそうにオフィスにふらっと入ってきた。「誰が電話してきたか絶対当てられないでしょう」と彼は言った。

「誰がかけてきた?」と私がたずねた。

「バーニー・ライリーだよ」

「何と言っていましたか」

「要するに、私の新しいパートナー［ビロット］は無意味な証拠開示請求から手を引け、と言っていました」

私は顎が外れたかと思った。バーニーが私を封じるために、頭越しに私のボスに泣きつくのは尋常ではない。驚きはすぐ興奮に変わった。私はトムに微笑み返した。彼も、その電話は私がデュポンの秘密に接近している証拠だと理解した。バーニーの電話は、苛立ちより恐怖を示すものだった。

バーニーは私がひるむと期待したかもしれないが、むしろそれは逆効果だった。トムと私は実際ハイタッチは交わさなかった――タフトではハイタッチはしなかった――が、それに近かった。また別の意味でも偉大な瞬間だった。私は、トムが私に一刻も早くこの面倒な裁判を取り下げさせたいのかもしれないと心配したが、彼のこの反応でとても安心した。彼は何のためらいもなく支援してくれた。誰もタフトに我々のクライアントを代理する方法など指図できない、とりわけ相手方弁護士に言われる筋合いなどないのだ。

そんな感じで話は進んだ。続く数か月は膠着状態《こうちゃく》だった。私が工場の記録を請求すると、デュポンは異議を申し立てた。私は工場従業員に証言録取するよう求めた。ワシントン・ワークス工場はどの産業廃棄物を排出したか、工場及び埋立地でどう処理されたか、廃棄物は正確にはどこに行ったのか、水質汚染問題はなかったか。デュポン側弁護士は、相変わらず私が大幅な越権行為をしているとして抵抗した。これらの質問はごく普通の質問だった。彼らの抵抗には隠されたメッセージがある。私が「登録され規制された」化学物質以外の情報を求めると、デュポンは強烈な拒絶反応を示した。埋立てが許可されている物質以外を調べるなら、その物質名を明記せよと言ってきた。

これは落とし穴だった。知らない化学物質の名前を言うことはできない。どうすれば謎の化学物質を特定できるのか。水を検査に出すことはできるが、検出する物質を知らなければ分析は完全に無意味である。検査所は、水に含まれる物質すべてを一回でテストできるわけではない。どの物質を分析するか指示する必要がある。デュポンだけが工場で何を産出し、何を埋立地に投棄したか知っていた。どの化学物質かは彼らが私に教えてくれるべきであって、その逆ではなかった。なぜこの馬鹿げた当てっこゲームで時間を浪費しているのだろうか。

資料請求し始めてからの一年間に、デュポンは、証拠開示の「正しい」範囲に入ると見なした六万ページ近くの資料を送りつけてきた。そのすべてが、埋立地そのものの許可と、許可証に特記された化学物質に関わる狭い範囲に集中していた。アールの牛を殺した物質の手がかりは全くなかった。

「徹底的に調べるから」と私はアールに約束していた。一年以上前のことでまだ答えはなかった。時間がなくなっていた。新しい公判の日程である二〇〇一年一月三日は、もうたった六か月先のことだ。「残念ながら裁判で勝ち目はない」とアールにはとても言えなかった。

第5章　秘密の原材料

二〇〇〇年八月二日
オハイオ州シンシナティ

私の三五歳の誕生日に、郵便物担当者がオフィスに金属のカートを押して入ってきた。小さな冷蔵庫くらいもある段ボール箱が載っていた。デュポンに、ドライ・ラン埋立地に投棄されたすべての化学物質に関する工場の記録を提出させる戦いは、やっと成果が出てきた。二人でカートから箱を降ろし、部屋の真ん中の床にどさりと置いた。郵便室の人が帰ると、私は頑丈なガムテープを切って中をのぞいた。書類一二〇〇ページを順不同に集めたデュポンからの誕生日の小さなサプライズだった。コーヒーを淹れ、ドアを閉め、携帯電話をサイレントモードにし、上着を脱ぎ、床に座り込み、資料を読み始めた。

この箱は、この九か月間でデュポンから届いた一九個目の箱だった。これまでに届いた六万ページの資料の整理は、他の弁護士なら忌み嫌って若い弁護士にやらせただろうが、私は密かに楽しんだ。紙の足跡からヒントを探す探偵の仕事だった。資料は順不同の断片だったので、継ぎ合わせる必要があった。全体像は重要な資料で把握し、残った大きな隙間は流れを把握しながら徐々に埋めた。

私には自分独自のやり方があった。まず箱の中身をオフィスの床に全部広げる。次に一つひとつ年代順に整理する。そして読みながら、トピックやテーマ別に色付きの付箋を貼り付けるのだった。書類はキャスリン・ウェルチが私の窓なし保管庫でコピーしファイルに入れてくれた。キャスリンは環境実務グループに所属するパラリーガル［専門職員］だった。物静かで献身的で実に整理整頓が上手なキャスリンは、私より数歳年上で、十の仕事を素早くかつ完璧に仕上げられる驚くべき人だった。ほっそりしていて薄茶色の巻き髪で愛想もよかったが、私と似て、馴れ馴れしく井戸端会議をするタイプではなかった。うつむいて仕事に集中するのを好み、それを延々と続けられた。私の仕事だけで彼女の標準的な一週間分の量だったが、他にも整理魔の彼女を必要とする弁護士が複数いた。彼女が忙しすぎると不満を漏らしたのを聞いたことはない。彼女はたくさんのファイルのある裁判には欠かせない存在だった。私のファイルはバイアグラを飲んだウサギのように増殖した。彼女は言えばすぐ何でも探してきてくれた。それで我々は彼女を「書類の魔法使い」と呼んでいた。

キャスリン以外と言えば、私はほぼ一人芝居を演じていた。トムとキムはいつでも気さくに話しかけてくれたが、テナント家の裁判で調査結果や深夜の読書マラソンをいっしょにする大チームは抱えていなかった。夜部屋にいたのは私とデュポンだけだった。それは疲れる作業だった。閉じようとする瞼との戦いだった。このファイルを整理したら廊下を横切ってコーヒー・マシンまで歩いて行き、もう一杯飲めるから、と言い聞かせていた。毎晩、万歩計の一万歩は、廊下を横切って行ったり来たりするだけで達成されたにちがいない。幸運にも、悪影響なしに無制限にカフェインを吸収できた。

実は、一人で夜遅く、気が散ることも電話が鳴ることも、誰かと話をする必要さえなく仕事できるのが好きだった。弁護士によっては部屋中の若手弁護士やパラリーガルにファイルを整理させるが、私はすべて自分で読んで、要約に頼ることなく、完全に理解しなければ気がすまなかった。この作業に没頭するにつれ、その能力をこの絶好の場所と時期に発揮できる、と感じるようになった。

私は弁護士になろうとは全く思っていなかった。大きくなっても、そのようなことは思いつきもしなかった。私はアートとデザインが好きだった。子供の頃、都市の入り組んだ絵を描き、細部にこだわり、道と建物をうまく組み合わせることに専念したものだった。長いこと建築家になりたかった。ところが、機械製図の科目を履修したら、建築家は測定と幾何ばかりの世界であることがわかった。算数とは相性が悪かった。今でも、九九すらおぼつかないほどだ。数字を見ると蕁麻疹が出る。渋々、建築学は無理だという結論に達したのだった。

学部時代、都市学の面白さを発見した。私は、資本や技術や官僚制の相互連携で、都市が成長するか低迷するかに強い興味を持った。都市は複雑で多層的であり、巨大な社会の仕組みの中でギア一つがシステムとして他のシステムと連動する必要がある。個別システムであれ集合的システムであれ、設計は論理的建築学のような分野で、そのパズルに惹かれた。

私はフロリダ州サラソタ市にある小規模のニュー・カレッジに行くことにしていた。当時は学生数五〇〇名の大学だった。一九七〇年代の、野生的で色鮮やかな景色で有名な、とても自由なリベラルアーツ大学であるニュー・カレッジで、私は非常に専門的な主専攻を創設し、独自のカリキュラムをデザインできた。都市学を主専攻とし、都市人類学と都市計画と共同体の社会学を受講した。

ニュー・カレッジでは成績評価がなかった。授業は合否判定だけだった。しかし高い学術的な水準が求められるので、自発性とたくさんの自習が必要だった。授業はとても少人数で、教授陣は私たち学生を熟知していた。これは私には幸運だった。もし、優秀で積極的な学生のあふれる授業だったら、脱落したかもしれない。先生たちは、引っ込み思案の性格の背後にある能力を見抜いて、能力開発を手伝ってくれた。そのおかげで複雑なトピックと相性が良くなり、発想能力を伸ばせたのだった。

ニュー・カレッジ卒業後、私は都市計画の専門家になろうと決めた。公共行政の修士課程がある大学院に応募し、シラキュース、コロンビア、及びジョージ・ワシントンの大学院から合格通知をもらった（ハーバード大学では繰り上げ候補者リストに載ったが、授業料は払えなかっただろう）。二つの大学院が奨学金をくれることになり、選択肢を狭めることができた。

私がどの大学院を選ぼうか検討していた時、父が法律をやってみたらどうかと勧めてきた。法律は、彼自身が空軍で二〇年務めたあと選んだ第二の職業だった。父は、私が高校を卒業したのと同じ年に、デイトン大学ロースクールを卒業して、その後オハイオ州デイトン市で検事補佐になったのだった。「都市計画はとても狭い分野だ」と彼は言った。「やってみて嫌いだとわかったらどうするのか。法律は潰しが効くよ」。彼と私の母は、応募するだけ応募してみなさいと言った。大学院資格試験（GRE）よりロースクール資格試験（LSAT）の方が点数がよかったので、ロースクールに行くことが決まった。何校か合格通知をくれたが、州民授業料が安く、奨学金をくれて、家族の近くから通えるオハイオ州立大学を選んだ。コロンバスからデイトンへは車で一時間だった。

ロースクールでは、税法や契約法は向いていないことがすぐわかった。死ぬほど退屈だった。法律の世界は抽象化で成り立つ中で、環境法は具体的な現実を基礎としていた。つまり、土、空気、水、ゴミなど、見たり測ったりできるものの法律だった。私は、木を抱きしめる環境保護活動家だったことはないが、自然は愛していた。子供だった頃、グランマーは散歩に連れて行ってくれて、道すがらあらゆる鳥や木の名前を教えてくれた。少年時代、両親が庭の木の枝を剪定するのを見て憤慨したものだった。何年も経ってニュー・カレッジでは、レーガン大統領時代の長髪と絞り染め（のジーンズ姿）のヒッピーたちと比べられて、私は「保守派」と呼ばれた。実は、政治志向ではどこか中間にいると感じていたが、そのニックネームは、軍の基地育ちにとっては当然の怒り肩と短髪と丁寧なマナーのせいだった。環境法は、ニュー・カレッジのイデオロギー実践にふさわしい分野に見えた。

司法試験に合格したあと、私は、原告側弁護士になるか企業法務弁護士になるか、あまり考えていなかった。知っていたのは、最優秀の学生たちが、大企業クライアントを弁護する事務所に雇われることだった。また、裁判一つひとつが賭けである原告側弁護士に比べて、企業弁護士は安定した収入があった。学生奨学金の返済もあった。それに私には、原告側弁護士特有の大きな人格はなかった。

タフトでの仕事は大好きだったが、ずっと不安を感じていた。親戚関係や学閥がないので、大企業クライアントとのつながりがなく、ハンディキャップだと心配していた。引っ込み思案のせいで、しばしば見逃されたり過小評価されたりするのも、それに追い討ちをかけた。全体的には良好だった業務評価においても、静かすぎるからもっと他の人たちに自分をアピールする努力が必要だ、と常に注意されていた。要するに、社交的に多くの人たちと話し、顧客開拓力を磨く必要があった。

それは形勢不利な戦いだった。確かに私は、同僚の若手弁護士たちとランチに行ったし、毎月クィーン・シティ・クラブで開催される弁護士の少し格式ばった「法律事務所夕食会」は参加したし、年一回の法律事務所の「プロム」ディナーにブラック・タイの正装でセーラとともに出席したが、それ以外は、同僚たちと交流することはあまりなかった。私はテナント家の裁判に決意を持って臨んだ。もしかしたら事務所に初めて連れてきた新しいクライアントに良い結果を残すことで、他のパートナーと自分に対して、私はこの世界に溶け込んでいることを示せるかもしれなかった。

私の時系列順に整理された資料は大きい束になっていた。古いのが一番上で、新しいのは下だった。オフィスの床にあぐらをかいて座っていた時、ある書類が特に目を引いた。デュポンから環境保護庁に宛てたほんの数週間前の二〇〇〇年六月二三日付けの手紙だった。差出人はジェラルド・ケネディという人だった。ワシントン・ワークス工場のファイルに入っていた。デュポンが私に見せたくないファイルだった。関心を引いたのはデュポンにおける応用毒物学・健康部長というケネディの肩書きだった。受取人チャールズ・アウアーも、環境保護庁化学物質管理課汚染予防・毒物室という肩書きで、同じように注目に値する肩書きだった。

裁判に勝てる証拠があるとすれば、それは毒物分野の証拠だ。

手紙の主旨は聞いたことのないアンモニア・パーフルオロオクタノエイト（ＡＰＦＯ）という化学物質だった。手紙の文脈から、環境保護庁がデュポンはＡＰＦＯを使用しているか、もし使っているならどこでか、知りたがっていると理解した。なぜだろう。疑問に思った。そして返信文に注目した。

「米国デュポン社の操業拠点のうち、ＡＰＦＯへの重大な曝露の可能性があるのは、ウェストバージニア州ワシントン市のワシントン・ワークスだけである。従って、この書類で提示するほとんどの工業的衛生データと血清採血データはその拠点のものだ」

興味深いことだ。ワシントン・ワークスは、ドライ・ラン埋立地のゴミを出した工場だ。デュポンはこの工場でこの特定化学物質の毒性を心配して、従業員の血液を注意深くモニタリングしていた。

私は化学薬品系クライアントのために長年働いてきたおかげで、化学物質製造の世界で最大の曝露は工場の従業員であると知っていた。高い曝露のせいで、真っ先に健康被害が出た。化学産業の工場労働者は、「炭鉱のカナリア」だった。違いは鳥ではなく人間であるということだけだった。

一年間調査してきて、私は初めて背筋に興奮が走るのを感じた。金脈探索者が、お盆の泥の中に金がきらりと光った時の興奮と同じだろう。その手紙を床から取り上げ、再度熟読した。ワシントン・ワークス従業員の血液サンプルは、その年の三月と四月にも採取されていた。あまりにも最近なので、デュポンはまだ検査室からの検査結果を待っているところだった。そして人間の血清データは一九八一年からずっと残っているとも書かれていた。

しかし、APFOとはいったい何なのだろうか。

手紙には「ポリテトラフルオロエチレンとテトラフルオロエチレン・コー・高分子の製造における化学反応補助剤」と定義されていた。これらがどういう意味なのか皆目見当もつかなかった。でも問題はない。あとで調べてみよう。それが何であれ、デュポンの工場では、特にワシントン・ワークス工場では、この物質を何トンも排出していた。この資料によれば、一九九九年現在、煙突からの大気放出は、毎年約二万四千ポンド［一二トン］であり、敷地内での水路への放出は年間平均五万五千ポンド［二七・五トン］だった。「敷地内の水路への放出」とは「オハイオ川への放出」と理解した。その手紙でデュポンは、工業的ヘドロまたは固形廃棄物の形で、APFOは三つの地元埋立地に投棄したと書いていた。それにはドライ・ラン埋立地も含まれていた。この物質が、干草の中で探していた針となる化学物質なのか。

私は手紙を床のわきに置いて、血管に血液が勢いよく流れるのを感じながら、箱の残りの書類を読み進んだ。ＡＰＦＯに関しては何も出てこなかったので、私は弁護士事務所の環境図書室へ行って、化学物質辞典を引き、規制された有害物質のリストをたどった。ＡＰＦＯに関する記述は一行もなかった。

当惑しながら私は、以前の裁判でキムを手伝ってくれた解析化学の専門家に電話した。彼はかつて大きな化学薬品会社に勤めていて法化学の専門家だった。これは、土や水の中の珍しい化学物質を特定し突き止める仕事だった。ＡＰＦＯについて知っているのは彼しかいない。

彼もやはり聞いたことがなかった。

しかし、ごく最近に耳にしたパーフルオロオクタンスルホン酸（ＰＦＯＳ）という物質とよく似ている、と彼は言った。科学雑誌でＰＦＯＳのことを読んだばかりだったからだ。３Ｍ社［以下３Ｍと略記］は最近（その二か月前の二〇〇〇年五月）に、その化学物質の製造を中止すると発表していたのである。

ＰＦＯＳも聞いたことがなかった。化学専門家のおかげで新しいうさぎの穴を探索する［泥沼に陥る］ことになり、何か情報はないか手当たり次第に探した。ＰＦＯＳは３Ｍが一九四八年に発明したことを知った。この化合物は、３Ｍの最も成功し儲かったスコッチガードを含む多様な製品の製造補助剤として使われた。なぜ３Ｍはそれほど重要な財政基盤となっている物質の生産を突然止めるのだろうか。ＰＦＯＳは規制対象化学物質のリストには掲載されていなかった。環境保護庁にその物質の規制基準すらなかった。この会社が「自主的に」製造中止にするには何か理由があるにちがいない。答えと呼べるものなら、３Ｍのプレス・リリースにあった。健康の心配に言及する代わりに、「我々は持続可能なイノベーションを加速させるためにリソースを再配置する」と書いてあった。

３Ｍは、広報の分厚い無意味な用語の煙幕の中に何を隠しているのか。ニューヨーク・タイムズ紙に感謝したい。五月一九日付けの記事によれば、環境保護庁は、３ＭがＰＦＯＳの毒性は製造中止の決定と無関係であるとする主張は虚偽であると言った。同庁は声明で、同社自身の検査でこの化学物質が「健康にも環境にもリスクとなる」と示したので、もし３Ｍが自主的に製造中止にしなかったら、同庁が製造を中止させただろうと言った。

しかし、ワシントン・ワークスで私が見つけた化学物質ＡＰＦＯは、ＰＦＯＳと関連しているのか。化学物質間の関係を解明する上で、あらゆる技術的・科学的専門用語に邪魔されることになった。私は、仕事を通じて多数の化学物質をよく知っていたが、今読んでいるものは、一般の読者が理解するのは不可能だった。私は化学の専門家にチューターになって指導してほしいと頼んだ。その専門家は化学的誘導体、酸とアニオン、スルホン酸塩とカルボン酸塩について話し始めた。わかったのは、私がメディカルスクールではなくロースクールに進学したのは正しかったことくらいだった。

私が、ようやくチューターの言っていることを把握できた頃には、彼は歯軋りしていたと思う。ＰＦＯＳはスルホン酸塩だった。３Ｍは、パーフルオロオクタン酸（ＰＦＯＡ）という自由酸型の類似の化合物も作った。言い換えれば、ＰＦＯＡとＰＦＯＳは基本的には同じものの異形の化合物だった。

そして、ＡＰＦＯはＰＦＯＡのまた別の形の化合物だった。従って３Ｍが製造を中止した物質は、デュポンがトン単位で大気中および河川に投棄していた化学物質と似たもの同士だった。

デュポンが環境保護庁に出した手紙によれば、ＡＰＦＯは同社がワシントン・ワークス工場で界面活性剤として大量に使用していた物質だった。

技術的に言うと、界面活性剤は二つの物質間の表面張力を減少させるものだが、簡単に言うと、「滑りやすくするもの」と考えてよい。石鹸は界面活性剤である。石鹸は水で泡立つ。もしかしたらＡＰＦＯはアールが川で見た汚らしい泡になっていたのかもしれない。これは飛躍だと知っていたが、時としてわずかな煙でも火の気があるものだ。デュポンは環境保護庁宛ての手紙の中で、工場の製造過程から出た廃棄物はドライ・ラン埋立地に投棄され、埋め立てた廃棄物から川に漏れ出したことを認めていたが、今まで一年間精査してきた何千もの書類に、ＡＰＦＯの許可上限値や規制書類はなかった。

そこでひらめいた。許可上限値などそもそもなかった。規制書類などなかったのだ。今になって、デュポンが頑固に証拠開示請求を「掲載され規制された」物質に限るよう要求した理由がわかった。ＡＰＦＯ／ＰＦＯＡは「リスト」に載っていないし、「規制」もされていなかった。

私はデュポンが環境保護庁に出した手紙をもう一度読んだ。テフロンという新しい言葉が目に入った。専門用語の中に埋め込まれていたのは、ＰＦＯＡがテフロンの製造に使われるということだった。テフロンは、当時デュポンを支える最重要の代表的な製品で、年間総売上約一〇億ドル、または同社の年間純利益一〇億ドルの一〇％に当たる一億ドルを占めた。もし３ＭがＰＦＯＳの製造中止により スコッチガードの売上の何億ドルも赤字を出すのなら、デュポンは環境保護庁がＰＦＯＡに問題があると察知することで、もっと巨額の損失を出す可能性があった。

さらに深く掘り下げるにつれ、私は、どうしてデュポンが同庁にＡＰＦＯに関する手紙を書く羽目になったかわかってきた。３ＭがＰＦＯＳの製造を中止すると通知したあと、同庁は、推測では、ＡＰＦＯの顧客としてデュポンの名前を得た。そこで同庁はデュポンに、その物質を使っているか、使っているならどう管理しているか尋ねたのだろう。細かい質問に対して、デュポンは単に使用していると回答をしたのだった。

連邦政府規制機関がＰＦＯＳについてすでに嗅ぎ回っているので、デュポンは同庁に、ＰＦＯＡが原因で、何百もの雌牛（と多分人間何人か）が重病になっているとは知ってほしくなかった。デュポンが私の証拠提示請求に抵抗した理由がわかった。

このとても微細だがきわめて重要な関連性を見逃していたのかと考えると、少し気分が悪くなった。初公判日までもう四か月もない今、我々はＰＦＯＡとテフロンとドライ・ラン埋立地をつなぐいかなるヒントもないまま、裁判の前夜を迎えようとしていた。デュポンは私を未登録の化学物質から遠ざけると同時に、静かに背後で環境保護庁の心配を紛らわせようとしていた。同社が重要情報を開示しなかったので家畜チームが騙されたか、家畜チームも共謀して追及を免れようとしていたか、という推測はいずれも否定できなくなった。同チームは広範囲に調査したが、ＡＰＦＯ／ＰＦＯＡは対象外だった。

私はかなり温和な性格で滅多に憤慨しないが、今回は突然血が沸騰した。その怒りの一部は、これほど長い時間がかかった自分に、しかし大半は、無礼で皮肉に満ちたデュポンへの怒りだった。

私は受話器を取り上げて、私といっしょに確実に怒ってくれる人に電話した。アールが電話に出た。私はたぶん彼が挨拶するのも聞かずにこのニュースをわめき始めた。彼には、投棄された化学物質を見つけた、今まで我々は知らなかった物質でこれは深刻な問題である、デュポンも環境保護庁も心配していたが、家畜チームは触れもしなかった、と伝えた。とても長い沈黙が続いたので、電話が切れたのかと思った。しかしアールは内容を噛みしめ、待っていた検証の瞬間を楽しんでから、私の鼓膜が破れるほどの大声で叫んだ。「言っただろう！　始めっから言ってただろう！」

彼が言う通りだった。

そのあとアドレナリンが噴き出るのを感じながら、バーニーの番号を回した。短い電話だった。「わかったよ」とバーニーに言った。「これが本当はどういうことなのかわかったよ」。これは牛のことでも、どこかの農場主の訴訟のことでもなかった。はるかに大きなことだった。テフロンを守ることだったのだ。

一九三八年四月六日
ニュージャージー州ディープウォーターのジャクソン研究所

私も、テフロンが目玉焼きをフライパンからお皿に楽々移せる奇跡の物質だと知っていた。少し調べると興味深い開発秘話が見つかった。テフロンは多くの「科学の奇跡」と同じように、偶然の産物だった。実験の大失敗で、化学者が全く別の物質を作ろうとしていた時にたまたまできた。そうした失敗は合成化学分野にはつきもので、たとえば、瞬間接着剤アロンアルファ、人工甘味料サッカリン、防水剤スコッチガードだけでなく、呼吸循環器系の刺激剤が見つからなかった時に偶然発見された覚醒剤LSDのように、失敗の結果たまたま成功作を見つけた化学者に感謝するべきなのだ。

その中でもテフロンは化学史の伝説的な発見だった。焦げ付かないフライパンに使われる前、テフロンは二七歳の化学者ロイ・プランケットが一九三〇年代後半に合成した工業用化学物質だった。定年前まで勤めることになるデュポンに入社して二年目のプランケットの任務は、新しい冷媒を発見することだった。既存の冷媒は扱いを誤ると時に致命的だ。冷蔵庫メーカーはデュポンに、代替物を作り出すことを強く求めていた。最終的には「冷媒12」が探し出され、後にフロンと名付けられた。

一九三八年のある水曜日の朝、プランケットは新冷却材の候補を合成しようとして、小さなスチール管にテトラフルオロエチレン（TFE）と呼ばれるガスを入れた。助手がTFEを合成装置に入れようとして弁をひねったが、何も起きなかった。ガスが流れる音がしなかった。いらいらしたプランケットは弁を完全に外して試験管を逆さまにした。振ると細かい白い粉が雪のように落ちてきた。

プランケットは失敗したのでやり直さなければと思った。しかし何が起きたか関心があったので、まず試験管を切断してみた。内壁にはなめらかで滑りやすい物質がついていた。彼は実験室のメモ帳に観察結果を記録した。「高分子化合物と思われる白い固体が得られた」。

プランケットはこの新しい物質が何か知りたかった。その性質を調査するために一連の検査をした。それはきわめて特殊だった。その化合物は不活性であるようだ。何にも反応しない。はんだごてを当ても溶けたり焦げたりしない。水によって腐ったり、膨らんだり、溶けたりしない。日光で分解されない。カビや真菌も発生しない。他のプラスチックが溶ける温度でも持ちこたえる。工業用溶剤や腐食性の高い化学薬品に対し、不浸透性をもつと思われた。夢のように滑りやすく、氷同士の摩擦係数だった。誰も見たことがなかった。

失敗したはずの化学実験で、プランケットは偶然にもテフロンを発明したのだった。

彼の発見はデュポンにとって、最も重要な主導権を握れる絶好のタイミングだった。米国が一九四一年に第二次世界大戦に参戦した時、全米の化学工場は戦争協力に注力した。極秘マンハッタン計画で世界初の原子爆弾を作ろうとした。そのためには、放射能の高いプルトニウムが必要だった。政府の要請により、デュポンは本格的なプルトニウム工場をワシントン州ハンフォードに建設した。プルトニウム製造過程で使われた腐食性の高い化学物質はパッキンやシールを腐食させたが、テフロンだけがびくともしなかった。

戦時中、デュポンのテフロン製品はすべて政府の使用に割り当てられていた。そのほとんどはマンハッタン計画に使われた。デュポンのプルトニウムが「ファットマン」原子爆弾として長崎上空で炸裂した頃、デュポンはすでに平時操業計画を練っていた。その中にはパーカーズバーグの新樹脂工場計画もあった。

戦後、デュポンはビジネス・モデルを化学物質、特に世界を変革する発明であるネオプリン（合成ゴム）とナイロンなどの合成物質にシフトし始めた。同社の首脳は、誰も追いつけない真新しい物質の研究に注力した。ナイロンの次は何か。テフロンは有力な候補だった。

しかしテフロンは他のプラスチック樹脂と異なり、製造も厄介だった。工業生産は、プランケットの実験室での手順をそのまま大規模化できるわけではない。ダマになりやすく、作る度に品質が大きくばらついた。テフロンがやっと効率的かつ安定的に製造できるようになったのは、業界外では誰も知らない３Ｍの界面活性剤のお陰だった。この新化合物は、製造ラインを止める固化を防止する重要な原材料だった。

テフロンを可能としたこの秘密の原料が、ＰＦＯＡだった。

第6章　紙の手がかり

二〇〇一年一月
オハイオ州シンシナティ

PFOAが元凶であるとわかったことは、すべてを変えた。特定の調査対象が見つかったのだった。証拠開示請求で得られた資料から、この謎の化合物はデュポンがワシントン・ワークス工場で使い、ドライ・ラン埋立地に投棄された。しかしまだ知らないことばかりだった。どうやって自然界に入り込んだのか。どれくらいどこに残っているのか。もっとも重要なことは、曝露の影響は何か。

PFOAの文献調査を進めれば進めるほど、私は行き詰まるようになった。PFOAの公開情報は入手困難か存在しないかのどちらかだった。許可証が発行されない理由は明らかだった。現存するPFOA研究論文は、製造会社か使用する企業の科学者が書いていたが、産業界での研究はほとんど出版されず、学界でも入手できなかった。判事は証拠開示請求に余裕を見て、公判日程をさらに六か月繰り下げて二〇〇一年七月一〇日にしてくれた。

PFOAがわかって私は有利になった。デュポンは、「登録され規制された」物質以外の情報は化合物を特定して請求せよと主張して、何か月も私を妨害した。しかし今や同社は内部記録や研究を開示する法的義務を負うことになった。同社はそれでも追加資料の提出を渋った。私は、裁判所に提出命令を要請すると脅した。一週間後の同社の回答は、「どうぞ」という趣旨だった。

私たちが提出命令を要請したのに対して、二か月後、ウェストバージニア州治安判事はデュポンに提出命令を出した。

やっと新しい資料が届くようになり、ページ総数は一〇万ページをはるかに超えた。しかし私は大きな欠落があるのに気づいた。資料で触れている手紙や研究論文や会議記録などの根拠資料が見当たらなかった。欠落した資料を請求したが、デュポンはまた全部は提出してこなかった。何か月も拒絶されたあと、ラリー・ウィンターと私は再度ハンティントンの治安判事法廷に出頭し、提出命令を要請した。判事は、デュポンに内部資料全てを送るよう命令した。さらに何万ページもの資料が私のオフィスに流れ込んできた。ほどなくして私の部屋の絨毯は、ドアからデスクまでの細い通り道以外は積み上がった資料で見えなくなった。資料の山は膝の高さになって、小さな町のように見えた。私は都市計画の専門家になったようだった。私は、完全に箱の壁に囲まれながら床に座って仕事をした。

電話がつながらないという苦情に対して、秘書は私が物理的に電話に届かないと丁寧に説明した。

今回の書類には、毒物研究論文や水質検査報告書、及びＰＦＯＡに曝露した従業員に関する内部研究があった。

作業は、新米パートナーとしての私の通常業務と同時並行の作業だった。それだけで週四〇時間以上の仕事であり、加えてトムとのスーパーファンド埋立地の業務、キムとの規制のコンプライアンスと許可業務、不動産担当パートナーの環境・保険問題もあった。あまりにも多数の業務が同時に進行していたので、リストを作って締め切り順に処理した。

この時点で私は、妻と子供たちに会うことはほとんどなくなっていた。時々セーラは長男テディを町に連れてきて、いっしょに「特別ランチ」を食べることはあった。週末はあったが、土曜日は「数時間」オフィスに行くはずが、たいてい長引いて丸一日になった。セーラの無私の犠牲と優雅さに恐縮し感謝した。最近になって知ったのは、セーラが友人に、当時は「裸で歩き回ったり火の上を歩いたりしても彼は気づかなかったと思う」と言ったことだった。

私に見えていたのは、ジグソーパズルのピースのようにオフィスの床に広げられた書類だけだった。あぐらをかいて床に座っていたある日、私は、研究者でなく一般人向けに書かれたあまり技術的でない資料を見つけた。ワシントン・ワークス工場の一九八九年の公表前のプレス・リリースだった。このような資料は危機管理用として事前に準備され、管理職が十分に点検し、メディアや市民が興奮した時にだけ配布された。調べてみると日の目を見なかった資料だった。私は興味津々に、何が書かれていないか探るために、広報の表ヅラの奥を見ようした。この資料はいくつもの私の疑問に答えてくれたが、新たな疑問がパンドラの箱から出てきてしまった。

その資料は、デュポンがリューベック市に飲料水を供給している井戸と周辺地域の土地を購入したという通知だった。リューベックは、パーカーズバーグの中心から車で五分の約五〇〇〇世帯の郊外地域で、ワシントン・ワークス工場の数マイル下流にあった。

未公表のプレス・リリースによると、一九七〇年代半ばから水質検査は行われていて、工場の操業で公共の飲料水が汚染されていないと確認してあるはずだった。「我々は、データに基づき水道水は安全で信頼できると信じています」と資料には書いてあった。

水が安全で信頼できるなら、どうしてデュポンは井戸周辺地域を買う必要があったのか。

メディアや一般市民から質問された時に参照するポイントを記した会社お墨付きの「手持ち資料」がこの資料に添付されていて、そこに答えのヒントが書いてあった。とても暗い答えだった。

手持ち資料はQ&A形式で書かれていて、井戸から検出されたFC-143という物質に関する質問がほとんどで、その化学物質の説明だった（私はこの化学物質も聞いたことがなかった）。

手持ち資料にはフッ素化カルボン酸と書いていたが、私にはなんのことやらわからなかった。しかしそれがPFOAと同じような界面活性剤であるとも書いてあった。

そして、FC-143もテフロンの製造に使われていた、という衝撃的な一文があった。

資料によれば、FC-143は3Mが製造した合成化学物質で、ワシントン・ワークス工場では一九五一年から使用していた。私がこれを読んだのは二〇〇一年だったので、ちょうど半世紀使われていたことになる。

Q&Aの三番目の質問は、「FC-143は有害か」というものだった。

私は息を止めて答えを読んだ。「濃度によります。どれくらい、いつ摂取するかで変わってきます。ネズミの動物実験では、わずかないし中程度有毒であることがわかっています」。

続いて、ネズミには肝臓有毒性の兆候があり、「過剰曝露」の場合に「人間の皮膚炎症、裂傷および呼吸時の不快感」の兆候もあると付け加えていた。過剰曝露の定義はなかったが、「FC-143曝露に伴う従業員の健康への悪影響はない」と書いてあった。これは、私にはいくらか矛盾するように聞こえた。どう理屈をつければ、皮膚炎症、裂傷および呼吸時の不快感が、健康に対する悪影響でないと言えるのだろうか。

さらに、水道水に漏れ出したこの物質は何なのか。

Q&Aの回答は十分ではなかったが、毒性に関する生データがあるという重大なことを教えてくれた。なぜ証拠開示請求で得られた資料にはそれがなかったのか。連邦法では一般的に企業は、人間の健康や環境に対する「実質的なリスク」はすべて報告する法的義務を負っていた。もしデュポンや3Mがこの化学物質にはリスクが「ない」とする研究をやっていたら、私はそれも見たことがなかった。

私はデュポンに両方とも尋ねることにした。

Q&AにはFC-143という「安全」な化学物質について、衝撃的な認識も示していた。

「なぜこの物質は人間の血液に蓄積されるのですか」

「私たちは正確なメカニズムは知りません。わかっているのは、この物質が簡単に腐敗せず、反応もせず、分解することもないということです。……体からゆっくり排泄されます」

人間の血液には多くの化学物質がある。アルコールやニコチンや薬などは自ら進んで血液に入れるものだが、環境的曝露で知らずに入り込むものもある。ほとんどの物質は体内の肝臓や腎臓で代謝され、小さな物質に分解され速やかに排出されるが、FC-143は長い間人体にとどまるようだった。

Q&Aには、この化学物質はワシントン・ワークス工場の三つの集積池から水道水に漏れ出したとも書かれていた。集積池は一九八八年に漏水防止処理したタンクに置き換えられた。そのせいで、デュポンは井戸周辺地域を買い取ったのではないか。店頭で商品を壊したら買い取るような構図である。

人間の健康にはどういう意味があるのだろうか。手持ち資料によれば、デュポンの検査では、ワシントン・ワークス従業員の血液から最大三三〇〇ppbの濃度でFC－143が検出されていた。「この濃度では従業員の健康に悪影響はなかった」と資料には書いてあった。デュポンが三八〇万ドルかけてFC－143を排水から除去し、大気放出も減らす計画であることも明らかにしてあった。

Q&Aの質問一四は、私が質問したい内容そのものだった。「有害でないなら、どうして大気や水道水への放出を減らすためにお金を投じているのか」。

「……この物質について明らかになった悪影響はないが、血中の蓄積に伴う心配を引き起こす曝露は最小限にしたいというのが我々の目指すところだからです」

言い換えれば、この企業はこの物質が血液に止まれば問題を引き起こすと疑い、手持ち資料のQ&Aに書き留めたが、血液に入ってしまっている人々には見せようとしなかったのだった。

程なくして、私はその三年後の一九九一年に作成された酷似した資料にも出くわした。Q&Aがついていて、ほとんどの質問は同じだった。異なったのは物質名がFC－143ではなくC8と表記されていたことだけだった。文章があまりにも酷似しているので、私は同じ化学物質に対する二つの別の名称だと受け止めた。ただし、一つだけ注目すべきかなり深刻な追加項目があった。二〇番目の質問は、「C8は発がん性があるか」というものだった。

回答は完全に安心させるものではなかった。「C8が人間に対して発がん性があるという証拠はない。実験動物のテストでは、良性の睾丸腫瘍が少し増えた」。じきに私もわかったことだが、発がん性の研究では、いかなる腫瘍の発生もきわめて悪い情報だった。またしてもこの資料は、この化学物質がワシントン・ワークス工場で心配の種だったと認めたものの、「C8の曝露限度は十分なゆとりをとってあるので、健康被害は起きない。モニタリング結果を見ても、ワシントン・ワークス工場の数値は基準値を大幅に下回っている」と記載してあった。

C8は規制対象化学物質ではないので、「曝露限度」値はデュポン自身が二つの資料の時期である一九八九年から一九九一年頃に設定したものに違いない。二番目のQ&Aでは、「C8は大気、水および非毒物用埋立地にごく少量存在する」と認めている。当時ワシントン・ワークス工場によって造成された埋立地の一つが、まさにドライ・ラン埋立地だった。

「少量」とは、埋立地から滲み出す水に一千ppbから三千ppbの濃度と定義されていた。これは少量だろうか。私には判断できなかった。安全曝露限度は、たいていいつも議論され、化学物質によって幅が大きかった。たとえば飲料水中の鉛は、環境保護庁基準で一五ppbは安全とされている。ヒ素の安全基準は一〇ppb。つまりドライ・ラン埋立地から滲み出すC8の濃度より、一〇〇倍から三〇〇倍厳しい計算になる。こうした安全評価は、規制機関が確定するのに何年もかかるものだ。それなのにデュポンの内部判断を信用できるだろうか。

なんと言っても、これは市民の水道水に入っていたのだ。リューベックの水に。私の祖母の親友であるフローとバール・フィリップスの顔が浮かんだ。グレアム農場に行った日の写真に二人は写っていた。私が子供の頃、彼らはパーカーズバーグでの休暇と誕生日パーティーの常連だった。私の父の空軍の赴任で家族ともどもドイツに住んでいた時、グランマーといっしょに来てくれたことすらあった。私が一〇歳の時、バールが腰につけたプラスチックの袋が人工肛門バッグと知った時の不快な衝撃は決して忘れない。バールはやがて死んだ。がんは残酷だ。フローもがんで死んだ。

二人ともリューベック市の水を何十年間も飲んでいた。

私のウサギの穴の探索はPFOAから始まったが、化学専門家の指導で、四種類の謎の物質は実はすべて同じ化学物質であり、名前が違っているだけだ、とようやく理解し始めていた。AFPO（ペンタデカフルオロオクタン酸アンモニウム）はPFOA（パーフルオロオクタン酸）のアンモニア塩だった。FC-143は「フルオロ化学物質一四三番」の短縮形であり、3Mの化学的発明の内部名称だった。C8というデュポンの名称は、この化学物質の構造の骨格を決定する八個の炭素分子に由来した。だから、APFOはPFOAでありFC-143でありC8だった。デュポンはどの名称も同等に使っていた。その比類なき性質を称賛する一九八〇年の同社のメモには、PFOAがテフロン生産に二五年以上使われてきたと書かれていた。「他の化学物質も試してみたが、PFOAの性質をしのぐものはなかった」ということだった。従って、デュポンがテフロン製造に不可欠だと主張する一つの化学物質には四つの名称があったのだ。

テフロンと同じく、PFOAは比べるもののない特殊な化学物質だった。簡単には性能が落ちたり分解したりしない。しかし、特異な性質は特別に危険でもあることはすぐわかった。この危険な化学物質は、ドライ・ラン埋立地にあるだけでなく、周辺自治体の公共水道にも入っているようだった。

デュポンは少なくとも一〇年間、この化学物質のリューベック市水道水への混入を知っていたことがわかったので、証拠開示請求の次のターゲットが決まった。町の水道水を供給している組織

「リューベック公共事業区域」［以下「リューベック水道局」と表記］だった。その開示資料には新発見があった。デュポンは、手持ち資料のQ＆Aおよび井戸の買収の理由を一一年間も明らかにしていなかったのだった。一〇年間以上誰も市民に水道水汚染を知らせなかった。二〇〇〇年一〇月になって、水道局の手紙が水道契約者に出され、水道水にこの化学物質が入っていることが明らかになった。何が変わったのか。私がバーニーにテフロンとの関係は知っていると伝えた数週間後、デュポンは水道会社が消費者向けの手紙を書く手伝いを始めたのだった。その手紙はリスクを小さく見積もり、水道水に入っている量では飲んで健康を害するという証拠はないと書いてあった。

今回もまた私はアールに電話して、何が起きているか伝えた。「しっかり構えて聞いてください」と私は言った。「この化学物質は小川を汚染しているだけでなく公共水道水も汚染しています。あなたの水道だけでなく町のすべての人たちの水道に入っています」。

アールの怒りは今までにない強さになった。彼らはなんてことをしてくれたのだ。なぜ政府の担当部署は何もしてないのか。

「結局私は単に気が狂った農場主ではなかったわけだ」と彼は言った。デュポンを訴えた彼に対して怒っていた住民たちは、今や彼の目的をどう考えるだろうか。彼の勘が正しかったことがわかって、少し溜飲を下げることができた。水には確かに何か問題があって、ドライ・ラン埋立地から確かに何かが漏れていた。二〇〇一年始めの今、彼の問題は町全体の問題になった。

そしてそれは私の問題にもなっていた。

第7章　科学者

二〇〇一年一月三一日

長いこと暗闇を彷徨ったあと、私はデュポンの防御を突破できた感触があった。少なくともC8／PFOAがアールの雌牛の死と関連していることをとうとう突き止めたので、デュポンの科学者たちを尋問で問い詰めても持ちこたえられそうだった。私はワシントン・ワークス工場の五四歳の化学者アントニー・プレイティス博士を最初の科学の証人に選んだ。プレイティスに絞ったのは、デュポンがまだ証拠開示で隠し事をしていたからだった。誰か証言台で、デュポンが水道水汚染について正確に何を知っていたか、どのような記録を持っていたのに提出しなかったか、問い質したかった。彼の名前は、私の手元にあるPFOA水質検査資料に頻繁に出ていた。事実、彼の家のキッチンの蛇口も水質検査個所になっていた。もし誰か工場で働いている人で検査用に提出された水道水のPFOA汚染の脅威をよく知っているとしたら、彼はその筆頭だった。

二〇〇一年一月末日、私はウェストバージニア州のチャールストンに車で向かった。ラリー・ウィンターの古巣の法律事務所で尋問が予定されていた。彼のスピルマン勤務時代の同僚が、デュポン側の代理人として会議室で参加し、時折質問の形式に異議をはさんだ（この種の尋問ではその程度の異議のみが許された）。ほとんどすべての尋問と同じように、録画の専門家が記録し、法廷レポーターが近くで速記し、発言を一字一句書き下ろした。私はテナント一家を招待してあった。アール、サンディとジャックは来られなかったが、ジムとデラは家族代表として座っていた。七時間の尋問の間（確かに長丁場だが尋問の世界では珍しくなかった）、二人は私の後ろに座って、私が彼らに代わって証人に質問するのを聞いていた。

細身で銀髪に細い銀縁のメガネをかけたトニー・プレイティスは、有機化学の博士号を持ち、デュポンで二七年間勤めていた。尋問では時として明らかに言い逃れをしようとしたり、敵対的だったり神経質になったりする人たちがいたが、プレイティスはそういうことはなかった。淡々とした口調で、平易な言葉遣いで、祖父のような態度で、質疑の間中平然としていた。ワシントン・ワークス工場で現在の職場健康衛生の責任者になる前、プレイティス博士は高分子化学の研究をしていた。その中で一〇年はテフロン生産に関わる研究だった。一九八〇年代の町の水道水検査プログラムに加えて、彼はデュポン従業員のＰＦＯＡ血液検査にも関わっていた。当時彼も工場従業員もＣ８と呼んでいた。医師ではなかったが、尋問ではこの物質がどうやって血液に入るのか話させたかった。

「いくつか曝露の経路があります」とプレイティスはＰＦＯＡの侵入について語った。「吸い込むことで曝露されます。少しは皮膚経由で吸収されますが、吸い込みが圧倒的に重要です。それから消化吸収、これは水を飲むという意味です」。

飲料水については、早くも一九八四年からプレイティスは工場内外で水のサンプルを集めていた。工場の水飲み場（工場敷地内の井戸数か所）と彼の自宅の蛇口（公共水道からの供給）からだった。工場従業員はプラスチックの水差しを持って、近くの市町村で蛇口から飲料水をもらって回った。ワシントン・ボトムズにあるパウエルの何でも屋、リューベックのペンゾイル・ガソリンスタンド、橋の反対側にあってパーカーズバーグ中心から一〇分のオハイオ州リトルホッキングのメイソンズ・ビレッジ・マーケットなどが対象となった。

私はプレイティスが化学者として、自宅の蛇口から水を飲むことについてどう感じたか知りたかった。自宅は一九八八年にすでにPFOA濃度二・二ppbを記録していた。しかし質問が続くにつれて、彼が会社人間の鑑であることが明らかになった。問われれば、絶対的な自信を持って飲んでも安全だとおそらく言っただろう。味もよくなったと付け加えたかもしれない。そう言わせてもなんの役にもたたないと考えて、私はそれ以上質問はしないことにした。

自宅の蛇口の水を試験管で検査した同じ年に、ワシントン・ワークス工場は、地下水にPFOAが漏れ出している三つの敷地内集積池を撤去した。PFOAは政府基準も規制も見つからなかったが、プレイティスの名前はデュポンが設定した二つの曝露ガイドラインに触れた証拠開示請求のメモに載っていた。一つは従業員用の基準、もう一つは工場周辺住民用のものだった。曝され方の違いで別々の基準が設定されていた。許容曝露レベルは、工場従業員が八時間ないし一二時間交代制で勤務する場合、大気中PFOAに曝されることを想定した基準である。コミュニティ曝露ガイドラインは弱者（子ども、病人、高齢者）を含む市民を飲料水中PFOAへの継続的曝露から保護するためのものだった。

特に市民対象のガイドラインはとても重要な発見だった。PFOAの安全とされる限度に関して確認できた、初めてのかつ唯一の基準だった。一九八八年にデュポン自身の科学者が初めて勧告した飲料水中PFOAのガイドラインは〇・六ppbで、それをデュポンの科学者が一ppbに切り上げた。毒性または健康被害が高ければ高いほど、より低い安全ガイドラインが設定されるのが普通である。私の経験では一ppbというのは飲料水中の化学物質の安全基準としてはとても厳しいものだった。ヒ素の十分の一である。オリンピック用プールに対して一滴、三二年に対して一秒に相当した。〇・六ppbは、当時デュポンの研究所で検知できる最低濃度と同じだった。安全基準が水中濃度の測定下限値であるなら、化学物質は相当強力なものに違いない。あるいはPFOAが他の毒物より特殊な化学的性質を持っているせいかもしれなかった。生体内持続性である。

「生体内持続性が高いということですが」と私は言った。「それはどういう意味ですか」。

「生体内持続性が高いとは、ひとたび人体内に入ると、長い期間とどまるという意味です」

これは生体内蓄積性も高い物質だった。排出する速度より蓄積する速度の方が速いということである。ある人の全服用量は、曝露量だけでなく一定期間蓄積された曝露も考慮する必要があった。産業毒物にもっともさらされるのは、通常はそれらを直接扱う従業員なので、デュポンは被雇用者の健康モニタリングをしているはずだった。

「ワシントン・ワークス工場の従業員が死んだことはありますか」

「いつも」

「死因がC8への曝露と関連しているかどうかはどうやって知ることができますか」

「疫学調査を通じてやろうとしています」

「ワシントン・ワークス工場でもやっていますか」

「はい」

「一九八〇年代に行われた肝臓の研究以外にもありますか」

私は、私が見つけてあった一九八一年のワシントン・ワークス工場従業員対象の研究を念頭に置いていた。この研究ではPFOA曝露は肝臓酵素を変化させるとしていた。それだけでは疾病とは言えないが、もっと深刻な症状の前に現れる初期の（治せる）兆候だった。デュポンの内部記録の中から私が見つけたPFOA曝露に関する最初の従業員研究だった。この研究は、初期の毒性検査で実験動物に肝臓障害が見られたあと実施されたものだった。同じ障害が動物と人間で確認されると、ほぼ確実に追加の研究が行われるものである。従って私は、その他の人間に関するデータはあるのか知りたかった。

「はい」

「それ以降何をしましたか」

「広範な疫学調査を四年に一回実施して、従業員死亡原因の統計を更新しています」とプレイティスは言った。「他にも……特定の死因や発がん性が上昇していないか確認しています」。

「報告書は、四年ごとに出されるのですか」と私は尋ねた。

「そうです。四年ごとに更新されます」

私はポーカーフェイスを装った。プレイティスはうっかり重大なことを漏らしたのだった。私はデュポンから取り寄せた一〇万ページを超える資料でそのような報告書は一つしか見つけられなかった。四年ごとと言えば、受け取った証拠開示請求の資料にはないがん死報告があるはずだった。今や私は、デュポンがまだすべてを開示していないと確信した。

プレイティスの一九九九年の電子メールのおかげで、私が疑った通り、デュポンはFC-143、C8、およびPFOAに関する未発表のプレスリリースを開示しなかったことも明らかになった。その電子メールは、デュポンが一九八〇年代と九〇年代に、危険性を知りながら当時の住民に伝えなかった証拠になった。

広範な証拠開示を実施したものの、PFOAに関する人間対象の研究は、一九八一年の肝臓酵素研究以外にはいくつかしか見つけられないでいた。一九九三年研究はミネソタ大学が実施し、3M製造工場の男性従業員に関して、PFOA曝露と前立腺がんとの相関性を明らかにした。一九九六年研究は、PFOAとDNA損傷を関連づけるものだった。しかしデュポンと3Mは科学論文の中で、これらの論文の「関連性」は、関連性があるかもしれないという単なる統計的疑いにすぎない、因果関係の証明ではない、と主張していた。これについては、企業側専門家によればもっと証拠が必要だった。そのため、私はプレイティス博士が一般的な疫学調査をワシントン・ワークス工場従業員対象に四年ごとに実施していると漏らした時、好奇心をそそられたのだった。この疫学的報告書は、因果関係を示すより強固な証拠になりえた。

私はPFOAに関する動物実験の研究も見つけていた。一部は一九六〇年代までさかのぼるものだった。ほとんどすべての研究はデュポンまたは3Mが実施したものだった。両社は何十年もPFOAの動物実験で緊密な協力関係を維持しているように見えた。一九七八年の研究は、サルに対するP

ＦＯＡの影響を調べたものだった。最大量を投与されたサルは一か月以内にすべて死亡した。最低量を投与されたサルにも、毒性を示す臨床的兆候が明らかだった。こうした背筋が寒くなるような結果にもかかわらず、その後二〇年にわたり、サルに関する追認調査は行われなかった。一九九〇年代後半に実施中の、より大規模な新ＰＦＯＡ・サル研究にデュポン研究者たちが言及している電子メールを発見した時、私は注目した。サル研究はきわめて高額なので、たいてい研究の第二ラウンドに実施されることが多かった。まずネズミやウサギなどあまり高価でない動物で実施した実験で、心配な結果が出てきたような場合だった。言い換えれば、サル研究は相当重要な展開なのである。

一九九九年の新サル研究のメモには、毒性学者ゲリー・ケネディがＡＦＰＯについてデュポンが環境保護庁宛ての（私が見つけた範囲で）最初の手紙を書いた。「先週低投与グループのサルが急激な衰弱を見せたので安楽死させた。死に関して外部要因は検知されなかった――（高投与）グループで死亡が発生していることに留意」。

私はプリントアウトした電子メールを置いて、目をこすった。そしてもう一度読んだ。意味は変わらなかった。新しい六か月の実験で終了時期までまだ一か月以上残した段階でサルたちは死んでいた。何頭かは実験中に死んだが、中にはあまりに苦しんでいたので「犠牲になった」、つまり不必要な苦痛に晒されないように安楽死させたサルもいた。

点がつながり始めたが、浮かび上がった模様は重苦しいものだった。

同じ研究について、七か月後の一九九九年一〇月（テナントの訴訟を始めたわずか四か月後）に送られたメールは、さらにいろいろ明らかにしていた。六か月の実験の末期に、六頭のサルのうち四頭が「苦しみ」、肝臓がやられていた。高投与と低投与の各一頭が死んだ。分析報告書は、死因は「定かでない」と結論づけていた。しかし次の行には、そのページから飛び出してくるほどのことが書かれていた。まさにボブ・ディランの歌詞「一言ひとことが真実に聞こえ、燃えさかる石炭のように柔らかな光を放っていた」［「ブルーにこんがらがって」の一節］ようだった。「死はPFOAに関連しているというのが一致した意見である」。

毒性研究においてサルが死んでいるなら、実験室外で雌牛や人間にはどういう影響があるのか。精査してきた証拠開示資料から、私はデュポンと3Mの科学者たちが、少なくとも四半世紀前からPFOAの属する化学物質群であるフルオロ化合物の拡散を心配していたことを知った。両社で社内警鐘が鳴ったのは、一九七六年に米国化学学会で科学論文が出版されてからだった。この論文は奇妙な推進力があった。ロチェスター大学の毒性学者ドナルド・テイブズは、自分の血液中に二種類のフッ化物（フッ素原子が他の元素と化合したもの）が入っていることを知った。無機フッ化物は驚くに当たらない。虫歯予防の目的で水道水に付加されることがよくあるからである。しかしもう一つの有機フッ化物は、工業実験室で人工的に製造されるものである。どうして彼の血中に入っているのか。

テイブズ博士はその疑問を明らかにしたいと思って、フロリダ大学歯学部教員のW・S・ガイとチームを編成した。五都市の血液銀行から血漿を集め、二種類のフッ化物を検査した。これらの都市で飲料水のフッ化物投入記録も入手した。予想通り、「通常の」（無機）フッ化物の量は水道水に添加したフッ化物濃度と相関性があった。しかし合成（有機）フッ化物濃度は相関しなかった。どこから入ったのか。

ガイとテイブズは、血中の化合物は「優れた界面活性があるため商業的に広く使われている」化合物と化学構造が一致していることに気づいた。こうした発見を明らかにした出版物で、彼らは、発生源は３Ｍが製造する工業用フッ化物であるとの仮説を立てたのだった。

この論文は他の人たちは見もしなかったが、私はデュポンが提出したファイルの中に、３Ｍとデュポンがこの論文について議論し、速やかに３Ｍのフッ化物に関して従業員の血液検査を始めたことを示す書類を見つけていた。一九七〇年代末までに両社は従業員の血中にこの化学物質があることを突き止めていた。３Ｍはガイ－テイブス論文が出てから二〇年間、何か（おそらくＰＦＯＳは健康面で「重要なリスク」があるとする研究結果）が会社を動かして、同じ研究を再現し、全米の血液銀行から血液を取り寄せるまで、何もしなかった。調査結果は衝撃的だった。従業員だけでなく、工場とは縁もゆかりもないところの一般市民の血液の中にも入っていた。二年後、彼らは血液銀行の再検査を実施し、同様の結果を得た。両化学物質とも全米各地の一般市民の血中から検出されたのだった。

私は自分が読んでいることが信じられなかった。数回読み直して、本当にそういう内容なのか確認しなければならなかった。全米の全市民の血液にＰＦＯＡが入っているのか。どうしてそのようなことが可能なのか。まずアールの雌牛、その次に周辺住民、そして今や米国全土、本当にそうなのか。部屋が歪んで見えた。ハリウッドのスリラー映画のようで、とても現実の話とは思えなかった。有毒で人工の化学物質が全米市民の血液に入り込んでいることを誰も知らない。私が勘違いをしているのか。どうしてニュースになっていないのか。規制機関はなぜ緊急対応をしていないのか。環境保護庁資料には心配している様子は見られなかった。ふつうなら健康被害に飛びつくメディアもただ沈黙していた。しかし二回の国立血液銀行研究が偶然とは思えなかった（その後有効な研究と認められた）。

私は、それまでウェストバージニア州の農場と近隣への影響だけに焦点を当てていたので、突然見方が変わって、ワシントン・ワークス工場近くの人たちだけでなく、セーラと息子たちを含む米国の全市民が対象になったことに強い衝撃を受けた。市民として、また人間としての私がまず思ったのは、これはすべての人の問題であり、すべての場所の問題だということだった。ワシントン・ワークス工場とドライ・ラン埋立地の出来事は、この化学物質が使われ廃棄されている世界中の何百もの場所で起きているに違いない。法律家として考えると、市民と環境保護庁が全貌を知ったら、3Mとデュポンが直面する潜在的賠償責務は、試算できないくらい膨大だろう。歴史的に善良だった企業が奇妙で柄にもない突発的な行動をとったのは、デュポンにとってPFOA問題が企業の存続に関わる脅威と理解していたからだと考えれば、よりわかりやすく思えた。ガイ-テイブズ研究は、デュポンが少なくとも二〇年間、何百万人もの人たちを危険に晒していたことを知っていた、あるいは知っているべきだったことを示したのだった。それは許せないことだった。

第8章　手紙

二〇〇一年三月六日
オハイオ州シンシナティ

二年半近くの調査後、アールの雌牛問題の原因がやっと判明し、法廷で証明できる段階に来たと感じた。これはデュポンとの証拠開示戦争に勝ったためだ。資料の箱には驚愕すべきパズルのピース［回答］がいくつも入っていたが、明らかになったストーリーは破滅的だった。道理でデュポンは執拗に私を遠ざけたわけだ。しかし今や私がカードを持ち、彼らに思い知らせる時が来たのだ。

二〇〇一年二月、デュポンの要請で判事は公判の予定を再度繰り下げ、一〇月二日とした。その日が本当に来るのか怪しんだほどだった。架空の法廷もののドラマだと、公判で劇的な結末に終わることがほとんどだが、実際にはそういうことは滅多に起こらない。むしろ、闘いはほとんどの場合法廷ではなく公判までの準備段階で決着する。両サイドともできれば公判は避けたい。勝利は法廷で勝つことではなく、公判に時間とお金を費やすことなく、和解交渉でこちら側の要求すべてを相手方に出させることに尽きる。しかし相手の手の内を無理やり出させるには、こちら側に有利な条件が必要だ。私はとうとうそれが手に入ったと確信できた。相手に対して、農場主の弁護士はすべて解明できていて、法廷で何十年ものＰＦＯＡ物語のすべてを説明する予定であることを示す時が来たのだった。

通常の裁判なら、調停概要書で十分だった。概要書でこちら側の力を示し、公判に進んだ場合に提出する証拠の概要を前もって提示することで、相手を説得して和解させるのだ。

しかし今回は通常ではなかった。アールと家族の被害の責任をとらせるだけでは済まない。テナント家に正義をもたらす必要はあったが、水道を汚染したPFOAについても何かをする必要があった。アールの裁判に勝っても、幅広いPFOAの脅威を止めることには全くならない。というのはアールの農場は公共水道ではなく自分の井戸から飲料水を汲んでいたからだ。アールの雌牛だけでなく、ワシントン・ワークス工場のすぐ下流にある自治体に住む疑ってもいない人たちも、リスクを負っていた。この数か月間、私は、汚染の影響を被った住民たちも助けられないか思いを巡らせていた。そうすることでデュポンが、簡単に臭い物に蓋をして済ませられないようにしたかった。

私はある戦略を取ることに決めた。調停概要書は書いて証拠は並べるが、従来通りの書き方ではなく、連邦および州の規制機関宛ての手紙に証拠を列挙し、デュポンにそのコピーを送ろう。目的は複数あった。デュポンに嵐の到来を予告し、テナント家に対する責任をとらせるだけでなく、政府機関にPFOAの害を警告できる。規制機関の仕事をやりやすくすることになる。事実を提示し、彼らに役立つ法律や規制を示すこともできる。一〇万ページ以上の高度に技術的な資料の整理という重量挙げの部分はすでに私がやったので、彼らには最重要の一%を送付することで、仕事量の節約になるだろう。

デュポンが私のクライアントに正義をもたらすか、あるいは、はるかに悪い反響のある公判を覚悟するか、テナント家の弁護士である私がデュポンに迫る時が来た。デュポン社員でも関係者でもない人の中で、PFOAが工場周辺住民の健康に与える脅威を知っているのは私だけだと気づいて、私は市民として警告を発する責任を感じた。知った以上、座視するわけにはいかない。当時は気づかなかったが、この手紙を出すことで、私は初めて、この裁判の担当弁護士としてだけでなく、心配する一市民として警鐘を鳴らす市民的義務を感じた。この一歩は、私の人生を変えることになった。

私は、デュポンの何十年ものPFOA物語についてあまりに多くの情報を収集したので、その意味がきわめて明確に伝わるように、すべてを手紙にまとめなければならなかった。それは簡単ではなく、何十万ページもの資料の要点をまとめるだけで何か月もかかった。同僚たちは後に「ロブの有名な手紙」と呼んだが、「手紙」というのはいささか控えめな表現だった。というのも、それは本文一九ページと資料九五〇ページで、重さ一二ポンド［五・四キロ］の分厚い束になったからである。

私がやる気になったのは、もしデュポンがテナント家の和解を拒否し法廷で争うことになったら、この手紙は、公判の準備にかけがえがないものになると知っていたからだ。私は、証拠開示請求の資料を精査し、学んだことを整理した。環境保護庁のために、牛問題が始まった一五年前までさかのぼって準備した。

一九八四年頃、デュポンの水質検査で、PFOAがワシントン・ワークス工場の飲料水源である地下水に漏れ出していることが確認できた。PFOAは、デュポンの科学者が一九七八年までに実験でサルを殺しうると結論づけた化学物質だった。彼らは、PFOAが敷地内の三つの防水処理をしていない汚泥処理池から出たと推測した。同社はそこに何千トンものＰＦＯＡ漬けになった産業汚泥を投棄していた。スラッジ〔汚泥〕のＰＦＯＡ濃度は六一万ｐｐｂだった。もっとひどいことに、漏出した物質は地下水を経てリューベック市の飲料水用井戸に入った。当時井戸は、オハイオ川に沿った工場の敷地のすぐ隣りにあった。

一九八九年にデュポンが汚染井戸周辺を買い取ったあと、リューベック水道局は、ワシントン・ワークス工場の二マイル下流の新しい井戸を使い始めた。どうやら、リューベックの誰一人として、同社が井戸区域を買った本当の理由は知らなかった。同社にとって好都合なことに、その数年前、水道局は井戸地域の拡張を模索していた。工場のすぐ隣りの井戸地域で汚染が発見された時、同社は根拠として何年も前からの要請を口実として既存井戸の買取りを求め、同市に対して、下流に探しているもっと大きな井戸地域の購入費も提供した。同市は井戸を拡大できる一方、デュポンは今後質問してくるかもしれない規制機関や市民に対して、堂々と「敷地外」のＰＦＯＡ問題は存在しないと言えるようになった。町の古い井戸は今や工場の所有物になっていたからである。購入後、同社は町の水道水検査用サンプルの収集をやめ、古いリューベック井戸からの分析前のサンプルも破棄するよう従業員に指示した。後に同社は、証拠隠滅を図ったのではなく、単にもはや古いサンプルの保管費を払う必要はないと伝えただけだと主張したのだった。

デュポンの科学者たちが最初にＰＦＯＡのコミュニティ曝露ガイドラインとして〇・六ｐｐｂを超えない基準（基準値としては切り上げて一ｐｐｂとなった）を勧告したのと同じ一九八八年に、同社は工場にある三つの投棄池から汚泥七一〇〇トンを掘り出し、約六マイル離れたドライ・ラン埋立地にトラックで運ぶことにより、ＰＦＯＡ汚染源と思われるものを除去しようとした。同社は州の許可証を得ていたので、汚泥を非毒性廃棄物用の防水処置をしていない埋立地に投棄することができた。ドライ・ラン埋立地からはアールの小川に排水されていた。なぜデュポンは危険な化学物質を非有毒物用の埋立地に投棄することができたのか。それは、ＰＦＯＡが有害物質として登録も規制もされていなかったからである。少なくとも責任の一部は、デュポンが規制当局に化学物質の有毒性を示すデータをすべては提供していなかったことにある。その欠落により、デュポンは工場の投棄池にあった有毒な汚泥をアール一族から購入してあった土地に移動させることができたのだ。

汚泥を投棄した直後、デュポンはドライ・ラン埋立地からドライ・ラン川への排水の水質検査でＰＦＯＡが一六〇〇ｐｐｂもの高濃度になっていることを知った。これは同社の科学者たちが住民の飲料水基準のコミュニティ曝露ガイドラインとして勧告した一ｐｐｂの一千倍以上もの高さだった。五年間、同社は何も対処せず、社外の誰にも教えなかった。一九九三年夏までには、州検査官は過剰な堆積と変色が、ドライ・ラン埋立地からの滲出物を貯める人工の集積池にあることに気づいていた。そのすぐあとに同社は、集積池の排水弁を開けて、二週間もの間、滲出物がドライ・ラン川に直接流れ出るようにした。同社の資料ではいったいなぜこんなことをしたのか明らかではなかったが、推測するに、環境保護庁検査官が訪問する前に検査地点の目立つ問題を減らすためとしか思えなかった。同社は池から川への排水の四か月後になって、やっと同庁のサンプル提出要請に応じた。同庁に送られた水のサンプルは心配のない水準だった。少なくとも当分の間、問題は先送りにされたのだった。

その頃アールの雌牛は、ドライ・ラン川に沿った場所で死に始めていた。加えて、デュポンがリューベックの古い井戸区域を買い上げ、公共水道の井戸を新設する計画は頓挫していた。というのは、コミュニティ曝露ガイドラインの一ppbを了承した直後、同社が実施したリューベックの新しい井戸の検査で二ppbを超える結果が出たからである。同社のガイドラインの二倍だった。同社は今やPFOA問題が公共水道にまで及んでいることを知った。しかしまだ、誰にも通知せず、誰も知らなかった。

一九九四年秋、デュポンは継続的にワシントン・ワークス工場の新産業廃棄物をドライ・ラン埋立地に投棄し始めた。PFOAで汚染されたそのバイオケーキとは、液体汚泥のクズを濾過して固形のケーキに圧縮したものだった。一九九五年春には、変色して異臭を放つ汚水が埋立地の集積池からドライ・ラン川に放水され、泡が膝の高さ近くまで溢れた。

資料からは確定できないが、ある時点で、デュポンはドライ・ラン埋立地へのバイオケーキの投棄をやめた。州への報告で、同社は埋立地からの滲出物を集めてワシントン・ワークス工場に送り返し、処理してからオハイオ川に放出したと主張したが、報告書からは滲出物に何が入っているか、あるいは「処理」が何を意味していたか、明確ではなかった。

いずれにせよ、アールの家畜にとっては遅すぎた。何十頭も死んでいった。

この頃までに、アールは、ウェストバージニア州環境保護局、連邦環境保護庁、同州自然資源局など、考えつくすべての公的機関に助けを求めた。規制当局は問題を議論するためにデュポンにコンタクトした。苦情にもかかわらず同社は、ドライ・ラン川にPFOAがあるとはテナント家に全く知らせず、家畜に川の水を飲ませるべきではないとも提案しなかった。彼らはＰＦＯＡについて沈黙を守り、住民と規制当局に対して、川の問題は処置され解決済みの高濃度の硫化鉄によるもの、という姿勢を取り続けた。

一九九六年秋、環境保護庁はデュポンに、ドライ・ラン川周辺で何百もの家畜やシカが死んでいるという通報があったので、ドライ・ラン埋立地の検査を始めると通告した。通報はほとんどアールからのものだったが、他の農場家族からもあった。通知が送られた日、ウェストバージニア州の環境規制総責任者のエリ・マコイは、デュポン宛に、連邦環境保護庁の介入をかわす助けになるかもしれない手紙を送った。それは、政府規制担当者と法律違反に問われている会社との間の法的和解を意味する「同意命令」だった。法廷弁護士として、私はこれが抜け目ない法的手続きであることがわかった。私自身八年間、大企業が連邦政府規制機関と揉めないよう助ける中で学んだ手続きだった。州政府との同意命令は、デュポンが熟知し信用した州規制担当者と手続きするもので、連邦政府を寄せ付けないようにする先手だった。政府規制の世界では、州の機関がすでに「実施中」なら、連邦政府機関はたいてい手を引くものだった。

案の定、デュポンと州との合意は、埋立地問題に対処すると形だけ約束し、州は罰金二〇万ドルと対策だけで、それ以上は処罰しないとするものだった。

同意命令は一九九六年一〇月に署名されたが、それはちょうどアールが連邦政府を含む規制機関にうるさく苦情を言っていた時期である。そのすぐあと、エリ・マコイは州政府の仕事を辞め、身入りのいいコンサルティングの仕事に就いていた。彼の新しいクライアントは誰か。デュポンだった。同社は彼のコンサルティング会社と契約して、彼が創案した同意命令そのものを任せたのだった。ラリー・ウィンターは以前から、ウェストバージニア州の政府と財界との間の「回転ドア」について警告してくれていた。それでも私は、このような状況に対して誰も眉を顰《ひそ》めないことに驚愕した。

特定の家畜業者「アール・テナント」からの執拗な苦情のおかげで、同意命令は環境保護庁の注意を逸らすことはできなかった。対策案はどれもアールの家畜を救えるように見えなかった。この時期アールは死体を解剖しビデオを撮っていた。彼は無力感にとらわれ次第に憤慨しながら、彼の動物たちが惨めな死を遂げるのをつぶさに見ていたのだった。振り返るに、彼が私の事務所に段ボール箱を抱えて来た時、私は懐疑的だった。しかしアールが闘っていたことが真実であり、我々が信頼できると思っていた人たちから協力や支援を得られなかったという本当の話を知った今、私は自らを恥じた。

二年間アールが黙らないことがわかって、環境保護庁はやっと動き出した。一九九七年秋、同庁はテナント農場に研究チームを派遣し、ドライ・ラン埋立地と周辺地域の全面的な調査を開始した。「全米魚・野生動物サービス」も加わって、シカやその他の野生動物の健康を検査した。アールに説明することもなく、研究者たちは証拠収集に出かけ、土や堆積層サンプルや川・井戸の水を持ち帰った。草や植物を汚れを落としたナイフで切った。バックパック・サイズの電気ショック発生装置を使って、川でファンテールダーターその他の魚を集めた。オートミールやピーナッツバターのおとりでアメリカハタネズミやブラリナトガリネズミや白足ネズミやメドウジャンピングネズミなどを捕った。ミミズを泥から採取した。検査のために、二七種類の動物を五個所の採取場所から捕った。科学者は解剖して異常を探し、組織サンプルについてヒ素から亜鉛まで化学物質の存在を検査した。

環境保護庁は調査結果から、ドライ・ラン川付近の多数の動植物その他の野生動物に、明らかに健康被害があると認定した。しかしチームは明らかな原因となる規制化学物質を特定できなかった。

化学物質を検査する作業は、かっこいい機械にサンプルを流し込めば、存在するすべての化合物がプリントアウトされる、というほど簡単ではない。化学者は通常、特定のあらかじめわかっている化合物が含まれているかどうか探すために、出版され承認された分析方法に基づき分析を行う。そうした分析方法は、ごくわずかの既存の化学物質についてしか存在しない。質量分析計などの高度な設備を使う時、結果をプリントアウトすると地震計のようになる。化学物質は一つひとつ特有の山や谷がある。判明している化学物質の地震計のような波形の特徴と比べることで、分析化学者はどの化学物質が存在するか絞ることができる。反面、波形がわかっていない、あるいはすぐには波形を入手できない化学物質がたくさんあるので、与えられたサンプルの中にどのような化学物質が入っているか完全に判別することははるかに難しい作業となる。グラフの特徴が識別できなかったり確実に特定できなかったりする物質には、特別の名称までついている。不明の物質は、「暫定的に特定された化合物」［特定できない物質］と言われる。これは不思議な名称に思えた。なぜなら、化合物は暫定的かどうかに関わりなく、全く特定されていないものだからである。

今回の場合、環境保護庁の分析では「暫定的に特定された化合物」の存在を示す「波形」が出た。

ドライ・ラン生態学的調査の内容は、一九九七年末発行の巨大な報告書の草稿でわかった。多種類の動物の死と埋立地から異臭を放つ廃棄物を認め、「リスク評価結果は、ドライ・ラン川埋立地からの排出物が農場の生態学的コミュニティに不利な影響を及ぼしたとするアール・テナントの主張を支持する」と結論した。アールの疑念は支持されたが、残念ながら報告書はそこで終わっていた。

デュポンは投棄した化学物質に関してまだ環境保護庁調査官に開示していなかったので、調査団は、家畜とシカが「埋立地の排水の結果と思われる高濃度の金属、フッ化物およびトリクロロフルオロメタン」で毒殺されたのかもしれないと推測する他なかった。特に好奇心をそそられたのは、報告書がアールの雌牛の症状がフッ化物に特徴的なもので、「数多くの」特定できない化合物が川にあったと書いたことだった。報告書は、これらの化合物のどれか一つでも有害かもしれないので、追加の調査が必要であると結論づけていた。追加調査の一部はデュポンにさらなる情報を求めることだった。

報告書には、PFOAを直接示唆するものは何もなかったが、謎の「暫定的に特定された化合物」や、PFOAの無機化合物であるフッ化物に触れていたので、デュポンの重役たちを震えあがらせたに違いない。

環境保護庁がさらに掘り下げて報告書をまとめようとしているのを見て、デュポンは素早い行動に出た。「家畜チーム」結成という役に立つ新しい案を出してきたのだった。陳情者の憤慨が雌牛から始まったのだから、雌牛の問題に焦点を当ててはどうかとの提案だった。おそらくデュポンは、この提案が同庁にとって魅力的であるとわかっていたに違いない。科学分析はきわめて高価で、同庁がすべて負担していた。ドライ・ラン川について広範で高価な化学的・生態学的分析を行う代わりに直接家畜を調査するもっと実際的なアプローチは、デュポンがかなりの部分を負担するから、連邦政府機関にとってはきわめて魅力的なものとなった。そしてそれは奏功した。同庁の報告書の草案は棚上げされた。誰もアールに、専門家がフッ化物汚染や水中の謎の特定できない化学物質を心配していたことを伝えなかった。彼が思い知らされたのは、政府の役人たちがどうやっても助けてくれないことだった。雌牛はいまだに病気になり死んでいった。その頃アールが受話器をとり私の番号にかけてきたのだった。

家畜チームは一九九八年に予備調査を始めた。アールはチームが編成されたことも知らなかった。家畜チームに任命された六人の獣医（三人がデュポンの指名、残りの三人は環境保護庁の指名）の中で、グレッグ・サイクスはデュポンの社員で、何年もの間PFOAの動物への影響の内部調査に直接関与していた。PFOAに曝された動物に腫瘍がないかを探すがん研究もやっていた。デュポンは、自社の科学者たちが設定したガイドラインよりはるかに高い濃度のPFOAがドライ・ラン川にあると知っていたが、サイクスも執筆した家畜チームの報告書には何も書かれていなかった。私は、サイクスが環境保護庁の獣医にデュポンが知っていたことすべてを伝達したわけではなかった、と結論する他なかった。伝えなかったのは、どう考えても単なる手落ちではなかった。

一九九九年一二月、アールの動物飼育方法を非難する家畜チーム報告書がようやく出てきた頃、環境保護庁の関心は別の案件に移っていた。家畜チームは同意命令でできなかった連邦政府機関の排除に成功したのだった。環境保護庁は、ドライ・ラン埋立地には有害性の問題があると結論づけた一九九七年の生態系報告書をまとめ上げなかった。地域の追加調査にもやってこなかった。アールの農場の状況を改善するようなことも何もしなかった。

そして、謎の特定できない化学物質を探し出すようなことは全くやらなかった。

一九九九年夏、ラリーと私が農場を見せてもらった時、デュポンの内部資料でドライ・ラン川のPFOA濃度は八七ppbだった。これは、デュポン自身の人間対象のコミュニティ曝露ガイドラインの八七倍の高さだった。

以上が、二〇〇一年三月始めの段階で、PFOAの有害性に関して私が突き止めた全体像だった。私は書類の束をまとめ、州および連邦政府規制担当者宛ての前書きとなるカバーレターを書いた。それには、すべての証拠の概要をつけ、規制担当者に乗り込んできて対処してほしい旨要請した。その理由は、埋立地から滲み出すPFOAの公衆衛生上の脅威に対処するためであり、「環境へのC8［PFOA］放出を規制し始めるにあたって必要な手続き」を取ることも書いた。私は、規制当局に問題解決の権限を与える様々な連邦法・州法を列挙したが、その中には、環境保護庁が連邦法の権限に基づきデュポンに対して、「適切な科学的調査に基づきPFOAの使用が健康と環境を害する非合理的なリスクを発生させないと証明できるまで、PFOAを用いたすべての製造活動を即座に中止する」行政命令を出すことにも触れてあった。

カバーレターにこう書いたあと、私はトランプのエースを出した。「この手紙は、デュポンに対して市民訴訟を起こそうとしているテナント家および同様な立場にある個々人の代理人としての通知でもある」。

これは重要な戦略的ステップだった。市民訴訟法は、通常なら規制機関だけしか企業に遵守させることのできない法令違反に関して、規制機関が法律を遵守させていない汚染者を市民個人が直接的に追及することができる。連邦環境法はそのような訴えを認めているので、市民が訴訟をやりやすくするため、原告市民側が勝訴した場合、原告側の弁護士費用をすべて被告企業側から回収できると定めている。この手紙を書くことで、もしリューベック井戸地域と周辺市町村のPFOA汚染に関してこの手紙の九〇日後までに対策がとられなければ、私はテナント家の訴訟に市民訴訟も追加し、テナント家だけでなく汚染水を飲む近隣住民全員の代理人として進める、と注意を喚起したのだ。言い換えれば、市民訴訟をテナント家の訴訟に加えるだけでなく、汚染水で影響を受けたコミュニティ全体の救済を求める集団訴訟に拡大するとしたのだった。新しい集団訴訟の根本は、個人の傷害や損害ではなく、デュポンの連邦環境法違反の容疑である。もし私たちが集団訴訟で勝訴した場合、デュポンは該当するコミュニティの問題を解決するだけでなく、弁護士費用も全額負担しなければならない。

私はデュポンにいろいろな落とし穴を掘っていた。こうした状況で企業を弁護した経験から、私はデュポンの弁護士が私の脅迫にどう対応するかわかっていた。彼らは訴状にある汚染に対処するために州規制当局と新たな同意協定を結ぼうとするだろう。市民裁判法では、同意協定に署名したことで、しばしば裁判所は規制当局が「問題に対処している」と見なし、市民たち自身が企業に法律を遵守させなくても済むように取り計らうのだった。私はデュポンを州規制当局の範疇に追い込むと同時に、政府がPFOAに関する一〇〇〇ページもの企業の資料を見てくれることを期待した。あらゆる事実を丁寧に要約した手紙で防衛したので、私は規制当局がデュポンに命令して、少なくとも水の追加検査と汚染の浄化は実行させると確信していた。デュポンはもはやPFOAのデータを独占していなかったし、データを勝手に解釈することもできなかったからである。

私が訴訟を拡大して「その他の個々人」を含むと書いたのは、デュポンに、もしテナント家の裁判で責任を認めなければ、波及効果がありうるとわからせたかったからだった。彼らは、常識的な和解提案を受け入れれば、私がテナント家の裁判を利用して拡大集団訴訟を展開するのを阻止できる、と判断するかもしれない。拡大集団訴訟は、一人の農場主との裁判より、はるかに大きな賠償責任を取らされるからである。彼らが判決を避け和解したいもう一つの理由は、裁判になればすべての資料が一般人に入手しやすくなることだった。和解なら、知り合いの規制当局者の目に触れるだけで済むし、将来彼らをデュポンで雇用することもできた。

私は三月六日、新公判予定日の六か月前にこの手紙を郵送した。送り先はいくつかの連邦および州の政府機関の長とした。言うまでもなく、環境保護庁とウェストバージニア州環境保護局の複数の行政官、州および連邦の司法長官、および米国司法省にも送った。

「ご参考」のための手紙が、一一ポンドの重たい音をたてて、デュポンのどこかのデスクにも届いた。

第9章　会議

二〇〇一年三月二六日
ウェストバージニア州チャールストン、米国地方裁判所

手紙を出した数週間後、私はワシントンDCの公開の集会で話をすることになっていた。環境保護庁がＰＦＯＳの規制を検討していた。ＰＦＯＳはＰＦＯＡによく似た化学物質で、すでに３Ｍは製造中止を表明していた。同社は最近になって、ＰＦＯＳに曝されたネズミの赤子に関して、新しくそしてとても深刻な実験室結果を公表していた。そのせいで同庁は全米企業の使用制限に利点があると考えていた。同社はＰＦＯＳ製造中止に同意したが、同社からＰＦＯＳを買っていた企業は、備蓄していたか自社製造できたので、集会では今後どのような条件で、何の目的のためにＰＦＯＳを使用できるかを決めることが目的だった。集会の一部のセッションには、科学者、企業代表、およびあらゆる市民が規制に賛成か反対の意見を言えるように企画された。

この公開の集会は、ＰＦＯＡに関する私の心配を表明する絶好の機会に見えた。デュポンと政府規制当局に圧力をかけ続けることは重要だった。期待したのは、（1）政府の誰かがようやくアールを助けてくれること、（2）デュポンがテナント農場の惨状の責任をようやく認めること、の二つだった。しかしもう一つ、私の中で新たに高まった責任感にも関わることがあった。市民に対して、私が

発掘したさらに巨大で広範な公衆衛生の恐るべき脅威を知らせる責任だった。私は米軍家族としていくつもの町や都市に移り住んだが、米国のどこにいても水道水の危険性など考えもしなかった。多くの人々にとって、キッチンの蛇口からグラスに水を注ぐという単純な行為が実は危険なことだ、という事実を考えると、私は落ち込み、恐怖を感じた。

ところがその会議や他のところでも、私がPFOAについて発言を許されるか、はっきりしなくなっていた。私の手紙の重い束がデュポンに届いた直後から、デュポンは強い反撃に出た。私に対して発言禁止令を要請したのだった。私はそれに抗議した。テナント訴訟を担当するウェストバージニア州チャールストンの連邦裁判事は、二週間後に禁止令に関する緊急ヒアリングに原告被告双方を招集した。それは私が話すことにしている会議の二四時間足らず前のことだった。デュポンのきわめて攻撃的な禁止令要請を読むと、私は当惑、屈辱、そしてとりわけ怒りを感じた。これは個人攻撃だ。私の手紙を引用しながらデュポンの弁護士は、私を非倫理的で下品で人気取りの弁護士呼ばわりした。私はデュポンの手紙を受け取って、ラリー・ウィンターに電話し、上司のトムとキムに報告した。彼らは、私の行動は正しいと言った。セーラはいつものように、「そんなの馬鹿げてる。きっと判事は見抜いてくれるに違いない」と言った。しかし緊急招集の連絡があった晩から幾晩も、私は寝付かれなかった。眠りにつくまで自分の手紙の一言ひとことを頭の中で繰り返し分析していた。

私が緊急招集の連絡を受けたこと自体、すでに部分勝訴だった。実はデュポンは、当初、「一方的ヒアリング」を「非公開で」要請した。一方的ヒアリングとは、全当事者が出席するわけではない場で判事が評決を下すことを意味する。この形式は滅多にない。一般に、差し迫る危害から保護が必要であるような場合に限られた。非公開での招集とは、発言禁止令が公的な記録に残らないことを意味する。つまりデュポンは、私に隠れて、私が出席できないヒアリングで秘密の発言禁止令を確保しようとしたのだった。判事は一方的ヒアリングの要請を却下したので、少なくともラリー・ウィンターと私は通知をもらい出席できることになった。

シンシナティからチャールストン連邦裁判所への三時間半のドライブの間中、私はかっかと興奮し、同時に心配していた。裁判所がデュポンの訴えを認めれば、私は翌日の会議で話すことを禁止されるだけでなく、同社がその評決を利用してアールの裁判に関してなんとか私を担当から外しかねなかった。私は神経質になり、どう決着するか見当もつかなかった。ジョーゼフ・グッドウィン判事は当初からこの訴訟を担当していたが、証拠開示要請は判事の下の治安判事が進めたので、私たちは判事本人とまだほとんど直接接触したことはなかった。

立派な新築のネオ・クラシカルな裁判所のヒアリング・ルームで、デュポンの三人の弁護士は私と対峙することになった。三人ともラリーのスピルマン事務所時代の同僚だった。私は、部屋の反対側から彼らを睨みつけながら、彼らの非難を聞いた。私が公然と彼らを攻撃することは弁護士としての倫理に反している、という非難だった。短髪の白髪に細い銀縁のめがねをかけたグッドウィン判事は単刀直入に質問した。

「提出されたものは読んだ。原告側の返答も読んだ。私にはわかりにくい……」と言い、彼はデュポンの弁護士たちに、彼らの禁止令を要請する訴状についてどう思うかを話し始めたが、すぐにやめたようだった。私はこの展開に小躍りしないようにこらえた。

デュポンの最長老弁護士ジョン・ティニーは、逆風を感じたに違いないが、私の手紙が「不利で偏見に満ちた反応を喚起する」意図的な試みだと訴えた。彼は私が「井戸に毒を盛ろうとしている」と言ったが、これはデュポンの現在進行中の問題が毒を盛った井戸に関わることを考えれば、皮肉たっぷりの言い回しだった。彼は私が、「今後証人として出廷する政府高官たちに前もって偏見を持たせるような事実［毒］を提供している」と主張し、弁護士責任規範に違反していると非難した。その規範は「弁護士は法廷外で証人の『性格や信用性』に関わる発言を慎むこととする」としている。

「その点について、原告側のどの発言を止めたいのですか」判事はティニーに質問した。

「デュポンが結果を捏造したこと、デュポンが不正を働いたこと、唯一の合理的な結論はエリ・マコイを通じて同意命令を得たこと、という発言です」

エリ・マコイは、州規制当局の仕事を辞めて、デュポンから請け負ったコンサルティング業務として同意命令を取り付けた弁護士だった。私の重さ一二ポンドの手紙はその関係を記載してあった。

「そこから推論できるのは、デュポンが何か不正を行い、また誰かに賄賂を渡したということです」とティニーは言った。

私は賄賂のことなど一言も触れていない。事実を述べただけだった。

「この化学物質（デュポンの弁護士はよくC8と呼んでいた）は規制されていません」とティニーは続けた。「C8を規制するよう環境保護庁に訴えるのは、デュポンにとって重大な不利益になります」。

私は言いたかったが我慢した。環境保護庁に仕事を遂行してもらいたいだけなのに。

ティニーは陰気な調子で続けた。もしこれから裁判までの間デュポンが製造ラインでＰＦＯＡの使用を止められたら、「影響は……甚大です。工場は停止します」。

私は脅し戦術だと感じた。それはでっち上げであるとわかっていた。資料の中に、デュポンの科学者がＰＦＯＡの代替物を見つけ、すでに検査していると書いてあった。

判事はすべて聞いたあと、一呼吸おいてたずねた。「あなたは私に対して、その決定権限を持つ連邦政府機関に一市民が訴えるのを許さないようにしてほしいと要請しているのですか」。

「判事様、私たちは一市民のことを話しているのではありません。集団訴訟の話をしています。それに……」

「彼らも市民でしょう」と判事は言った。「市民が政府に対して陳情したり、ふさわしいと見なす政府機関に訴えを起こしたりすることは、重大な公共的利益にかなうことです」と彼は続けた。「さらに、私は被告側［デュポン側］に発生する取り返しのつかない損害に説得力を感じません」。

彼は木槌を取り上げ叩きおろした。「デュポンの動議を却下する」。

「よくやった」ラリーは一言だけ言い残して、車に飛び乗り帰っていった。戦いの前線でまた単調な一日が過ぎたとでも言っているかのようだった。私はそこまで無感動ではなかった。シンシナティまでの帰路三時間半、安堵しつつも、裁判終結までデュポンがどれほど意地悪してくるかを考えていた。

翌朝、私はワシントンＤＣに飛び、車を運転してペンタゴンから五分ほどのところにある高層のシェラトン（現ウェスティン）・ホテルに向かった。大広間には次第に一〇〇名くらい集まり始めていた。全員が、ＰＦＯＳの今後の扱い方が何らかの死活問題になる人たちだった。ＰＦＯＳは従兄弟分のＰＦＯＡと同じく、眩暈《めまい》がするほど広範の製品や業務用品に利用されていた。清掃用品、泡消火剤、繊維加工や金属メッキなど日常的な家庭用品に用いられる他、航空関係および半導体製造にも使用されていた。さまざまな業界の経営者、政府高官に加えて一握りの弁護士、科学者および環境活動家が来ていて、ＰＦＯＳの影響の広さを物語っていた。財界人の三分の一は化学工業界の人たちだった。

会議を仕切ったのは環境保護庁の汚染予防毒物部のチャーリー・アウアー部長だった。アウアーは、私が発見した書類の中で最初にデュポンがＰＦＯＡに言及した手紙の宛先人だった。彼は化学者として環境保護庁に二四年間勤務していた。環境保護庁で、有毒物質管理法（ＴＳＣＡ。トスカと発音する）に基づく新規および既存の化学物質の評価・管理責任者だった。

一九七六年にＴＳＣＡ法が成立する前、新しい化学物質は危険と証明されるまで基本的に安全と見なされていた。同法はより厳しい事前規制を課し、環境保護庁に対して、米国で新規に使われる化学物質の安全性を検討し評価する権限を与えた。厳しい製造前の検討が要求され、製造業者は同庁に新しい化学物質の毒性、曝露および環境インパクトの情報を提出しなければならなくなった。

私は、きわめて重要な事実をやっと十分に理解し始めていた。なぜドライ・ラン埋立地の有毒化学物質の報告書がないのか疑問に思っていた時にわからなかったのは、ＴＳＣＡ法が主として「新しい」化学物質を対象としていたことだった。ＴＳＣＡ法が成立した頃までに、米国ではすでに何万もの化学物質が商業的に利用されていた。その中にＰＦＯＳとＰＦＯＡも入っていた。既存の化学物質は適用除外とする祖父条項があり、すべての企業は先に使い始めていたことで優遇された。企業はその化学物質が「健康または環境を害する重大なリスク」をもたらすと結論づけるなんらかの情報を得た場合、環境保護庁へ報告する義務を負った。しかし実際には罰則規定はなく、要するに自主管理だった。また既存の化学物質の健康リスクをどう検査し評価するかは企業任せだった。企業が検査・評価をして、重大なリスクを発見し、環境保護庁にそのリスクを報告した場合、同庁はそれをきっかけとしてＴＳＣＡ法の下でその化学物質を制限あるいは禁止するルールをとりまとめることになるのだった。

私が理解し始めていたのは、未登録の化学物質に関する規制制度全体が、企業の自主申告・自主管理を前提としていた点である。重大な健康リスクの可能性を発見した時、企業が自主的に関連データを共有せず、規制当局に通知しなければ、制度全体が崩れる。もし仮に通知したことで化学物質の規制が始まり、その企業に何百万ドル、何十億ドルの損害が生じるような場合であっても、通知義務があることに変わりはない。デュポンのＰＦＯＡ問題の通知義務違反は、私たちを保護するはずの法律が機能しなかった一例だが、その中でも特に悪質だった。私は、何千ページもの資料から、内部で懸念する声が高まっていたのに、同社はＰＦＯＡの危険性のデータを規制当局に全く提供しなかったことを知っていた。同社は情報を一部提供したが、問題の深刻さに規制当局は気づかなかったのだ。

私はこれまで、米国では制度が確立していて、我々は危険なビジネス慣行から守られていると思い込んでいた。企業弁護士として、私は自分自身がそのシステムの一部だと見なしていたし、企業が複雑な規制や規則を理解し守るよう手助けをしていると思っていた。私の基本的な想定がうぶな思い込みだったと気づいて、心がひどく乱された。さらに、私がＰＦＯＡとデュポン関連で発見した問題は、ワシントン・ワークス工場の下流に住む市民だけの一回限りの問題ではなく、我々全員を守るはずだった枠組みの制度的な欠陥ではないか、と気づいて、糸の切れた凧《たこ》のような心もとなさを感じた。要するに、危険性の高そうな化学物質の完全な規制はきつい上り坂の闘いになる。邪悪な一部企業幹部のことは別としても、重力と惰性によって規制は骨抜きになり、市民は無防備に放置されるのだ。優遇された化学物質が有害物質対象のＴＳＣＡ法の下で「規制」されるのは、長く、論争的で、かつ高度に政治的な過程を経たあとの話である。骨が折れて時間のかかるプロセスを考えれば、優遇されてきた多数の化学物質のうち非常に少数のものだけが規制対象になる現状は驚くにあたらない。

　今回の裁判では、優遇されたＰＦＯＳ化学物質の規制を環境保護庁が検討し始めた時、３Ｍは先手を打って単にＰＦＯＳを市場から消すことにした。この日、この化学物質の将来について話をするためにＤＣにやってきた人たちは、残存するＰＦＯＳサプライチェーンのどこかで働く人たちだった。彼らは、３Ｍが製造を中止しても、自社や自業界を今後の規制から免除してほしいと主張しに来たのだった。一人ひとり会議室の前の演壇に上がり五分間スピーチをするのを聞いて、私は問題の幅広さに気づいた。ＰＦＯＳは広範な業界でさまざまな用途に使われていて、すべての企業が不可欠だと見なしていた。ある化学企業の重役は、飛行中の火災を予防できる航空機の油圧油《ゆあつあぶら》のメーカーにとってそれが「任務に不可欠」と説明した。写真用フィルム製造会社も、写真およびＸ線フィルムの製造と現像に「決定的に重要」と表現した。半導体産業協会の人は、ＰＦＯＳのような化合物は「最新最先端技術の効果に決定的な格差」をもたらすと宣言した。

発表者は全員同じ点を力説した。「他に許容できる代替化合物はありません」とシリコン・バレーの超小型電子技術の会社は言った。「有効な代替物があるとの証拠はありません」と化学の博士号を持っている報告者も言った。「航空機の統合性を十分に守れる代替化合物を知りません」と航空機用油圧油メーカーの人が述べた。ある特殊化学物質会社の社員は、ＰＦＯＳの代替化合物は確かに存在するが、微妙に組成が変化しているので工業的利用者には大きな問題となるかもしれないと警告した。「微細な変更でも、製造過程の不具合が見つかるまでに、利用者は何百万ドルもの損失を被る恐れがありまず」と彼は言った。この会社は、３ＭがＰＦＯＳの製造を中止すると表明した時、一〇年分買い置きしたのだった。

私が今後の裁判でどういう抵抗に遭遇するか直《じか》に見聞きすることは、酔いが覚める思いだった。生活を豊かに、楽にした化学物質に問題があるとあえて言おうとしている者が直面する事態は、想像を絶するものがあった。ＰＦＯＳを攻撃するのは「私たちの生活スタイル」を否定することであり、ましてや米国経済のエンジン［デュポン］にモンキーレンチ［工具の一種］を投げ込んで妨害するようなことは、言語道断だった。

質疑応答が始まるまでは、産業界の関心事が議論を独占していた。質問時間になると、男がマイクを取り、空港で消防団の仕事に関わっていたと自己紹介した。「私はこの界面活性剤を使い、文字通り何年も浴びていた消防士たちを知っている」と彼は言った。「消防士たちの長期的な影響はどうなるのか」。

アウアー部長は質問者を見ながら、「それは修辞学的質問ですか」と質問した。質問した男性は、「答えてくれる質問であることを期待しています」と応答した。

それは答えられない質問だった。

「そのような曝露に関する情報があるかわかりません」とアウアーは言った。「動物に対するPFOSの毒物学的な情報はあるし、検査した血中濃度の情報はあります。それ以外のことになると、質問には答えられません。すみません」。

私は最後の講演者だった。もともと少なかった聴衆はあらかた帰ってしまっていた。空席ばかりになった会議室に向かって話していたが、前の方にいるごく一握りの環境保護庁職員が、実は私がそこに行って話を聞いてほしいと狙っていた聴衆だった。少なくとも一名のデュポン弁護士が話を聞くために残っているのがわかった。話の中で私は、PFOSとPFOAが緊密な関係にあることを概観した。アールの雌牛がPFOAを飲んだ後どうなったか、そして人間も汚染井戸から同じ化学物質を知らないうちに飲んでいたことも説明した。環境保護庁がすでにPFOSを評価しているので、両方とも調べるべきだと伝えた。「私たちは、規制機関の現行規制を拡大してPFOAも対象に含めてほしいと求めています」。

聞いている人が少なくて無表情だったので、これがホームランになったようには感じなかった。それでも分厚い手紙で書いたのと同じことを直接伝えられたのは確かだった。もう一つこの会議で、今後重要になる収穫があった。アウアーは、PFOA検査が予定され、結果は公表すると発言したのだ。

つまり環境保護庁は、この問題に関するすべての資料をまとめて公開するネット上のページを開設したのだった。私は、私が明らかにしたPFOAに関する非極秘情報をそのページに掲載してもらうのは名案だと感じた。そうすれば、同庁だけでなく一般市民も、増え続ける証拠を入手することができる。会議室を後にしながら、私はデュポンが口封じしようとした二四時間後に、環境保護庁に重大な公衆衛生の脅威情報を伝えられたことに満足感を覚えた。さすがに環境保護庁も何かしないわけにはいかないだろう。

公開講座をきっかけに、私は3MがPFOSを製造中止にしたことを考えないわけにはいかなかった。これは私にとって、重要な意味があった。このニュースは化学業界に衝撃を与えただけでなく、ウォールストリートにも重大な影響があった。3Mは投資家に対して、PFOSの製造中止で一回限りの二億ドルの損失が発生すると説明していた。製造中止で会社の売上は二%減少するが、これは年間総利益一六〇億ドルの三億二千万ドルに相当した。従業員も影響を受けるだろう。有機フッ素関連の製造には約一五〇〇人が従事していた。

しかし経営の観点だけから、PFOS製造中止の損失がいくら大きいと言っても、この化学物質の製造を中止しなければ、さらに損失が大きくなる可能性があった。私が言っているのは、3Mが集団訴訟を含む裁判で直面する賠償額のことではない。確かに集団訴訟は巨額になるが、巨大な和解金や懲罰的賠償責任も3Mのような売上高の会社にとってはバケツのひとしずくにすぎない。それより深刻な脅威は、この化学物質が連邦環境法の下で「リスト化され規制対象となる」少数の物質の仲間入りをし、「有害物質」として連邦スーパーファンド法に基づき自動的に浄化対象になるリスクの方だった。同法の下での責任は天文学的になり得る。無制限かもしれない。スーパーファンド法は有害物質の浄化を企業に求めるが、賠償の上限は設定されていない。おまけにこの賠償は厳格で遡及的な責任だ。過失や故意や実害の証明は不要だった。難分解性で高生体蓄積性の人工の化学物質が半世紀にわたって自然環境に投棄された場合、浄化と補償の費用は、フォーチュン誌のトップ五〇〇に載るような大企業をも倒産させかねなかった。

こうした事後規制の脅威があるので、多くの企業は化学物質を市場に送り出す前に厳しく検査するようになっていた。企業は往々にして、有毒物質検査法上の最低基準より厳しく管理していた。デュポンや3Mのような巨人は、毒物学と産業医薬の巨大な部署を抱え、各製品の安全性を評価し、従業員の定期健康診断で健康被害の早期発見に努めていた。こうした企業は、自社の化学物質の毒物研究分野をリードする専門性を有した。しかし、特に同法制定以前から何年も市場に出回っていた既存の化学物質に関しては、自主規制に頼るTSCA法特有の対立も発生した。優遇される化学物質に関する限り、企業自らが責任を持って生み出し報告するデータは、後々に自社に不利な証拠になりえた。当然のことながら、社内の毒物学者と経営者側との間にはしばしば緊張があった。経営者側は研究費を負担させられながら、後日研究データのせいで財政的損失を被ることになるからだった。その点でPFOSの製造中止という3Mの判断は、なおさら際立った印象を与えた。製造中止による財政的な損害と将来のスーパーファンド産廃地の賠償責任を負う覚悟を決めたということは、PFOSについて何かわかったからに違いない。何か悪いことに間違いない。

第10章　雌牛が帰ってくる

二〇〇一年四月二三日
ウェストバージニア州パーカーズバーグ、テナント農場

ちょうど病院から戻った時、アールは農場の上空で雷のような音を聞いた。晴れた青空を見上げるとヘリコプターが見えた。あまりにも低く飛んでいたので機体の数字が読めるほどだったが、誰が乗っているかは見えなかった。彼はライフルをつかんで、双眼鏡のように照準に目を当てた。男がカメラを構えて彼の農場の写真を撮っているのが見えた。パイロットはライフルが機体に照準を合わせているのを見て、急いで旋回し去って行った。アールの妻デラが私に電話をくれたが、私は外出中だった。ラリー・ウィンターがカンカンに怒ったデュポンの弁護士からの電話に応対してくれた。その弁護士はラリーに、あなたのクライアントを鎮めた方がよい、と言った。

その後、弁護士間での電話で、デュポンは係争中の裁判に関わる所有地の検査の一環として農場の航空写真を撮らせていたことがわかった。「乗客を乗せている航空機を威嚇するのは連邦法違反だ」とデュポンの弁護士はメールで書いてきた。「ヘリコプターの操縦士は本日のインシデントを連邦当局に通報すると言っているので承知しておいてください」。

これは、訴訟の開始直後からテナント家の生活を脅かした一連の中傷の続きだった。所有地検査と

称して、デュポン関係者は、テナント家が収入源とする賃貸トレーラーと家二軒にも立ち入った。

同社関係者は資産評価する権利はあったものの、テナント家としては、借主の洋服ダンスの中まで粗探しし、私物の写真も撮っていったのはやりすぎだと受け止めた。これには、テナント家はもちろんだが借主も怒ってしまい、そのうちの一人はこれが理由で出ていってしまった。

テナント家は、デュポンだけでなくかつての友人や隣人からもいやがらせを受けた。裁判のニュースが広まると、すぐ地域住民の敵対心は高まった。多くの人がテナント家のデュポンとの闘いを個人的な攻撃と受け止め、「地域社会にこれほど貢献してくれた」会社を訴えたことに激怒した。

アールとサンディは町に出ると必ず非難された。地元のビュッフェで食事をよそっていると、振り返って睨みつけられた。食材店では知人が通路で出会うのを避けた。もっとひどいのは、親しかった隣人たちが目を合わせず見えないふりをし始めたことだった。時折テナント家の人が来ると、立ち上がって出ていく人たちがいた。村八分は教会でも起きた。ある日曜礼拝で、牧師は変なことを言った。「一部の信徒は、この教会の牧師がデュポン支持者だと知るべきです」。テナント家の人たちは別の教会に行ってみたが、扱いは同じで、少なくとも三回は教会を変える羽目になった。

デュポンは全世界的に雇用を削減していたが、ウッド郡ではワシントン・ワークス工場が最大の雇用者だった。約二千人に給料を払っていたので、地元には毎年何百万ドルものお金が降りてきた。パーカーズバーグの全市民が、同社で働くか、働く人を知っていた。会社の強い影響は地域社会の隅々まで及んだ。公立学校やロータリークラブにも寄付していた。住民にとって同社は最高の父親であり、全ての船を支える強い波だった。「デュポン様」と呼ぶ人は、心からそう思っていた。

事態がさらに悪化したのは、ジムとデラがドライ・ラン埋立地利用に関するデュポンの許可証の更新を認めない署名活動について私に助けを求めた時だった。二人は、埋立地の半径二マイル以内にあるガナーズ・ラン通りの他、すべての道にある家のドアをノックして協力を求めたが、どの家も要件を聞くと彼らの面前でドアをきつく閉めて断った。全員反対というわけではなかった。粘り強く、まためし革のように面の皮を厚くして、二人はやっとのことで三〇〇の署名を集めた。署名を断った人たちは、署名した人たちをからかい、問題児で裏切り者とさえ言って非難した。

彼らは周囲の人々を疑うようになった。デラはよく監視されているように感じた。町のガレージセールや買い物で、スーツ姿の男性にいつも表示のない車で後をつけられていると確信していた。夫婦は一度ならずとも、帰宅すると個人の書類や医療記録がまるで粗探しでもしたかのように部屋中にばらまかれる経験をしていた。私には、特殊状況下のストレスに起因するやむを得ない妄想か、実際に誰かが粗探ししていたのか判断できなかった。しかし彼らにはそれが現実だった。これが起こったあと、彼らは誓願書と個人記録は車のトランクに鍵をかけて入れるようになった。

アールの病状は悪化していった。鼻と鼻腔は詰まり、口で呼吸していた。耳はたいてい痛くて、頭の奥深い掻けないところが痒いと言っていた。何度も通院する中で医師は呼吸改善のために強いステロイドを処方したが、ほとんど改善されなかった。夜はほとんど寝られなかったので、キッチンテーブルで青い罫線のノートに考えたことを書きながら夜長を過ごしていた。

今午前二時五分、一睡もせず。喉も背中も腫れ、目はひたいにめり込み、ゼーゼー言う。

何年もの間に彼は何十冊ものノートに課題と記憶を書き留めてきた。活字体で創造的な綴りと不完全な文法ではあったが、つらい思いは伝わってきた。

デュポンは私の雌牛をあらかた殺してしまったが、あの美しい動物への私の愛情は破壊できない。それを奪うことはできない。私の健康も破壊したが、私が前進するのは止められない。地球にこんなひどいことをしたあの馬鹿どもに、これが永遠の生命から受け継いできたものであり、私の家畜と野生動物が生きて、寝て、食べて、水を飲んだと思い知らせてやりたい。

アールは井戸水を家畜にやってみたが、何も変わらなかった。後の検査では井戸水もＰＦＯＡで汚染されていた。家畜は減り続けアールは牧畜をやめた。彼自身の苦痛も容赦なかった。目は痛み、しばしば焦点が合わなかった。毎日毎晩、詰まった鼻とガンガンする頭で苦労しながら息をしていた。朝、茶碗一杯くらい吐くこともあった。のどぼとけには何かひっかかったままだった。皮膚は、初めてオフロード車で小川を渡って水が顔や手にかかった時から調子が悪かった。小川の水は酸のようにひりひりした。六か月後、医師は顔の病変はがんの可能性があると言って焼き切る処置をとった。

主治医は、しばらくオハイオ渓谷から離れて、鼻の詰まりが治るかみてみたらと提案した。彼とサンディは東方面の山々に二週間の休暇をとって出かけた。彼らが選んだ目的地は何度も行ったドリー・ソッズ原野だった。アパラチアのアレゲーニー山脈が水平線に連なるところだ。空気はすがすがしいが、松科のトウヒ［スプルース］は強い西風で東寄りに傾き、ひどい非対称になっていた。

今回もアールとサンディは未舗装の林道を上り、ウェストバージニア州で最高の標高を誇るスプルース・ノッブからの景色を見た。標高一マイル［一六〇〇メートル］弱の丸い頂上には、石造りの展望台があり、風になびいて全体にしなるトウヒがそこここで高山牧草地や石の平野で遮られているのをいつまでも見ていられた。しかし景色と時間はアールの喉に流れてくる副鼻腔からの痰で台無しだった。彼は繰り返し窓から痰を吐いた。果たして頭が晴れる日は来るのだろうか。

彼らは連なる丘から岩が突き出ているチムニー・トップス山にハイキングした。アールはそこで畏怖と不思議を期待したが、耳には膿が詰まり、聴力はまだらであり、楽しめる状況ではなかった。

それでも二週間の山の空気は効果があった。彼はぜいぜいしなくなった。目は少し焦点を取り戻して、ある午後はクーガー［ピューマ、アメリカライオン］を発見した。しかし以前の感じに戻ったわけではない。やがて旅行は終わり二人は寂しい家路についた。高速五〇号線でパーカーズバーグに近づくと、アールの詰まった鼻でも臭いを感じた。ある意味ではいいニュースだった。何か月も臭いなど感じなかったはずだったからだ。

悪いニュースとしては、空気が臭かったことだろう。

もちろんパーカーズバーグの空気はしばしば臭かった。温度逆転現象が発生する際に化学工場からの煙がよどむ時、特にひどかった。この地域を「ケミカル・バレー」と呼んだのには理由があったのだ。

アールの娘たちは今や成人し、騒動には関わらなかった。彼女らは問題をすべて引き受ける覚悟はあったが、父アールがこれは彼の闘いであり、娘たちにこの惨憺たる状況に関わってほしくないと言っていたからだ。彼女たち自身の住宅ローンを払い子どもを育てるという事情もあった。

二五歳のクリスタルは、最近離婚して町で二人の子どもを育てていた。口達者で自信ありげな彼女の薄茶色の目は、笑いながら激しく燃えることができる目だった。家畜を愛し、自分で小さな群れを育てたいと考えていた。それまではパーカーズバーグの医療センターで患者の血圧測定を担当していた。上司である医師は家族にデュポン関係者がいたので、職場では裁判の話は決してしなかった。改姓した名前がデイだったので、上司も同僚も、クリスタルがテナント家だとは気づかなかった。

赤毛のエイミーは二二歳で、高齢者の自宅介護ヘルパーだった。今は父親が生まれた農場の家に住む。改装され電気水道が完備しているこの家は、アールとサンディのところから少し歩いたポイント丘近くにあり、叔父ジャックの所有だった。彼女は農場住まいがとにかく好きだった。夜聴こえるウシガエルやコオロギの鳴き声から小川の土臭さまで好きで、いつか家族を育てたいと望んだ。

姉妹は物心ついた時からの風景に深く慣れ親しんでいた。大きくなるにつれ、懇願して農場の苦労を手伝いに行くようになった。

彼らは、父が汗水流して土地を切り盛りするのを間近で見た。農場では有給休暇も個人年金［401k］も暇な週末もなかった。それでも確定申告は必ず巡ってくる。決まって何か壊れるが、買い替えるゆとりはなく修理もままならなかった。成功は収益ではなく、何年続けて赤字を出さなかったかで決まった。ところが成功は自分自身では管理できない無数の条件に左右される。豊作と不作の違いは、気候が乾きすぎか濡れすぎか、干草に白カビが生えたかくらいの差で決まるのだった。

大人になってからも、クリスタルとエイミーは父が世界で最強だと思っていた。国道局に代わって圧搾空気による手持ち削岩機で道路を補修し、道路の穴に泳ぐ蛇の頭をピストルで撃ち抜いた。テレビのカウボーイくらい上手にロープを使いこなせたが、右手はロープ技術の危険性を物語っている。ある日、オフロード車から輪にしたロープで雄牛を捕まえて、親指で結び目を押さえようとしたが、親指がちぎれてしまっていたのだった。ロープの輪に挟まって、きつく縛った時に取れてしまったに違いなかった。アールは他のカウボーイも指をなくすものだと言いながら、ちぎれた指先を紐で縛ってヘリコプターを呼び病院に連れて行ってもらった。それでも野いちご摘みはやめなかったが、トイレットペーパーを親指なしで使うには練習が必要だと冗談は言っていた。

痛みはなくなることはなかった。娘たちは一九八五年、とうとうアールが削岩機で背中を負傷した日のことを覚えている。近所の人がシェビー・シュベットで送ってきてくれた。ドアが開くとアールが座席から転げ出てぬかるみで四つん這いになった。手と膝で家まで這い戻り、サンディに対してジャックとジムを呼んで雌牛に餌をやってほしいと言った。二か月自宅療養した後仕事に戻ったが、家族は「軽作業」と称して、トラックに一〇〇ポンド〔四五kg〕のカルシウム袋を載せる仕事を割り当てた。腰は完全に回復しなかった。日によって脚の感覚がないと言っていた。

娘たちは彼が怪我するのを何度も見たが、病気になったのはほとんど記憶にないと言う。最近まで、折ったり出血したりしなければ医者に行くことはなかった。数年前から呼吸器系で診察を受け、やがて呼吸が辛くなり通院は増えた。咳して鼻で荒く吸い、ぜいぜいする度に娘たちは心配した。健康問題にもかかわらずアールはどこにも行かず、諦めもせず、死にもしなかった。彼はデュポンが見くびっていたことに密かに冷酷な満足感を覚えていた。彼は、地元のデュポン関係者が自分のことを、不信の念を抱きつつ敵ながらあっぱれとも話していると言っていた。彼のノートにはひょっとしたら創作か、ほぼ確実に脚色はされているようだが、彼の耳に入ってきたゴシップ話が書いてある。

近所の人がデュポン支持者数名と話していると、アールの肺はどの馬の肺より丈夫に違いない、そうでなかったら今頃とっくに死んでいるはずだから、どうしてまだ生きているのかわからない、彼の肺はずっと前に機能停止しているはずだから、と私に話してくれた。

しかし今となっては、アールの近所の人たちが彼を愛しているか、デュポンの恩恵を危うくしているとして彼の不幸を願っているか、という点はますます論点からずれてきていた。全員が水道水を通じて、同じものを摂取していたのだから。

初公判の五か月前、デュポンのことを規制当局者に報告していた私の戦術は奏功し始めていた。同社の行動は情報自由法によりできるだけ開示させていたが、案の定、私の手紙の直後、同社は規制当局と一連の会合を設定していた。議題は私には火を見るより明らかだった。同社は、問題行動を中止することで対立を解消する同意協定を得ようとしているのに間違いなかった。しかし、手紙送付後二か月たっても、私は州や環境保護庁から直接何も聞いていなかったし、リューベック汚染に対策がとられたようにも見えなかった。足元が吸い込まれる流砂の上を歩いているようだった。他方、同社がまだ、PFOA検査結果を大量に隠していると踏んでいた。それは私がなんとかできる話だった。

資料を見る限り、デュポンの水と地学を調べる水文《すいもん》地質学者アンジュルー・ハーテンがPFOA汚染検査の担当者だった。同社が隠している検査資料——もし意図的に隠蔽していたら結果は相当深刻だが——を見つけるには、宣誓する証言録取でハーテンに質問するのが一番いい方法だった。

五月二日の朝、ハーテン、デュポンの弁護士二人、ラリー・ウィンターと私は、デラウェア州ウィルミントンのデュポン社本部の法務部事務所で会った。ハーテンの職場に近いところだった。科学者やエンジニアの証言録取ではいつものことながら、私の質問は昼食を挟んで何時間も続く複雑な技術的問題の沼地を泳ぐような忍耐心を必要とする重い猛打だった。私の役目は座って質問するだけだが、相手方弁護士は、睡魔と戦いながら細大漏らさず聞くきつい仕事だ。たいてい禅の境地で座り、時折思い出したようにメモを取るのが常だった。

証言録取は、うまく行く時でさえ火がつくまで時間がかかる。証人の履歴、職歴、専門資格に関するあらゆる質問がまず出される。今回は、私が欲しかった答えがやっと午後になって出始めた。

一九九〇年代中頃、政府モニタリングを恐れたのか、デュポンは大半のPFOA廃棄物をドライ・ラン埋立地から二〇マイル［三二キロ］下流のリタート埋立地に移した。これはドライ・ラン川よりオハイオ川にさらに近く、近隣住民に飲料水を供給している公共井戸地域にも隣接していた。私設井戸も近くにあった。私が疑った通り、ハーテンは録音されている状態で、デュポンがPFOA検査を私設井戸で実施していたことと、埋立地からのＰＦＯＡ汚染排出物がオハイオ川に漏れ出たことも認めたのだった。

これこそ私が必要としていた事実だった。テナント家の井戸検査はすでに支払い済みで汚染が確認されていた。これはテナント家にとって驚くことではなかった。今ここに、埋立地に投棄されたＰＦＯＡが近隣井戸を汚染し得て、そのことをデュポンは当初から知っていたことが明らかになったのである。

もう一つ奇妙に思っていたことがあった。最近デュポンは、何年も利用していた水質検査研究所を新しい会社に契約変更していた。新研究所の検査結果は以前のものと整合性がなかった。なんらかの変更は予想していたが、新旧の差は説明がつかなかった。新検査結果の数値は常に高めだったのだ。私も説明できなかったが、不思議なことだった。

「ランキャスター研究所がＰＦＯＡ検査で違う手法を使っているか知っていますか」と私は尋ねた。するとと視野の端の方で、デュポンのジョン・バウマン主席弁護士が、睡魔から脱してメモを取り始めたのが見えた。彼は経験豊かな弁護士で、証言録取中、相手方に言質を与えるようなそぶりは見せない訓練はできていたが、私も経験は豊富で、かすかだが重要な振る舞いの変化は感知できた。質問の中で、神経質になっているツボを押したようだった。どれほど重大なポイントだったかは、まもなく明らかになった。

証言録取が終わるとすぐにバウマンが、ラリー・ウィンターと私に、いっしょについてきてほしいと言ってきた。かなり奇異なことだった。ふつう伝えたいことがあるなら、退館する時に並んで歩きながら話す。今回は明らかに違った。我々はデュポンの企業法務部にある一室に入って座った。会話は録音しなかったので、記憶が不鮮明で一言一句正確なわけではないが、ラリーも私もメッセージの内容は同じように受け取った。私たちがどうすればこの裁判を止めるか、という問いだった。

よく理解できなかったので、ラリーと私は単に、その議論はできる立場になく、飛行機の時刻が迫っていると言った。タクシーでの道中、二人ともバウマンは何を言いたかったのか考えていた。

ちょうど二週間後、ウォール・ストリート・ジャーナル紙が自室デスクに配られた。第一面下方に、バウマンとの最後のやりとりを思い起こさせる見出しがあった。「企業から現金を受け取る代りに裁判をしないと約束する弁護士がいる」。

その記事は、好ましくない傾向として、企業が原告側弁護士にお金を払って裁判を取り下げさせることを説明していた。実際、相手方弁護士にかなりの金額を支払って手を引かせている企業があった。これは原告クライアントに対する和解金ではなく、弁護士に対する一時金のようなものだった。新聞記事によれば、これほど露骨ではなくても、倫理規則にかろうじて即した別の方法を使っている企業もあった。「『コンサルタント』として原告弁護士を登録することで、利益相反を生じさせ、その企業を訴えられなくする」という方法だった。

その記事に例として挙げられていた会社はどこか。デュポンだった。

殺菌剤ベントーレをめぐる一〇年にわたる費用のかかる訴訟の後、デュポンは、訴訟の和解で得た二〇〇万ドル近くの成功報酬に加え、原告側法律事務所に六四〇万ドルを支払ったとされている。この上乗せ金の支払い条件として、弁護士は、全企業秘密書類を同社に返還し、裁判関係書類を封印して今後争わないと同意していた。その書類の中には証拠隠蔽の不正行為で判事がデュポンを制裁した命令書もあった。六四〇万ドルは「コンサルタント料」と呼ばれたので、殺菌剤ベンレート被害の専門家になっていた弁護士たちは、利益相反から今後一切デュポンを訴えられなくなった。ちなみにベンレートは呼吸器系・皮膚系の激しい刺激物であり、魚類、鳥類、ミミズに対して毒性があり、妊婦が曝露すると新生児に目の奇形や欠損という稀な障害を引き起こすものだった。

考えれば考えるほど私は怒りを感じた。その記事の内容はひどい話で、司法制度を根幹から否定するものだった。クライアントを裏切る取引など論外だし、テナント訴訟の放棄は「あり得なかった」。

一週間足らずで同社法務部が和解の電話をよこした。弁護士を黙らせる話は出なかった。

ずっと後になって同社に出させた内部メモから、和解交渉のきっかけが判明した。私がハーテンに浴びせた水質検査の質問が気に障ったのだった。同社弁護団宛てのメモでバウマンは、「ビロロ《ママ》ットはリューベック水道会社に情報提供を求めている。この件を利用して、訴えを修正するか別の集団訴訟を始めるかもしれない」と書いていたのである。

「集団訴訟」という恐怖の言葉が書いてあった。テナント家訴訟がはるかに深刻なことにつながる心配から、出血を止める努力をしたらどうか。トランプでは負けがわかったら手を引く。掛け金（チップ）は上乗せしない。別の法的資料によれば、同社弁護士は、テナント家が公判に進めば、二つの明らかな弱点によって会社は確実に沈むと覚悟していた。彼らは事実だけ箇条書きにしていた。

・C8が川に入っていることは一度も彼らに伝えたことがない
・家畜チームにも環境保護庁にも川のC8は全く伝えていない

言い換えれば、デュポンは雌牛がＰＦＯＡを飲んでいるとずっと知りながら、家畜チームと環境保護庁にも、私とアールにも伏せていた。アールが何年も雌牛に汚染物質を飲ませていたことを黙っていたのだった。

和解交渉は電話で始まった。隔たりが少なくなった頃、チャールストンで直接会った。しかし会うと、思っていたほど合意できていなかった。弁護士として交渉内容は全く開示できないが、合意には何か月もかかり、交渉は困難を極め、時には怒りのぶつけあいだったと言ってよい。一度ならずとも交渉が崩壊したと感じた。少なくとも私側の感情はわかっていた。お金ではアールの土地も家畜も健康も回復できない。しかし少なくともデュポンには、彼らがやったこととやらなかったことの責任はとらせたかった。アールにとって、同社の仕打ちを白状させることが何より重要だったが、私は和解でそれを実現するのは難しいこともわかっていた。テナント家の人たちには、デュポンが過ちを認めなくても、和解でテナント家も何らかの解決のけじめを得られるし、正当性が認められるかもしれないと受け止めてほしかった。しかしアールはそれでは満足しないだろう。彼にとって裁判は、農地に毒の化学物質を撒いた責任を同社に公に認めさせなければ意味がなかった。

アールは、ＰＦＯＡが死ぬまで血液に残留することはわかっていた。裁判準備で実施した検査では、ＰＦＯＡはテナント家の井戸にも血中にも入っていた。家族全員が、３Ｍの血液銀行研究での平均的米国人より三倍から一〇倍高かった。この結果を伝える電話口で、アールはいつも通り寡黙だったが、勘ぐれば、妻と子供たちの心配とともに、彼の妄想だとは金輪際誰も言えないと確信しただろう。

主治医は血中の化学物質の影響ははっきり言えなかった。聞いたことのない物質だったからである。しかし良くないのは一目瞭然だった。アールは雌牛を解剖してくまなく調べていた。ＰＦＯＡが何をするか全部見ていた。しかもこの時点で彼自身ほとんど息ができなくなっていた。

アールは、健康の回復には手遅れだとわかっていたが、すべての人に真実、つまりデュポンが彼に何をしたかを知ってほしかったのだ。

アールは健康の回復は諦めたが、皆にデュポンが彼に何をしたか、本当のことを知らせたかった。

第11章　和解

二〇〇一年七月一三日
シンシナティ

新たに決まった一〇月二日の公判の三か月前、アールとサンディ、デラとジム、そして弟ジャックは、タフト法律事務所まで三時間半運転して来た。晴れて華氏八〇度台前半［摂氏二六〜二八度程度］の夏のような金曜日であることは、窓なしで空調の効いたギャンブル・ルーム会議室では微塵も感じられなかった。そこは、三年前初打ち合わせで死んだ雌牛の写真を回覧した会議室だった。とうの昔に亡くなった共同経営者の同じ肖像画が壁に掛かっていた。テナント家の面々は教会用の服装だったが、私が農場にスーツで行ったことを覚えていたか、打ち合わせの重大さを感じていただけかもしれなかった。全員が、この会議が弁護団の長年の作業の着地点であり、テナント家の苦痛に終止符を打つかもしれないとわかっていた。テーブルの上には和解案が置いてあった。

ラリー・ウィンターと私は、テナント家に選択肢を示した。和解案を受諾し陪審員公判を見送るか、和解案を拒否して陪審員の前に訴訟を出すか、だ。

和解案に関するクライアントへの法律的助言は公表できないので、ここで繰り返すことも要約することもできない。しかし、冷房の効いた会議室でも雰囲気は熱気がこもっていた。部屋の中では大きく異なる個性の衝突があり、常に合意したわけではなかった。アールはデュポンを裁くことに拘る一方、ジムとデラは地域社会の圧力を強く感じてすべて終わりにしたがった。末弟ジャックは議論から一番離れていた。彼とジムはアールに従う様子があったが、それでもジムは化学物質をコンピュータで何時間も調べ、静かだったがいったん話し出すと止めるのに苦労した。デラは頻繁に強い意見を滔々と展開するので、私が見るにアールはとてもいらだっていた。

感情的な対立の強い場で、ラリーがヨットのキール〔竜骨、バランスを取る構造物〕のように冷静を保ってくれてありがたかった。選択肢の長所と短所を説明したあと、彼と私は退室し、一族が水入らずで議論する間、事務所の図書室で待った。彼らが決めることであって、弁護士が決めることではなかった。

和解案の内容は厳しく公開を禁じられているが、一般に弁護士が原告側に、和解するか裁判するか決める時に何を検討すればいいか伝える内容はここで説明できる。決断は見かけほど簡単ではない。

まず検討すべきことは、求めているものは何の損害賠償か、である。訴えが全部認められた時、最大何を取り戻せるか。現在及び将来の財産の損害と健康問題を訴えたら、損害はどう評価するのか。財産なら、不動産鑑定士に土地および独自の市場価値のある家畜を含め、すべての市場価値を算定してもらえる。土地と家畜の市場価値が合計で一〇〇ドルだとしよう。それがふつうは取り戻せる最大限になるが、全額取り戻せるのは、陪審員が財産は完全に無価値になったと結論した場合だけだ。陪審が部分的に価値が下がったと判断したら、一〇〇ドルの賠償額は一方向にのみ、つまり下がる方に変化する。被告が土地を現在（損壊していない）の市場価格で買い取ることはできる。しかしもし原告が土地はきれいにして返してほしいと言ったらどうなるか。清掃費が土地評価より高かったらどうするか。この場合、原告側が訴えるにあたり、現行法やガイドラインに基づいて汚染が危険なので浄化が必要である、と証明する負担が生じる。浄化に必要なものは何か、いくらかかるか、裏付ける必要も発生する。浄化基準がない未規制化学物質の場合、これは困難を極める。

次に健康被害に関して、呼吸器系の問題がある場合について検討しよう。裁判で仮に、問題の化学物質が呼吸困難を生じさせ、（その他のものではなく）まさにそれが実際に原告の疾患を引き起こした、と証明できるとしよう。裁判所は、原告は最大何を受け取れると言えるか。この健康被害で、医療費など実際に負担した費用はいくらか。公判まで進んだ場合、確かに陪審員は痛みと苦痛の補償的損害も認定するかもしれない。

健康と所有物に関して最大限要求する価格が算定できたら、この訴訟の強さと勝算を検討する必要がある。毒物曝露裁判の場合、往々にして怠慢だったか争う裁判に落ち着く。その場合四要素を証明する必要が生じる。（1）被告は注意義務があった（たとえば水に毒物を入れない責任）、（2）被告は通常その立場にある合理的な人はやらないような義務違反を行った、（3）原告は傷ついている、（4）原告の怪我は義務違反で生じた。

一つでも陪審員を説得できなければ、訴えは却下され何も得られない。被告側はふつう何も証明しなくてよい。原告側の訴えに石を投げるだけでいいのだ。

訴えが通るかどうかは、科学の発展度合いにもよる。時には持ち手が悪すぎることもある。一般に規制は科学より出遅れ、科学は技術に出遅れる。毒物過失の訴訟の場合は、原告は往々にして、その化学物質が病気を発生させると学界で合意する必要がある、と言われる。しかし学界がまだその化学物質を研究していない場合はどうするのか。証明責任はどうやって果たすのか。科学的知見が原告の訴えを支持する場合、どの専門家に証言してもらえるか。その化学物質の第一人者が、被告の会社の社員の場合はどうするか。被告が原告側の証明に必要なデータを持っている場合はどうか。

証拠が確実で裁判が有利な場合でも、費用はどれくらいか。裁判で証言してくれる専門家を雇う必要がある。その人たちは偉大な専門家であるだけでは不十分で、専門分野の細部を陪審員が理解できる普通の言葉で語れる人でなければならない。被告が国際的に優秀な研究者を雇う多国籍企業の場合、原告側が雇う専門家は被告側ライバルから詰問されるから、原告は最高の研究者を雇う必要があり、高くつく。時給は時として一千ドルを超える。これは証言台での時間だけではない。研究し論文を執筆するなど、専門家証人としての準備も必要だ。交通費、食費などの経費も発生する。

しかし適任の専門家が見つかり雇うゆとりがあったとしても、陪審員の前で証言台に立ち一言でも発言できる保証はない。連邦裁判所なら裁判官が門番役になり、公判前に科学専門家の証言を認めるか判断する。専門の見解は「ドーバート基準」と呼ばれるものに合致しなければならない。これはジャンク・サイエンス（科学で証明されていない学説や見解だが科学的事実として提出されるもの）を除去する目的で適用される証拠基準である。公判判事は判別役として、専門家の証言が「任務にとって重要か」、「信頼できる基礎に基づいているか」、換言すれば、見解は良質の科学の裏付けがあるか、訴えにとって重要かを確認する必要がある。

普通ならこれで順風だが、原告専門家が今まで十分に研究されていない新見解を提出するとなると、話は別だ。科学の世界で新見解を初めて述べるのはきわめて難しい。「科学的に受け入れられている」障壁を克服する必要があるからだ。相手は裁判官に新説が似非科学だと思わせようとする。それが成功すると、原告側専門家は公判のはるか前に却下されてしまう。原告の訴えとともに。

公判の個人的で目に見えない代償も検討する必要がある。公判は、身体的に負担で心理的にきわめて消耗する。魂を吸い取るスポンジのように時間とエネルギーを消費する。自ら証言台に立たなくても、何週間も何か月も法廷に座り、二度と体験したくないことを追体験し、しばしば、本人や本人にとって重要な人たちの名前に泥を塗るのを聞かされる。原告の信憑性《しんぴょう》を損なうことを仕事とする人がいて、あらゆる手段で原告の立場を貶める。しかも彼らはそれがきわめて得意なのだ。

他方、請求賠償総額は、公判で余計にお金を使っても増えるわけではない。原告自身だけでなく弁護士や専門家証人（の請求額以外）の支出は、勝った場合賠償金から差し引かれる。成功報酬契約の訴訟で負けた場合、弁護士は費用をかぶるが、原告の時間と精神的苦痛と屈辱感は残る。

従って、仮に最終的に勝訴しても、裁判が続く間、最終的な回復が有意義である可能性は次第に減っていく。被告はそれを知っていて逆手に取る。公判を始めるまでできるだけ引き延ばしを図り、原告が勝訴しても負ける（失う）ようにするのが被告には得策なのである。

他方、被告も大きな支出がある。弁護士には時間当たり五〇〇ドルから一千ドル支払う（加えてホテル代、専門家費用なども払う）。被告側は公判で最悪の展開を考えて、数字を積算する。原告の主張を打ち負かすのにどれくらい費用がかかるか。被告にとって賠償請求は一〇〇ドルだが、被告弁護に二五〇ドルかかるなら、話は簡単で一〇〇ドル払って和解して終わりだ。仮に公判で一〇〇ドルを争うのにコストは五〇ドルしかかからない場合でも、被告側は公判のリスクを考えて、和解に応じるかもしれない。結局は経済的な判断だ。映画『ゴッドファーザー』で言うように、単にビジネスなのだ。

しかし、原告にとってお金の問題ではなく、単に被告に責任を認めさせたい場合はどうか。原告が被告を公判に連れ出し、世界に対して被告の間違いを証明したい、と考える場合だ。この場合、仮に勝訴でも、被告が間違いを認めないかもしれない。被告に責任を認めさせることは強制できない。裁判で責任が認定され、被告が賠償金を支払っても、被告が過失はないと言い続けることもあるのだ。

さらに陪審員が賠償を認定した場合でも、賠償が払われるとは限らない。評決は勝っても、負けた側は控訴でき、さらに一年以上かかる。その間費用は累積し賠償額は減る。控訴審で敗訴もある。こうした様々な理由から、九〇％の裁判は法廷外の和解に終わる。証拠開示、専門家の意見交換など公判前の最初の裁判過程で、被告も原告も公判に進んだ場合どうなるか、損害額など見通しが立つ。特に判事が、どの専門家と証拠と主張を法廷で採用するか決め始めると、よく見えるようになる。

こうした複雑で時として直感に反した計算を伝えるのは苦しい役割だ。特にハリウッド映画を観て期待して裁判を始めたクライアントにとっては苦痛だ。決断は簡単ではなく、失敗したら二回目のチャンスはない。テナント家の決断は一族に何十年もついて回る。彼らを急がせたくはなかった。

ラリーと図書館で待っている間、私はセーラのことを考えた。セーラは家にいて、妊娠九か月で幼児二人を追いかけていた。すでに「在宅モード」になっていて、金曜日は翌朝のガレージセールのためにおもちゃや洋服を整理する日だった。私はそこで分類し、ラベルを貼り、運ぶ手伝いはしていない。これはちょうど、子供の友達と親子遊びデートや水族館への遠足に参加しないのと同じだった。セーラはどういうわけか腹を立てなかった。いつも続く彼女の支援と理解は、私にはもらう資格のないはずの贈り物だった。その時も今も私は言葉にできないほど感謝していたが、この幸運を悪用しようとは全く思わなかった。だから、クライアントに助言する時には決して見せなかったが、テナント家の裁判が和解か公判かで終結し、大きくなる家族ともっと時間を過ごしたいと望んでいた。

ラリーと私は、時折会議室を覗いて、クライアントの様子を確認した。何時間も、行く度に熱のこもった主張と話し合いの嵐が続いていた。午後が夕方になる頃もう一度覗くと、雰囲気は変わっていた。紅潮したほおと興奮した声は鎮まり、嵐は収まり、一族は決断に近づいたように見えた。ラリーとは希望の眼差しを交わした。五人は期待を裏切らず和解すると決めたのだった。

ジムとデラは、喜びと安堵の混じり合った明るい顔で、私のところに来て腕を取り握手し、私がおめでとうと言うのに合わせて、何度も何度も私の「重労働」に感謝してくれた。しかしその間中、私は、会議テーブルの反対側で静かに落ち込んでいるアールを視野の端で見ていた。明らかに彼は決定に加わったと言うより、他の人たちに説き伏せられたのだった。私はあまりにアールのことが気になったので、ジムとデラが夕食に誘ってくれたのもほとんど聞こえなかった。

その招待を受けようとした時、私の携帯が鳴った。セーラの陣痛が始まったのだった。

第二幕

町

第12章　岐路

二〇〇一年八月

時として人生は、兆候に関して不器用なところがある。セーラの陣痛の知らせが、テナント家訴訟の長い苦しみが決着した瞬間に届いたのは、ちょっとわざとらしすぎるくらいだった。しかしそれを思い返すまで少し時間が必要だった。言葉にできないあの奇跡を目撃するために病院にかけつけ、日付が変わるまで母親と新しい息子と過ごした。さすがに、それまでセーラを休めるようにしてほしいというそぶりを見せていた看護師たちが、外交辞令は諦め病院から私を追い出した。しょぼしょぼしながら幸せだった私は、朝日がまさに上ろうとする頃帰宅したが、その日はガレージセールの準備をしながらセーラの実家で過ごしていた息子二人を引き取りに行く必要があった。私たちはドーナツを食べ、病院への帰り道にデイリークイーン店に立ち寄った。セーラはチョコレート・シロップとアーモンドとバニラの「チョコレート・ロック」が欲しいと言った。生まれたばかりの息子をあやしながら、私はテディとチャーリーに赤ちゃんの弟トニーを紹介した。テディはドーナツをあげようとした。

その時突然、奇妙な偶然の意味がわかった。新生児が自宅にいて、都合良く仕事もキリがついたので、人生が私の頭をひっぱたいたように感じた。時間とエネルギーを家族に振り向ける時なのだ。自宅のぬくもりに浸りながら、永遠のような幸せとくつろぎを初めてじっくり感じたのだった。

その瞬間を味わいつつ、今後の道筋は、希望とは裏腹に明瞭でも単純でもなかった。テナント家訴訟が和解しても未解決の重要な問題があった。周辺地域の飲料水はまだＰＦＯＡで汚染されていたのだ。

和解交渉が長引いていた当時、しばしばアールに電話して和解の概要を説明しようとしたが、彼は公共水道の広範な汚染に激怒していたので、彼の関心は、テナント家裁判の和解が何らかの形で周辺住民の問題を改善することにならないか、の一点だけだった。何度も、デュポンがアールとその家族に何かすると同意しても、公共水道の問題の解決にはつながらないと説明する必要があった。アールは公共井戸［と公共水道］は使わなかったので、地域の水道水汚染には関わっていなかった。彼はその法律的な細部が気に入らなかった。「そう、それは正しくない」と荒々しく言い、「ロブ、少し話さなければ気が済まない」と続けたものだった。彼の声は、意志の力だけで闘ってきた、抑えられない人生の重みを感じさせる棘のあるものだった。彼は、正義とは何かを変奏曲に編曲して熱く語るのだった。自分が汚したら自分で綺麗にする。人を苦しめたら自分で正す。彼がこのモードに入った時は、最後まで言わせることにしていた。「よく聞け」と彼は言った。「連中は間違ったことをしたのだから、責任を取らせる必要がある。私の井戸の話じゃないからどうだと言うのか。そんなのは法律論で、どうでもいいことだ」。

彼は正しかった。私は反論できなかった。私にできることは平静を保ち事実を繰り返すことだけだった。これが法律で、好むと好まざるとにかかわらず、法律の慣行はこうだと言い続けた。我々はこうして行ったり来たりを繰り返し、やがてアールが黙り、まるでとうとう不正義の頑固さに嫌気がしたかのように、「もうわかった、また電話する」と言って、ガチャンと電話を切る音が聞こえた瞬間、私は憂鬱になるのだった。事実は変えられないが、彼の期待に応えていないと感じていた。

こうして私は岐路に立っていた。この裁判を勝訴と宣言し、完全な満足でなかったかもしれないが、和解条項を持たせてテナント家に帰ってもらい、企業クライアントの弁護活動を再開することはできた。生活は実際に平常を取り戻せるかもしれない。それはとても魅力的に聞こえた。

私は自分の任務を成し遂げた。重さ一二ポンドの手紙を送り、規制当局者にＰＦＯＡの存在を示し、私が脅した市民訴訟の可能性を回避するために、デュポンが規制に従わざるを得なくなるまでやったのだ。

私の計画はうまく功を奏しているように見えた。情報自由法の開示請求を続けているおかげで、デュポンは引き続き規制当局と打ち合わせを続けていることがわかっていた。間違いなく彼らは、私からの法的措置に直面するより、簡単に煙に巻ける公共機関と協力する方が楽だと考えていた。じきに彼らはお互い一心同体になるだろう。しかしこれで問題の解決に十分と言えるだろうか。

アールの訴訟で、家畜チームに関して、デュポンが連邦規制当局とグルになってどれほどずれたことになってしまったか、考えないわけにはいかなかった。住民の水問題で再び家畜チームの繰り返しになったらどうするのか。アールの訴訟の時より規制当局がはるかに多くの情報で武装しているからと言って、必ずしも当局が対策を取るとは限らないし、デュポンが当局を惑わさないという保証もなかった。そして、規制機関が対策を取るのを待っている間、何万人もの人がＰＦＯＡに曝される。その多くは知らぬ間に曝露するのだ。それが現実だと知りながら、本当に家庭と職場の喜びに浸っていられるか。

私は真剣に、正しいことは、地域社会全体のためになんらかの法的措置を講じることではないかと考え始めていた。それは、私の弁護士事務所で原告団の法律の実験がとうとう終結したと安堵しているまさにその瞬間に、テナント裁判で偶然始まっていた原告団弁護士の役割を劇的に拡大することになる。企業法務弁護士としての元の鞘に収まる代わりに、過激に真反対方向に進むことになる。

私は肉体的にも精神的にも困憊《ぱい》していた。テナント家の訴訟に三年近く没頭した。弁護士は大訴訟を抱えている時は、夜は遅くなり週末も働くものである。それは仕事の一部だ。しかしアールの訴訟に加えて、通常の企業弁護の業務も全面的に抱えていた。息子たちとおもちゃの電車で遊んでいるべき時に、高く積まれた書類と格闘した何千もの時間を考えた。誕生日や休暇と特別なイベントの時は家族といるようにしていたが、子供たちが寝た後、たいてい仕事に戻ったのだった。

新しい赤ちゃんの到着を祝い、新しくなめらかな道を家庭と職場で楽しみにしているべき時に、私だけでなく家族を不確実な状態に陥らせるような決断をしようとしていた。夜ベッドに入るのは恐ろしかった。デュポンとのドンキホーテ的な闘いでペットのハムスターの車輪から飛び降りるか、再び飛び乗るか、という対立する衝動が、反復する録音テープのように容赦なく脳裏に去来したからである。デュポン以外でＰＦＯＡ関連書類すべてを見たのは私だけだった。そう、確かに私から規制当局に一番重要な一％は提出してあったが、もし確認した人がいたとしても、重要さを完全に把握したか疑問に思っていた。デュポンの現在の幹部でさえ、わかっているか怪しかった。

まだ進む方向を悩んでいた頃、ジョー・カイガーという男性が電話をかけてきて、話してくれたことが決意につながった。その話はほとんど断れないような話だった。

それは、ジョーが電話をかけてくる九か月前の二〇〇〇年一〇月、まだテナント家とデュポンが訴訟の和解交渉を始める何か月も前だが、私がバーニーに電話して、デュポンのPFOA・テフロン問題は化けの皮が剥がれていると警告した数週間後のことだった。ジョーは、リューベックの木陰の二階建て自宅の白い柵で囲まれた裏庭のブランコでくつろいでいた。妻ダーリーンがホスタとデイリリーの植木に水をやっているのを見ていると、郵便配達が配達に来たのが聞こえた。ダーリーンは郵便受けに行き、庭に歩いて戻って、ジャンク・メールを仕分けし請求書を開封していた。彼女が水道代の請求書を出したところ、いかめしく見える通知がいっしょに折り畳んであった。

「ハニー、水道代請求書が来たよ」と彼女はジョーに言った。「何か水に入っているとかなんとか書いてある」。

「持ってきて」ジョーは言った。

「リューベック公共サービス地域」からの一枚の手紙で、デュポンが大半を口述したような文面だった。小学四年生の体育の教師にはほとんど無意味な技術的専門用語がちりばめられていた。ppb、安全レベルとガイドライン、化学物質の水中濃度。ジョーは二回読んだが、本当にはよく理解できなかった。それでも言葉遣いはやんわりと安心させるようだったので、警告されたようには受け取らなかった。彼はその手紙を地下室のデスクに放り投げ、他の紙類の下に埋もれて忘れてしまった。

数週間後、ジョーとダーリーンは友人と夕食を食べていた。その友達は、五、六歳の孫が歯のことで悩んでいるとの話をした。歯が黒ずんだのだが、誰も理由がわからなかった。

一週間後、ジョーは、町の反対側に住む友人が睾丸腫瘍と診断されたことがわかった。それを聞いて、彼は近所の数名の若い男性が、いずれも二十代で睾丸腫瘍を発症しているのを思い出した。稀な種類の腫瘍ではないのか。さらに隣に住む若い女性で同じく教師をしている人が、別の種類のがんと戦っていることを知った。そう言えば、近所の犬もがんにかかっている。最近、向かいの人たちが飼っている二頭とも腫瘍を複数発症していた。偶然か。ジョー・カイガーは水道代請求書に入っていた手紙のことを思い出した。飲料水に含まれる化学物質について何か書いてあった。

彼は地下に降りて行って、デスク上の紙の中から水道会社の通知を掘り出した。今回は注意深く読んだ。理解できない言葉や専門用語がたくさんあり、彼は不審に感じた。C8と呼ばれる化学物質が「低濃度」で水道水に混入しているが、「この濃度はデュポンのガイドライン未満であり、デュポンは水道会社に対してこの濃度は自信を持って安全であると言えると伝えている」。

ジョーにはたくさん疑問があった。その物質は何か。そんなに安全ならなぜ曝露ガイドラインがあるのか。なぜ水道会社が手紙を出してきたのか。一体全体、なぜ化学工場が水道会社に助言しているのか。

ジョー・カイガーは受話器を取り、デュポン工場に電話をかけ、質問に答えられる人と話したいと伝えた。ワシントン・ワークス工場の広報担当の女性ドーン・ジャクソンに回された。彼は三〇分話したが、少しも安心できなかった。手玉に取られている感じがした。彼女は、デラウェア州ウィルミントンのデュポン本社の毒性学者ゲリー・ケネディに連絡してほしいと提案してきた。ケネディは喜んでジョーと話し、朗らかに、水は何も問題ないと言い切った。全く心配無用だ。ジョーが電話を切った時、ダーリーンは書斎のドアのところに立っていた。

「さて」と彼女は言った。「質問には答えてくれた?」。

ジョーは苦虫を噛み潰した。「たった今、人生で最大のブルシット［でまかせ］を聞かされたよ」。

「どういう意味?」

「何かおかしい」と彼は言った。「彼らは何か隠している。それが何か、見つけ出す必要がある」。

ジョーは気になり、毎日考えていた。C8について何でもいいから学ぼうとして、もっと電話をかけ始めた。彼はウェストバージニア州観光保護局を試した。もう一度、「何も心配することはない」と言われた。その回答でますます不安になった。健康人材局にも電話した。「ただ罵倒されただけだった」と彼は言った。「尋ねただけなのに」。彼が船を転覆させようとしているという噂が広まっている、と思うことにした。「デュポンの触手はとてもとても深く伸びている」と彼は私に言った。近所の人たちが何人もデュポンで働いていると気づき、気をつける必要があると感じた。

その後ジョーは、フィラデルフィアにある環境保護庁地域事務所に電話した。

「ここで何かが起きています」と彼は言った。「ところが何が起きているか確証がありません」。彼は環境保護庁に水道代請求書の通知をコピーして送った。C8が水道水に混入しているが濃度は安全だと書いてあった例のものだ。環境保護庁担当者は電話口に戻ってきて言った。「ジョー、なぜその化学物質が水道水に混入しているのかわかりません。未規制の化学物質です。調べてからかけ直します」。この時点でジョーは官僚的なたらい回しを覚悟した。固唾を呑んで待ったわけではなかった。

二週間後、環境保護庁の誰かが電話をかけてきたので驚いた。「資料を郵送します」とその男性は言った。「注意深く読んでください」。

そして、電話を切る前にその男性は言った。「弁護士に相談した方がいいかもしれません」。

ジョーは翌日小包を受け取った。資料には、私の一二ポンドの手紙が引用してあり、タフト・ステッティニアス&ホリスターLLP弁護士事務所の便箋のレターヘッドに私の電話番号が書いてあった。数か月かけ続けた無数の電話のあと、ジョーはまた受話器を取ったのだった。

ジョーも妻ダーリーンも、まだ水道水で病気になったわけでは全くなかった。しかし、長年飲んできた水で将来病気になるかもしれないと知りながら生きていかなければならないのだ。それも、今も飲み続けている水のことだ。カイガー家の運命は私を突き動かした。私が格闘してきた抽象的な疑問に関して、人間の顔が見えるようになった。この訴訟を引き受けることにより私の人生に生じる影響は気にならなくなった。これは単純なことで、ジョーと地域住民は私の助けが必要で、私は彼らを助けたかった。寝付かれない数晩のあと、はっきり答えは出た。私は挑む義務を感じた。

幻想は抱いていなかった。これはテナント家訴訟とは大きく異なる裁判になる。時間と財政的必要とリスクにおいて飛躍的に大きなことだった。自分の会社にどう負担を依頼するか、考えるだけで当惑した。記憶される限りで、タフト事務所は集団訴訟を開始したことはなかった。私は、企業クライアントと将来仕事ができなくなるかもしれない。リスクは私だけではない。私がタフトに対して、未規制の化学物質に関する訴訟で、未知の領域へ深入りしてほしいと依頼するわけだ。「線路の反対側」

で原告弁護団として指揮するのは、事務所の企業クライアントの基盤を揺るがすものだった。

デュポンは、一人の農場主一族の裁判で激しく闘った。それは集団訴訟の弁護に比べれば、恋人同士のいざこざ程度のことだった。一家族の原告団の代わりに、何万人も登場する。デュポンはＰＦＯＡ曝露の健康被害に関する同社の限られた調査に厳重な蓋をしていたので、同社内部の産業的研究以外では、この化学物質に関して何も知られていなかった。つまり困難な法的課題に加えて、私が最先端の科学をなんとか前進させる責任も負うことになる。ＰＦＯＡが人間の健康に脅威であると証明するには、世界的専門家たちの広範な協力を必要とする。それは、事務所負担で時給を支払いながらの作業だ。しかも、私自身の時間も必要だが、それは本当は会社が決めることだった。この訴訟以外にはほとんど何も仕事はできないだろう。テナント家の訴訟では、請求できない勤務時間請求書の小さな山ができたが、集団訴訟のそれはマッターホルンの高さに積み上がるだろう。

これらは、私自身のこととして受け入れられることではなかった。今まで弱者の弁護や不正義との闘いを天命と感じたことは全くなかった。人生を旅するにあたり、かなり近視眼的に単位をとり、仕事を得て、期待に沿うことに集中してきた。しかし今私は、ひょんなきっかけからアールの訴訟に転がり込んだことで、自分が変化したと気づいていた。アールとのつながりは、祖母と子供時代の幸せな思い出と呼応するものとして始まったかもしれないが、それを超えて、彼の闘いに対して心底心配して同情するようになった。私は、それまで決して十分に気づいていなかった厳しい現実を直視することになった。弱者を犠牲にして無慈悲に行使される経済の力を目の当たりにしたのだった。

今や私には、人を助けたいという欲求があった。ジョーのような人たちに対する熱情的な責任感とともに、アールの揺るぎない決意の影響もあった。アールと一族は個人的には何も得るところがなかったにもかかわらず、地域住民の健康を一番声高に主張していた。正義が貫徹してほしいと思っていた。「これで逃げおおせると思わせてはいけない」と彼は、私と電話で話す時にはいつも吠えた。整理しようと思って電話すると頻繁にそういうことになった。

私はアールと同じように、単に弁護士や一市民としてだけでなく一人の人間として、自分の家族が同じ目に遭っていたかもしれないとますます感じるようになっていた。祖母の友人フローとバールは、二人ともがんで死ぬまでPFOAに汚染された水道水を飲んでいた。曽祖父は一九七七年に死んだが、前立腺がんで死ぬまで長年同じ地元の水道水を飲んでいた。私が見た労働者の研究では、ますます多くの前立腺がんがPFOA曝露と関連づけられるようになっていた。

私は別の意味でアールと似たところもあった。無視されるのにうんざりしていたのだ。連邦及び州の機関に行動を促すために考えられる限りのことをやっていたが、彼らはこれまでのところ、その物質を浄化し、放出を止め、これ以上の曝露から人々を保護するような行動は何も起こしていなかった。私はナイーブなリベラル活動家ではなく、ヒーローになりたいという願望も全くなかったが、知ったことを忘れることはできず、立ち去ることもできなかった。

どうして最初の段階で我々がテナント家の訴訟を引き受けたか、いつも立ち戻って考えていた。他に誰も手助けしなかったからだった。今、同じことが水道水中の毒物を飲んでいる人たちにも起きていた。コーヒーポットを火にかけ、シチューを調理し、寝る前に歯を磨くように子供たちに言い、真夜中に喉が渇いて目が覚め蛇口から水を飲む度に、人体毒性学の無制限の実験に家族もろともモルモットとして参加していた。デュポンも水道会社も政府も、支援の手を差し伸べることはなかった。

ここまで考えると、これからの訴訟のことで壁にぶつかるのだった。現状では、こうした状況で民事裁判をして住民を助けることになるかは、全く見通せなかった。こうした集団訴訟は、学会で一般的に深刻な被害のリスクがありうると合意している「規制された物質」に、地域住民が過剰に曝露した明白な証拠がある場合にのみ起こすものである。今回の訴訟では未規制の化学物質なので、公式の安全限度や政府基準がない。同様に、使っていた業界以外の科学者たちはPFOAを知りもしなかったので、それが引き起こす被害の種類に関して、業界の会社以外のところでコンセンサスはなかった。不利な条件がただ重なり合っているだけではなかった。私の知る限り、未規制の化学物質による潜在的な被害に基づく集団訴訟は、今まで起こされたことがない。この訴訟を起こすのは、単に指数関数的に困難なだけでなく、実際問題として狂気の沙汰に近いものだった。

事実の確定がなければ、私を含むどんな弁護士も、どうすればこのような訴訟を起こせるか迷うし、首尾よく処罰できるか未知数だった。デュポンにこの厄介ごとの責任を取らせるには、成功の保証のないまま何年も引きずる可能性があるし、その間何十年も、知らずにその物質を飲む住民が曝露し続けることになる。弁護士、規制当局および科学者が殴り合いをしている間、住民の家族は被害をこうむり続ける。住民はこの化学物質への曝露の度合いを知る権利がある。仮にそれがどんな危害かわからなくても知る権利はあるし、特に被害の全貌が不明なのでなおさら心配だった。

近所の人たちの意見を聞いてきたジョーと話す中で、地域住民が本当にほしいのは、少なくとも主としてお金ではないとわかってきた。アールの家畜とは異なり、誰もPFOAへの曝露による明らかな病気で苦しんではいなかったが、病気になる恐怖を抱きながら生きなければならなかった。この時点で、彼らはリスクに関する真実、およびきれいな水を求めていた。こうした訴えは裁判におけるふつうの目標とは異なるので、私はかなり長い間、法的措置がふさわしいか思案に暮れた。弁護士なら普通にやるように法律の本にあたって、役立つ判例を探した。

私は何日も判例の底なし沼に喘いだ。ある晩遅く、目をしょぼしょぼさせながら、私はウェストバージニア州上訴最高裁の最近の判例として、たった二年前の一九九九年のものに出くわした。比較的新しい判例は、喉の渇きで死にかけている人が見るオアシスの幻のようだった。我々の状況に当てはまりすぎていて非現実的にすら感じられた。判決は州の最上位の裁判所の見解で、「医療モニタリング」と呼ばれる全く新しいコモンロー〔判例法〕下での不法行為請求を認めるものだった。要するにこの新しい請求は、有毒物質に曝されたが現在は健康な人が、無料の医療検査を受けられるようにするもので、その曝露で発生するかもしれない疾病を初期段階で発見することを目指していた。これは、曝露により生じた疾病または怪我に対する従来の金銭的損害補償とは異なるものだった。

判決で示された証明の基準は、私が訴訟する時にも求められる五点に集約されていた。(1) 明らかな曝露である、(2) 証明された有害物質である、(3) 疾病のリスクを著しく増大させる、(4) 合理的な医師が診断的な検査を推奨する、(5) 診断的検査手順が存在する。言い換えれば、将来病気のリスクを顕著に高める化学物質に曝されたと証明できれば、この判決は、その病気について実施されている医療検査を今受けられるようにするものだった。考え方としては、化学物質への曝露によって生じる病気を、手遅れになる前に発見しようとするものだ。

新タイプの訴えは六番目の要素も満たす必要があった。上訴最高裁は、［6］曝露が不当に生じている必要があると定めていた。私は、地域住民のＰＦＯＡ曝露に関して、六項目すべて証明できる確信があった。実際、テナント家訴訟の手元資料だけで、裁判を有利に進められると思った。すなわち、デュポン側科学者たちがＰＦＯＡは潜在的健康リスクと認めていて［1］、曝露濃度ガイドラインとして一ｐｐｂを設定していた［2］。デュポン自身の水検査資料から、地域の水汚染レベルはそのガイドラインよりはるかに高いものだった［3］。同社の医師が、ＰＦＯＡ曝露による深刻な健康被害の進展を心配して［4］、一九七〇年代から曝露した従業員の医療検査を実施していた［5］。そして最後の点として、デュポンは、リスクを知っていたのに、不当にＰＦＯＡを地域の水道水に放出し続けたのだった［6］。

この普通でない進歩的な医療モニタリング判決が見つかったこと、それもウェストバージニア州のような保守的な州で下されたことは驚愕すべき幸運だった。おまけにデュポンは五〇年前に同州をワシントン・ワークス工場の立地にたまたま選んでいた。しかし落とし穴はあった。まず、判決があまりに新しいので、未規制化学物質に関するこのような訴訟に利用した記録が全く見つからなかった。そして、さまざまな企業や「不法行為改革」グループによれば、この判決は、「具体的に」診断された病気や怪我があって初めて訴えが可能だった何百年もの米国不法行為法体系に、真っ向から対立するものだった。化学業界の多くの人たちがすでにこの判決を狙い撃ちにしていて、化学製品製造業者の巨額の裁判リスクに道を開くものだと批判していた。ウェストバージニア州商業会議所は、なんらかの「法的解決策」を探す緊急会議を開いていた。私の目には、この判決は多くの人が軽蔑していて、連邦裁で攻撃されてまもなく廃棄されるように映った（後にそれは正しいことがわかった）。

　しかしジョー・カイガーや近所の人たちにとって、この判決は願ってもないチャンスに違いなかった。

　行動の時だった。


　私はメモをまとめて、事務所に訴訟の概要説明をした。実はトム・タープの部屋で裁判を説明した。今日だったら、このような過激な提案はタフトでずいぶん違う扱いを受けるだろう。経営委員会での公式のプレゼンテーションが必要である。しかし当時、会社は現在の三分の一未満の規模で、物事はもっとざっくばらんに進んだ。私はトムに考えていることを伝えた。彼は、巨額のコスト、数年にわたる私の時間、そして複数の専門家コンサルタントに必要な天文学的な費用の可能性――確実性――を理解していた。今回は私が一人で扱う訳にいかないこともわかっていた。他の弁護士事務所から、集団訴訟の経験が豊富で私とともにウサギの穴に飛び込んでくれる弁護団を必要とした。

　他方、勝訴した場合の見返りは多額になりえた。何千人もの集団訴訟において、医療モニタリングの価値は何百万ドルにもなるだろう。そして、デュポンに対して、極端に高価な手続きであるＰＦＯＡのないきれいな水の提供も実施させられるだろう。もし集団訴訟として裁判を貫き、獲得した利益の額に基づいて弁護士費用がもらえたら、通常事務所の取り分は総額の二五～三〇％なので、額として相当大きいものになる。もう一つ利点があった。私の事務所は企業弁護の法律事務所なので、何年も見返りのない間も耐えられる資金があった。原告弁護の法律事務所だったら、成功報酬を得るまで費用を全部負担する必要があるので、単一のきわめて複雑で高額な訴訟はできないだろう。

この訴訟は新種のものだったが、トムは、テナント家の訴訟を開始した時より、はるかに進んだ段階から始められる利点も認識していた。一九九九年当時、我々はアールの雌牛が死に、小川の水が変に見えたことしか知らなかった。原因は見当もつかず、デュポンがどう関わっているか証拠もなかった。今回はＰＦＯＡが問題であると知っていて、証拠も豊富に揃っているし、地域水道水のＰＦＯＡ濃度は同社の安全ガイドラインを超え、同社が基本的に報告も下流住民の保護も一切しなかったこともわかっている。もちろんトムも私も、同社が天地を動かし、最高の弁護士を雇って全てを争い、我々の握る事実を攻撃し、手続きで手間取らせて訴訟過程を引き伸ばし、できるだけ高額にして激痛を与えたがるだろうと予期していた（しかしその後の反撃の強さと狡猾さは予想以上だった）。

トムはすべて注意深くまた合理的に検討し、私の賭けに関して緊張感は微塵も見せないまま、ファンファーレもなく静かに了解してくれた。彼が味方につけば、他のパートナーも覚悟するのだった。これは私への信用が本物であることを示していた。ゴーサインが出て嬉しかったが、胃は痛くなった。

私は、なんということに踏み出してしまったのだろうか。

第13章　最初の血

新しい裁判に外部の助けが必要なことは初めからわかっていた。いくつもの要素に関して前例がなかった。法律的説明だけでなく、住民に重大なリスクがあったと証明できる科学を明るみに出す必要があった。どんな状況でもこれは困難だが、全ての既存の研究がデュポンの内部資料に深く埋め込まれていたので、ハリケーンに遭遇した手漕ぎボートの上で針に糸を通すようなものだった。

私の法律事務所は多くのことでものすごい経験と能力を誇ったが、ウェストバージニア州の主要な化学製造企業に対して、何万人もの個人を代表して地図に載っていない集団訴訟を扱う力はなかった。可動部分がたくさんあるような、巨大で複雑な裁判を手伝ってくれる第一級の弁護士が必要だった。素早く、協力的に、通常のやり方を超えて考えられるパートナーが必要だった。

候補者リストの筆頭は、テナント家訴訟のパートナー、ラリー・ウィンターだった。ウェストバージニア州で何年も開業していただけでなく、私が慣れ親しんだような大きな企業弁護の法律事務所の経験と文化を知っていた。テナント家裁判を通じて素晴らしい協力関係を築いてきており、その親和性は海図のない海域に入る上で安全な毛布になるだろう。集団不法行為の経験のある原告団弁護士事務所のうち、財政的にゆとりのあるところも必要としていた。この見通しには身がすくむ思いだった。

異人種部族である「本物の原告団弁護士たち」と一緒に働くということだった。私は誰も知らなかった。どこを探せばいいのか。幸いなことに、ラリーの職場のパートナーが、集団訴訟と集団不法行為裁判が専門の弁護士事務所で働く弁護士と結婚していた。ヒル・ピーターソン・カーパー・ビー&ダイッツラー法律事務所は、ウェストバージニア州史上最大のその種の裁判を扱った経験があった。中には大タバコ会社も含まれていた。ラリーと私は、ウェストバージニア州チャールストンにある同社事務所で訴訟の説明をした。この会社は、同州最大の原告弁護の法律事務所で、オフィス環境はそれにふさわしいものだった。アパラチア山脈にあるトスカニー地方風の立派な別荘を思い描いてほしい。内壁は美しい濃い木張り、石造りの暖炉が会議室の中心、外のデッキにはジャクジー風呂、地下には完全装備のジムがある。これは当時弁護士六人の法律事務所専用のものだった。伝えたいメッセージは明確だった。優秀なら原告弁護士も真の成功が期待できる。少し運があることも悪いことではない。

そこの豪勢なオフィスは、タフト事務所のような企業弁護の事務所の控えめな贅沢さと比べようもなかった。周囲の雰囲気を感じる間、私はもはやカンザスにいないことに気づくドロシーの気持ちになった。しかし入室する時に挨拶してくれたこの事務所パートナーであるエド・ヒルは、標準的な問題を扱う企業弁護のごくふつうの弁護士に見えた。言葉遣いはやさしく、振る舞いがきちんとして、完璧な身だしなみだった。あまりに控えめでほとんど恥ずかしがり屋のレベルだった。私が心中で描いていた大声で攻撃的で自己中心的なステレオタイプとはほとんど真逆のタイプだった。「おっと、予想とちがう」と思い、驚き、そして安心もした。関係性を築ける人に見えた。

辞去する頃には、会社間で手数料と出費をどう分けるか合意し、エドは会社のパートナーのハリー・ダイツラーに紹介してくれた。彼はパーカーズバーグ出身で、住民との人脈が期待できた。

私もジョー・カイガーとは電話で頻繁に話したが、ハリーとエドにはジョーや地域の人たちと定期的に連絡を取り合うよう頼み、集団訴訟の原告になる人たちが私たちのことを逐一わかり、我々も彼らが何を考えているか把握できるようにした。住民は特にパーカーズバーグ生まれのハリーには親近感を持った。出身者という信頼感は、初期段階に不可欠だとわかった。集団訴訟を支持する人は誰しも、デュポンに忠誠を誓う人たちからの目の敵にされたからである。ただ、ウェストバージニア州の共同弁護士にとってこれはフルタイムの仕事ではなく、他の訴訟も抱えていた。私にとってはフルタイム以上の負荷だった。

この新しい訴訟が始まった時、私はトムとのスーパーファンドの通常業務とキムとの規制遵守業務もこなしていた。確かに今回はウェストバージニア州弁護団がいたが、それでも一日の終わりになればやはりこれは私の裁判であり、上から下まで全戦略が良好で、できるだけ完璧に実施されているかを確認するのは私の責任だった。テナント家の訴訟は、すっきりわかりやすい裁判のように少なくとも最初は見えた。どの化学物質が雌牛を殺したか特定すれば、法律的には単純だった。しかし今回のははるかに入り組んでいる。特定されている化学物質は未規制物質であり、許可限度も連邦・州基準もガイドラインさえもなかった。規制基準がなければ、何に違反したと訴えればいいのか。問題はそれだけではない。従来、化学物質汚染の裁判では、原告弁護団は、有害化学物質に起因する法律的に認知された危害（たとえば診断された疾病）で苦しんでいることを証明する必要があった。換言すれば病気や怪我のあとにしか裁判できなかったのだ。今回の状況は異なる。知らずに危険な化学物質に曝露した多数の人たちがいて、曝露の証拠もたくさんあり、会社の安全ガイドラインを超えて曝露したこともわかっている。しかしその人たちは（まだ）必ずしも病気にはなっていない。どの法律に違反したと訴えればいいのだろう。

ここで役立つのが上訴最高裁の医療モニタリング裁定だった。長く困難な裁判で、ＰＦＯＡ一般だけでなく特定の地域水道水中のＰＦＯＡが疾病をもたらすことを訴え始めたが、まず手始めに水中ＰＦＯＡの潜在的な害に専念できるのだ。

二〇〇一年八月三〇日、テナント家の和解の約一か月後、ジョーと近所の人たちの集団訴訟を提訴した。斬新なウェストバージニア州医療モニタリングに焦点を合わせ、ジョーを原告団一三名の一人として記載した。一三は適当な数字だった。誰かが病気になったり辞退したりしても裁判が不成立にならないような人数が必要だった。ジョー夫妻が関心ある近隣の人たちを地元弁護士に会わせ、その中から誰が名前を公表して陳情する任務にふさわしいか選んでもらった。彼らは、自分の記録から資料を提出し、証言録取に出席し、医療検査にも参加してよいと言った人たちで、仲裁や和解になった場合、全員を代表して議論する気があった。推挙のあと、彼ら自身が連絡係にジョーを選んだ。

今回、提訴地にデュポンの本拠地のウッド郡は意図的に避けた。代わりにチャールストン市のあるウェストバージニア州カナファ郡を選んだ。ここも「ケミカル・バレー」の一部だったが、少なくともデュポンにホーム・ゲームの優位性を与えないようにした。今まで、デュポン支持派の忠誠心が、毒された水の引き起こす苦しみに心を閉ざし、判断を鈍らせるのを見てきたからだ。

二〇〇一年九月、裁判を開始してひと月足らずのうちに、ワールド・トレードセンター・ビルが崩れ落ち、ヒ素入りの無名の手紙が出回り、郵便を受け取るのが怖いことになった。世界中が萎縮した。

自宅では、個人的な危機が起きていた。一族の長だった妻の祖母ががんで死んだ。埋葬の日、セーラの母も深刻なリンパ腫だとわかった。セーラは、二人の男児と生後二か月の乳児の世話をしながら、祖母を失った悲しみと勇敢に戦い、母を失うかもしれないという心配を抑えて、治療中の母を全面的に支援した。その間に四歳未満の九人を含む彼女の親戚全員のクリスマス会も自宅で企画した。

私はと言えば、仕事だ。なんとか毎晩六時半には帰宅し、セーラと息子たちと夕食を食べ、子供たちと床を這いずり回り、疲れさせ、リチャード・スカリー本を読み耽った（スカリーの本は私の子供時代のお気に入りで、当時から細部に目が行き、些細なことに注目できる無限の能力を発揮した）。ベッドタイムの儀式が終わったら、私は一日の第二幕のために事務所に戻るのが日課だった。私の夜のふくろうを起こすのは、日没にはエネルギーが切れたセーラだった。ちょうど私は本領を発揮する時間になり、オフィスに戻り、電話も鳴らず、職員にも邪魔されず、集中できた。

訴訟の第一段階は、相手が懸命に妨害する証拠集めに尽きた。数え切れない時間をかけ「質問書」と呼ばれる質問リストと書類請求依頼書を作成した。これらを公式にデュポン側に渡すことで、証拠開示プロセスが始まる。質問リストは全情報を細大漏らさず捉えるよう設計された目の細かい網のようだった。得た情報は、企業秘密の海原において、我々原告の訴訟に役立ちデュポンにとっては不利な証拠になる。質問の枠組みや作りがまずいと、網の穴が大きくなり、重要な獲物が逃げてしまう。3Mにも手紙を書き、PFOAの現存データを破棄しないよう注意喚起した。デュポンの組織を調べ上げて汚染問題の主な当事者を特定し、証拠開示請求を送った。

宣戦布告直後のような慌ただしさになった。敵味方とも急いで軍隊を準備し武器を蓄えた。最初の弾丸が飛ぶと、地獄の大混乱が始まるのだ。

訴状が裁判所に届くとすぐに、デュポン側弁護士は、予想通り、裁判の場所をデュポンの本拠地ウッド郡に変更したいと言ってきた。ウッド郡は、確かにPFOAを撒き散らした工場のある場所だった。我々の反論としては、デュポンは、カナファ郡を始め州全体に工場があった。他方、我々は「リューベック公共サービス地域」［水道局］も訴えていた。デュポンと結託して、飲料水は完全に安全だと主張したからである。リューベックはウッド郡にあった。水道会社の弁護士は、裁判を取り下げないなら、裁判はウッド郡で進めるべきだと主張した。この点は勝てる見込みはないが、試す価値はあると考えていた。裁判所の変更は承認された。デュポンとの初の小競り合いだった。

続いて動議が山ほど届いた。私の予想通り初期に訴訟をやめさせる戦術が整うまでの間、裁判を宙ぶらりんにしておくためだった。裁判を遅らせたい理由ははっきりしていた。まだ確定していない新しい同意命令［州規制当局がデュポンに対策を取らせる命令］を規制当局に出させる過程にあり、それを理由に裁判を却下させようと目論んでいたのである。しかし私は先手を打ってあった。確かに同意命令は、連邦裁判所に提出した集団訴訟をつぶすことはできるかもしれないが、私の読みでは州のコモンロー［判例法］の不法行為の追及はブロックできないのだ。新しい医療モニタリング計画は、デュポンは集団訴訟では原告は使わないだろうと高を括っていたが、我々は州裁判所に提出するのだ。

我々が訴えを起こした段階でデュポンは問題に気づいたが、もう手遅れだった。その段階で同意命令はまとめ段階に入っていた。数か月後に公表された同社と州との間の新同意命令は家畜チームのルールに基づき、同社の科学者を含む二つの科学者集団を設立することになっていた。一つはC8毒性評価チーム（CATチーム）で、政府承認の新しい飲料水中PFOAのスクリーニング基準を開発する。もう一つは、地表水捜査管理チーム（GIST）で、オハイオ川上流から下流まで飲料水供給源の巨大な新しいサンプリング調査プログラムを管理する。だから、私の期待した通りに、同社が急いで集団訴訟に先手を打っておこうとしたことで、逆に彼らは水検査データの全面的な管理権を失ってしまった。今や規制当局が深く関与し、同社のデータを見直すことになったのである。

もう一つ期待通りになったことがある。デュポンと州政府が二〇〇一年一一月に新しい同意命令への署名を公表した時、同社弁護士たちは州裁判所の判事に集団訴訟の却下を求めた。規制当局が水に本当に何か問題があるか調査しているから即刻却下してほしい、という理屈だ。もっともらしく聞こえたが、的外れな空砲だった。判事は私の期待通りにデュポンの動議を却下した。同意命令は、訴えている医療モニタリングやその他の州コモンロー不法行為是正には何の影響もないと裁定したのだった。

デュポンが私を説得できると考えたのはとんでもない話だった。同社が政府の科学者と中立的な調査に協力しているから、証拠開示に時間とお金を無駄遣いする必要は原告側にも被告側にもないという理屈だった。この歌は前に聞いたことがあった。地獄の底まで行っても、同じ歌に合わせて二回目を踊る［再び悪魔のささやきに騙される］などということは考えられなかった。

私は強気に出て、なるべく早く裁判を進めるために、裁判所にデュポンの書類提出期限をきちんと決めるよう要請した。牛歩戦術はもう通用しない。遅延もなし。再び判事は味方になった。

デュポンが裁判をウッド郡に移す提案をした時、彼らの要請通りにはなったが、望んでいた通りの展開にはならなかった。初めの裁定から、新裁判の担当になったジョージ・ヒル州判事は、デュポンの試合のルールに従わなかったのである。七〇代のヒル判事は信念を持った裁判官で、やることはなんでも秀でていた。ウェストバージニア州フェアモント生まれで、イェールではアメフトのハーフバックを務め、ハードルでコネチカット州記録を持つ陸上のスターだった。ウェストバージニア大学ロースクールで法律時報の編集者を務めたあと、朝鮮戦争では海軍駆逐艦の少佐だった。ヒル判事が法廷に来る時は準備万端で、準備不足の弁護士には容赦なかった。口頭の議論に出席した時、明らかに裁判書類を勉強してあり、関連法を調べ上げ一字一句違わず引用できた。今までに遭遇したことのないアンテナの持ち主でもあった。

ヒル判事は、裁判の停止や遅延を狙うデュポンの狙いをすべて打ち砕いた。二〇〇二年一月、彼は私が要請した追加資料を月末までに提出するよう、同社に命令した。同社は、それまでの他の命令同様、これも無視した。私の堪忍袋の尾は切れた。もうたくさんだ。いままでやったことがない策に出た。制裁動議を出したのだ。もし承認されれば、同社は、従わせるためにこちら側が使った弁護士費用の支払いを命令されることになる。

デュポンが大きな鉄砲を持ち出したのはこの時だった。高度な企業弁護裁判で全国的に有名なステップトウ&ジョンソンの外部弁護士が、ラリー・ウィンターのスピルマン事務所時代の元同僚とともに法廷に現れるようになった。ステップトウ社のワシントンDC支社のスティーブ・フェネル弁護士は、デュポンの資料作成の大作業を監督するために来ていた。フェネルのロサンゼルス事務所同僚のラリー・ジャンセン弁護士は、彼の若手リビー・ステンズ弁護士とともに、ヒル判事下の公判でデュポンの新しい「顔」になった。

ジャンセンとはその後度々顔を合わせることになった。彼は完全に大物企業法務弁護士タイプだった。背は高くすらっとしていて、銀髪だらけの頭に高価なスーツを着たジャンセンは、命運のかかった裁判で大企業を弁護するのを得意としていた。得意分野は集団不法行為と集団訴訟だった。彼の威厳に満ちた風貌には憧れた。ヒル判事の法廷に入ると、他の弁護士とは振る舞いが違っていた。被告のテーブルに共同弁護士と静かに座り、メモに目を落としながら、時折ページをめくった。動議への応答が求められた時には、さっと椅子を下げ、完璧な姿勢で立ち上がり、スーツのボタンを留め、眼鏡を上げて、静かにポイントを話すのだった。議論に負けそうになっても、無駄に論争を長引かせることはなく、憤慨や怒りをぶちまけることもなかった。ただ腰を下ろし静かにメモを取るのだった。すべての場に相応しい威厳ある態度で、大企業と有力な企業人の代理人であることを誰にも忘れさせることはなかった。

彼が態度で示したもう一つの点があった。彼は他の人たちを直接見たが、私とはアイコンタクトを全面的に避けた。何か言う時、彼は原告団のテーブルに歩み寄り、共同弁護士の誰かに向かって言うだけで、私のことは一顧だにしなかった。私の妄想かもしれないが、彼は私が「宗旨替え」して、何十年も闘ってきた敵側の原告団弁護士に加わったことを是としなかったという印象は持った。

デュポンが熱心に牛歩戦術を進めたので、私は抵抗し続けた。同社が一つ手を打てば、必ず強い反撃があることをわからせたかった。二〇〇二年二月に同社は原告側をヒアリングの法廷に引き戻して、証拠開示を停止し裁判を遅らせようとした。私は判事の前に対面で出席していることを利用し、この裁判を集団訴訟と認定するか決定するヒアリングの日取りを確定し、裁判を前進させてほしいと依頼した。同社は当然反対した。反対の理由を聞いて私は首をひねってしまった。証拠開示を実施する時間がまだ足りないと言ったのである。

ヒル判事は私の当惑に同意し、五か月が経過したのにデュポンはまだ証拠開示を開始すらしていなかったと指摘した。集団訴訟認定ヒアリングは翌月の三月二二日に設定された。

集団訴訟認定は、手続的ではあるが重要なハードルだった。集団訴訟は、デュポンの化学物質に曝された何万人もの人が、一人ひとり別々の訴訟を起こさずに、一つの裁判で問題を解決できる方法として提供されていた。個別に訴えたら、同じ裁判を一万回起こすことになる。集団訴訟を認めてもらう第一ステップは、裁判所に「集団」と認定してもらうことである。認定されれば、この集団が求める救済は、きれいな水と集団全員の医療モニタリング［追跡調査］・プログラムだった。

我々が認定を要請した集団は、ワシントン・ワークス工場からのＰＦＯＡで飲料水が汚染された全ての人だった。何人いるか不明だったが、最低でもオハイオ川両岸の数千人が対象だった。

被告側は通常集団認定に抗議する。理屈としては、個々人の訴えは、一つの裁判で同時に裁くには個人差がありすぎるというものだった。我々の基本的な議論として、すべての集団構成員は共通するものを持っている。飲み水に同じ化学物質が混入し、それを除去したいと思い、曝露について医療モニタリングを希望している、というものだった。これに対して、できるだけ複雑にして原告に時間とお金がかかるようにする方法は、敵対的な専門家証人を連れてくることだった。デュポンはまさにそうしたかった。同社弁護士はヒル判事に、多くの専門家を連れてくる必要があると伝えた。医療モニタリングの必要性は個人個人必然的に異なる、特に個々人それぞれの弱さと既往症と飲料水中のＰＦＯＡ濃度、そしてさまざまな期間にばらばらの汚染濃度の水を摂取していることから、個々人のＰＦＯＡの総摂取量が異なる、という理由だった。

ヒル判事はその戦略をかわした。「専門家の決闘は認めない」と彼は言った。「原告被告とも書類を提出し、ヒアリングを開こう」。被告席の弁護士をちらっと見ると、お腹の中で胃酸が沸騰しているのが見えるようだった。このように進むとは彼らは予想していなかったと確信した。

我々は書類を提出し、専門家抜きで論述し、判事が素早く裁定を下した。集団訴訟認定だった。この裁判は今や、ワシントン・ワークス工場に起因するＰＦＯＡ汚染飲料水を飲んだすべての人の集団訴訟として進められることになった。

一方、デュポンが規制機関の監督下で水質検査を強いられている間にも、集団訴訟の参加者数は日増しに増えているようだった。集団認定命令書の一部分で、私とウェストバージニア州共同弁護士は「集団弁護士」に認定されたので、我々は今や公式に何千もの人たちを代弁することになった。集団認定に加え裁判所はデュポン側書類の提出を命令した。ヒル判事はこれ以上の遅延は許さなかった。

大きなハードルは超えた。裁定が原告側に有利になったので、やっと、私が法律事務所をウサギの穴から地獄に落とそうとしているようには見えなくなった。

第14章　特権化

二〇〇二年二月一一日
オハイオ州ビンセント

まだ数えきれていない数千人の集団訴訟において、新たに認定された弁護士になる直前、川のオハイオ市側で私が代理する予定の人たちに会う機会があった。その時点までは、一般に、リューベックの井戸地域だけがＰＦＯＡで汚染されていた。新しい同意命令によるデュポンの最近の検査で、オハイオ州リトルホッキングの公共水道水にＰＦＯＡが七ｐｐｂ含まれているとのニュース報道が出ると、地元水道協会は市民集会を開いた。ウェストバージニア州環境保護局代表とデュポン重役とオハイオ州環境保護局職員も出席予定だった。証拠開示の書類から、同社が一九八四年からリトルホッキングの水にＰＦＯＡを検出していたことを私は知っていた。しかし水地域（水道会社）、あるいは水を飲んでいた人たちがこれを聞くのは今回が初めてだった。

これは見るべきだと思った。新しく提起された集団訴訟の原告の人たちに対面できるいい機会なので意欲が湧いた。

市民説明会の当日、リトルホッキングのウォレン高校体育館には八五〇人が詰めかけ、すし詰めだった。体育館の茶色の椅子は埋め尽くされ、遅れた人はうしろと両脇通路に立っていた。二月にしては暖かく、人いきれが室温を高め、体育館は白熱する議論と同じくらい暑くなった。

ステージの上のロバート・グリフィン・リトルホッキング水道協会支配人が自己紹介し、聴衆に向かって折りたたみ椅子に座っているデュポンとウェストバージニア州環境保護局の役職者を紹介した。私は特にデュポン側代表のワシントン・ワークス工場マネージャーのポール・ボサートに注目した。爽やかで頬の丸い四〇代の人だ。腹囲は膨らんだ白いシャツにキャメル色のスポーツ・コートを着た彼は、同社の事前承認を得た論点で武装していた。グリフィンが、ＰＦＯＡが水道水に混入していることがわかったと説明するにつれ、雰囲気は緊迫感で攻撃的になった。質問は直接的で素早く飛んできた。

聴衆から男性が立ち上がりオンライン検索をやったと言った。見つけた報告書には、魚のエラの腫瘍、肝臓機能の大きな変化、そして出産異常などＰＦＯＡの健康被害が掲載されていたと報告した。

「この報告書からわかるのは、これらの化学物質製造業者はこの物質が水に混入していると知っていたということです」と彼は言った。「私は、あそこに立っている人たちが知っていたことを市民は知らされていなかったように思います。我々の水に入っていたのです。知っていたなら、答えが聞きたい！」

聴衆は騒いで叫んだ。

「質問に答えるのか」

「言い訳は十分だ。さっさと要件に入ってくれ」

「我々の命がかかっているんだ！」

叫び声は声援と拍手につながった。

グリフィンは聴衆を宥《なだ》めようとして言った。「私たちも憤慨しています。秩序正しく対処する必要があるでしょう。質問には答えてくれます」。

「連中はすでに嘘をついている」と誰かが答えた。

「たわ言はもうたくさんだ！」

グリフィンはデュポンの説明の前に五分間の休憩を提案した。聴衆は認めなかった。

「今聞きたい！」

「休憩はいらない。答えが聞きたい！」

ここで一人が核心に触れた。「水道会社に質問があります。未規制の化学物質がもちろん人間にとって危険だとわかった時、なぜ私たちに即座に知らせてくれなかったのですか」。名乗らない発言者が言った。「本日の集会のハガキは出してくれました。なぜ、物質が危険かどうかわからないというハガキは出さなかったのですか。それがあったら、私たちも自分で子供たちにその水を飲ませるか、自分自身が飲むか決められたでしょう。水道会社が知ったあとどれくらい経ってから通知したのですか、あっ、待ってください、水道会社は誰にも通知しなかったのでした。だって、我々はニュースで知ったのですから」。

グリフィンが答えた。「デュポンがそれを川にどうも五〇年間流出させていたことはわかっています。一月一五日（二〇〇二年、この集会の約四週間前）まで私たちも水の中のＰＦＯＡについては何も知りませんでした。検査結果が出て初めて知ったのです。結果はデュポンとウェストバージニア州環境保護局が我々に持ってきました。その当日にそれを通知するニュース記事を配信したのです」。

「五〇年間？」聴衆の一人が言った。「なぜ今になって検査したんだ？」

「デュポンが放出していることは知っていましたが」とグリフィンは言った。「それが水道水に入っていることは知らなかったのです」。

「ちょっと」と誰かが発言した。「殺虫剤のＤＤＴを覚えている人がここにたくさんいます。ビーチでスプレーをかけられている人の映画を見せられ、ＤＤＴは安全だと言われました。みんなうんざりしているのがわかりますか。あなたを責めるわけではないが、とにかくデュポンを立たせて何か言わせてください」。

芝居がエスカレートするのを見ながら、住民は怒っているだけでなく賢いものだと感じた。彼らは回答を額面通り受け取るつもりはなかった。自分で調査もしていた。このような展開になるとは、デュポンは夢想だにしなかったのではないか。

とうとうボサートが出る番になった。彼は立って聴衆に数歩歩み寄った。何も隠すことはないという正直さを伝えようとしているのだろうと思ったが、少し上から目線だなと感じた。彼は、会社が「安全と健康と環境にコミットしている」という短い前置きのあと、ＰＦＯＡのプレゼンをした。体内蓄積性があると認めた。これは彼によれば、「曝露すると体外に排出される前に、ある期間体内に残留します。何か悪いことをするという意味ではありません。曝された時少し体内に留まるというだけです」。

脅威を矮小化するこのような甘言で胸糞が悪くなった。

叫び出したかったが、デュポンがどう出るか知るために、発言を抑えて話を聞くことにした。

ボサートは根拠を言わずに一連の主張を続けた。「発達障害を引き起こす毒物ではありません。妊娠に関わる毒物でもありません。遺伝子に影響する毒物でもありません。つまり妊娠には影響がないという意味です。出産にも影響はありません」。

これに続いて、新しい州の同意命令の条項に従った工場の約束として、二〇〇三年までにPFOA排出を五〇％削減すると話した。一九八八年からデュポンは化学物質の「封印施設」に一五〇〇万ドル支出し、「管理・回収・破壊」計画はすでに「排出量を七五％削減した」と説明した。さらに九〇〇万ドルが予算化され二〇〇四年までに排出量を九〇％削減するとも言明した。

「この物質はもう五〇年以上使ってきています」と彼は言った。「現場でも地域社会でもその調査はしてきています。心配するようなものは何もありません。人間の健康被害はありません」。

聴衆の女性が叫んだ。「この汚染物質に健康被害がないなら、なぜ排出削減に何百万ドルも使っているの？」

ボサートはポーカーフェイスのまま答えた。「常に環境インパクトを減らすよう努力しています。我が社の基本的な価値観です」。

しかしこれは「体を蝕む化学物質だ」と聴衆の誰かが言った。「それを吸い込む。空気に入っている。皮膚に付着する。それが入った水を飲む。土を汚染するからたぶん食物に入っていてそれを食べるだろう。何らかの影響がないはずはない。研究結果を見せてほしい」。

ボサートは閲覧できるようにすると約束した。

髪の毛のない人が聴衆の中から立ち上がった。「髪がない理由は化学療法をしているからです。……何かががんを引き起こしました。何かが私の羊を殺しました。何かが私のウサギを殺しました」。ボサートは同社の公式見解を繰り返すばかりだった。「人間の健康被害の証拠はありません」。しかし聴衆は納得しなかった。ある時彼は冷静さを失い、事前承認をとったメモから逸脱した、真相のようなことを言った。「もし何かまずいことがあるなら、ここで立って話していません！」

どういうことだろう。彼が真実を言っているということはあるだろうか。工場長がＰＦＯＡに関する自社の研究について知らないということか。

集会の終わり頃になって私は立ち上がって話した。デュポンとの新しい訴訟の弁護士と名乗ってから、デュポン以外の会社の役職者に質問した。「デュポンが一〇年間内部でＰＦＯＡの基準として一ｐｐｂを採用してきたことに言及がありませんが、その基準に言及しない理由は何ですか」。

ボサートは質問を引き取って答えた。「それは最高値のガイドラインです」と彼は言った。「スクリーニングする基準では……」。

聴衆からの怒りに震える声が彼を遮った。「従業員にはそのガイドラインを超えてほしくないが、住民はガイドラインを超えていいのか？」。

水協会の人たち、州職員、デュポン幹部は全員、まるで食べたものがうまく消化できないような顔をして座っていた。誰も答えようとはしなかった。

二〇〇二年春
オハイオ州シンシナティ

四月一九日、中身の想像できないこぎれいな小包が職場に届いた。三二枚のフロッピーディスクが入っていた。外見とは裏腹に、デュポンからの二四万八千ページの新しい資料だった。過ぎ去ったばかりの二〇世紀だったら、事務所ビルに台車で文字通り紙一トン分の書類として運び込まれる量だ。ディスクは証拠開示請求における同社との長い闘いの成果であり、その時点で一年近くも同社が逃げ回っていた。やっと言うことを聞いたのは、同社の弁護士チームに賠償の不安を感じさせるように仕組んだからだった。判事は断固たる態度で臨んだ。同社に対して、資料提出の期限は伸ばしたが、新しい期限に遅れたら、私が要求した制裁が課されると明言したのだ。同社は従う他なかった。受領しても、この膨大な書類の山が請求したすべてを含むかどうか疑いはあった。PFOA汚染の度合い、健康被害、そしていつデュポンはすべてを知ったかについてさらに明らかになると期待したが、それはまだこれからの話だった。

私は再び取りかかった。最新資料の大部分は、最近の電子メール資料だった。その中で私は、再び大きなギャップに気づいた。PFOAを使っていたデュポンのオランダと日本の姉妹工場の記録はどこにあるのか。提出を依頼したのはPFOA関連のすべての資料であって、ワシントン・ワークス工場関連のものだけではなかったのに、デュポンはまだ何万ページも提出を渋ったのだった。これは山勘ではなかった。同社は、証拠開示の手続きの一環として、「特権リスト」を送る必要があったので、私は隠していることがわかっていた。このリストは同社弁護士が「特権」に分類し、開示しなくてよい資料のリストである。法的に特権化された資料は、通常は、弁護士とクライアントとの秘密のやりとり、または弁護士のワーク・プロダクト（作業成果）だった。

デュポンの特権資料リストは、短縮版でない辞書の厚さだった。企業弁護の役割の中で特権資料リストを何度も作ったことがあり、直感的にこれほど多くが特権化されるのはおかしいと感じた。特権対象かどうか争うことはできるが、その場合は一つひとつやらなければならない。そうなったら同社はその資料を私に出すか、判事に対して特権に値すると証明することになる。しかし現実には誰が何百ページものリストを読み切る時間があるだろうか。弁護士は、たいてい部屋の隅に投げ捨てるか植木鉢の台に使った。デュポンもそう踏んでいると私は想定した。

しかし私はリストを読むだけでなく精査する一％の人種に属していた。深呼吸をして、新しいマーカーペンの箱を開け、好きな薄めのコーヒーをもう一杯淹れた。デュポンと特権資料リストで闘うのは長期戦の中のスローモーションの局地戦になったが、これは集団訴訟全体で最大の転機となった。リストで見つけたものがすべてを変えることになった。

この間、三二枚のディスクの特権化されていない資料にも、それだけで瞠目すべきものが多々あった。その中に［デュポン側弁護士で旧知の］バーニー・ライリーが成人の息子に宛てたメールがあった。ちょうど私が電話して、テナント家裁判は雌牛ではなくテフロンの問題だったと伝えた直後のメールである。当時バーニーには返事をするゆとりを与えなかった。伝えるだけ伝えて切ったのだった。今になって証拠開示のおかげで、彼のリアルタイムの反応がわかった。

「WV［ウェストバージニア州］は手に負えなくなるぞ」と彼は息子に書いた。「農家家族の弁護士がとうとう界面活性剤問題に気づいた。くそったれ［"Fuck him."］」。

私は大笑いし、印字した紙をつかみ、廊下をほとんど走ってキャスリーンとキムとトムに順番に見せた。彼らは相手方弁護士［バーニー］のむきだしの脳裡を見て、驚き口ごもり首を横に振っていた。もっと重要なことに、これは同社がずっとPFOAが問題だと知っていたことをさらに裏付けた。

当初私は、デュポンの証拠開示実行チームが、何万通ものメールの洪水の中でうっかりそのメールを開示してしまったのかと考えた。しかしその後も数通、バーニーが会社のパソコンから息子や家族の友達に仕事内容を少し漏らしすぎた個人メールが入っていた。

弁護士の資料やメールは、ごく稀な場合を除けば、通例、弁護士・クライアント特権で保護される。通常なら争っている相手側弁護士はアクセスできない。資料提出であれほど激しく闘い、膨大な資料を「特権化」したデュポンが、なぜこれらを漏らしてしまったのか。私が気づいたのは、メールがバーニーの息子と友達宛てのものだったため、特権指定で保護されなかったことだった。私が指定した検索語のせいで会社のサーバー・コンピュータから出てきたものは、すべて格好の標的だった。

バーニーの個人メールを読むのは不思議な感じがした。しかしメール文は攻撃計画において重要な役割を果たした。メールは、それが書かれた一九九八年一〇月初め――アールが最初に電話してきた月、バーニー（及びデュポン）が何を知っていたか明らかにした。テナント家が訴訟を起こした直後、家畜チームが化学物質の流出を否定し、雌牛の死をアールのせいにする準備を整えていた頃、バーニーは息子に対して、PFOA問題をずっと前から知っていて、我々原告側が探し当てるのを心配していると伝えていた。「明日パーカーズバーグに飛ぶ」と彼は書いている。「また長い会議で工場の連中に、なぜ埋立地の下流で放牧している家畜に関して訴訟を起こしたヤツが、陪審員の前で我々会社側を十字架につけることになるか説明する。とにかくこのような状況が起きないようにすべきだった。商業的産廃埋立地を使って、問題は産廃業者に処理させるべきだった。それなのに工場はけちって、どうも、ヤツの雌牛が我々の廃棄物から染み出した雨水を飲むとどうなるか考えなかったようだ」。

バーニーはPFOAが動物を殺すかもしれないとすでにお見通しだった。一九九九年一一月、誤解を生む家畜チーム報告書の数か月前、彼は息子に、「パーカーズバーグ［の工場］はサルの実験の結果を従業員に知らせなければならない」と書いていた。この実験では、PFOAに曝されたかわいそうな動物は惨めな死を遂げた。同じ証拠開示資料の山から、工場労働者宛てメモの中にその通知文を見つけた。情報操作術のせいで、通知が従業員の間で関心や心配の種になったかどうか疑わしい。メモの主要部分はPFOAの従来の取扱手順は安全で健康は守られるとして、従業員を安心させるものだった。実験用サル二二頭のうち二頭が死んだという悪い知らせは末尾に葬られ、「理解しにくい」とコメントしてあった。

バーニーの社外コメントは、いくら否定しても、何がテナント家の問題を引き起こしているか、デュポンがずっと知っていた——少なくとも疑っていた——ことを白日の元に晒した。そして私は、彼らが非常に巧みに隠していたと証明できる自信がついたのだった。

第15章　代替データ

二〇〇二年五月
オハイオ州シンシナティ

同意命令により州規制当局の監視下でデュポンに水質検査をさせることになったものの、同じ同意命令でいわゆるCATチーム［C8毒性評価チーム］がどのような結果を持ってくるか、私は心配していた。何と言っても、このグループは飲料水の新しいPFOAスクリーニング基準を出す責任があった。一般市民には中立的な科学者集団との触れ込みだったが、PFOA問題に関する同社主席毒性学者ゲリー・ケネディ、および同社が外部コンサルタントとして雇ったジョン・ワイズナーがメンバーであり、二人ともデュポンから給与をもらっていた。彼らはどれくらい中立と言えるのか。CATチームは、テナント家訴訟でデュポンが連邦規制当局と設立した家畜チームに酷似しているように聞こえ、クサかった。

さかのぼる前年一二月、州政府側の同情心がどのあたりにあるかはすでによくわかっていた。その頃ウェストバージニア州環境保護局は集会を開き、PFOAのきちんとした安全基準を模索するとして市民を安心させた。同局の科学アドバイザーでありCATチームの責任者でもあるディー・アン・スターツ博士は、PFOAがラットに悪性腫瘍を発生させたとする研究に対する市民の抗議を宥めようとした。デュポン公式見解と完全に歩調を合わせる形で、スターツはラットの腫瘍はねずみ族（齧《げっ》歯《し》類）固有の消化プロセスに起因し、人間には全くあてはまらないと言った。ナンセンスだった。

スターツ博士が、そう言いながら、市民に臭化物［鎮静剤として使用された］を配布しているのにもがっかりした。私は、サルの実験などで症状がラット固有のものではないとするデータを確認していた。これがＣＡＴチームの責任者なのになんということか。地域水道水は古いガイドラインの一ｐｐｂを明らかに超過しているので、新しい安全基準はなんとしてでも正しくなければならなかった。同意命令の規定で、デュポンは工場から半径一マイル以内で水質検査をすることになっていた。もしＰＦＯＡが検出されたら、検査の半径はさらに一マイル拡大する。同社は、ＣＡＴチームの設定する新しい基準がどうであれ、新しい水質検査結果がそれを超えた時のみ、きれいな飲料水を提供する高価な浄化設備の設置を義務付けられていた。

シンシナティのイーデン公園の木々の花が開く頃、ＣＡＴチームという暗雲が地平線にわきあがるのを無視できなくなっていた。科学は堕落しないという信念はとうの昔に失せていた。政府と私企業部門との「協力」は以前にも見たことがあり、結果が醜いものになることは知っていた。それは科学的真実より企業の利益と影響力を証言するような結果のことだった。

ＣＡＴチームは「スクリーニング基準」を五月に公表する計画だった。エドとハリーが名前を公表した一三人の原告と連絡を取り合い、質問に答え、証言録取に備える間、ラリーと私は、煩わしく労力を要する情報自由法による請求と、古風な書類を掘り返す調査による諜報活動を開始し、ＣＡＴチームの手法と進捗状況を掴もうとした。もし、相手側に有利な悪い科学を出してきたら、安全ガイドラインに直接的な大打撃になるだけでなく、裁判を通じて我々の訴訟に禍根を残しかねなかった。自ら科学の専門家になり、何が似非科学か判別し、真実をもって対抗する必要があった。

すでに過重になっていた業務負荷に加えて、私は水質検査、毒性学、およびリスク評価の上級科学集中コースを履修した。これらの論文指導教員は、ワシントンDC郊外にあるコンサルタント会社サイエンシーズ・インターナショナルのデイビッド・グレイ博士だった。彼は毒性学者でリスク評価者として、我々の側のコンサルタントとして働き、ほとんど毎日、たいてい複数回話す仲だった。CATチームが最終的に出してくる数字が妥当かどうか知るには、膨大で複雑な生データを、どれくらいPFOAを飲んでも「安全」か示すとされる単一の数字に変換する不透明な科学を理解する必要があった。デイビッドは、証拠開示に際してどういう書類を探すべきか、また読めない象形文字を、意味があってできれば行動につながるものに翻訳する方法を教えてくれた。彼はまた、門外漢には理解できないリスク評価学の世界を見せてくれた。悪用されたら、確実なように見えるが実は現実を反映せず、作為的な結果を捏造できる学問だった。

同じ頃、合意命令で義務付けられている水質検査の新結果が工場の下流のリューベック、リトルホッキングその他の場所から入ってきていた。多くは一ppbを超過していた。リトルホッキングのいくつかの井戸のPFOA濃度は一〇ppbを超えていた。

PFOAの水汚染が広がり、汚染度が上昇するにつれ、連邦環境保護庁にさらに手紙を出し、きれいな飲料水源が緊急に必要だ、デュポンと州政府が決断できない間住民を待たせるべきではないと伝えた。同社自身の安全ガイドラインより一〇倍超過しているのだから、同庁が対策を取るには十分であるとも書いた。規制機関は直接は全く返信してこなかった。そのうちリトルホッキングの検査井戸は三五ppbになった。これはデュポンの当初の基準より三五〇〇パーセント高かった。当然地域住民は激怒した。新聞は瓶詰め飲料水の販売高が激増したと報道した。私は怒りと苛立ちが高まるのを感じながら、こうした展開を見守った。

戦略の一端として、少なくとも市民にPFOA情報を提供することはやっと結実し始めていた。それまで、裁判の公開資料に主要な内部資料を盛り込み、環境保護庁と州政府に宛てた公衆衛生の脅威を警告する手紙で、主要な資料を提出し続けていた。とうとうパーカーズバーグ以外の新聞記者がPFOA物語を取り上げ始めた。チャールストン・ガゼット紙は、外の新聞としては初めて、ケン・ウォード記者の掘り下げた記事を載せた。彼は私の裁判資料や規制機関宛ての手紙で公開された資料の多くを使っていた。州最大の新聞の見出しは、気づきと警告を新しいレベルに引き上げた。「ウッド［郡］・ウォーター紛争はもっとひどい　汚染はデュポンが言うより深刻　資料で明らかに」。

ウォード記者の記事は、デュポンの新しい広報担当者のデビューにつながった。ロバート（ボビー）・リカード博士である。背の高く引き締まって頭髪の薄くなりかけたリカード博士は、科学的権威と自信のある雰囲気で話した。デュポンのハスケル産業毒性学研究所所長の輝かしい肩書きを持っていた。ウォードの記事では、リカードはデュポンの揺るぎない常套句を繰り返していた。「PFOAに関しては、いかなる健康被害もありません」。

二〇〇二年五月一〇日金曜日、オフィスにちょうど到着した頃、ハリーがパーカーズバーグ・

ニュース&センティネル紙の記事をファックスしてくれた。見出しが飛び出し私に噛み付いた。「PFOA安全基準が専門家によって設定　デュポン基準はパラメーターよりはるかに低い」

記事はCATチームの政府公認の新しいPFOA水道水安全基準を報道したものだった。この新基準は、あろうことか、公表されるまで私には共有されていなかった。

一五〇ppb［一〇億分の一］。

私は椅子から落ちかけた。

これは何かの間違いだろう。記事に戻り、小数点が抜けていないか、数字を何回も読み直した。もしかしたら一五〇ppt［一兆分の一］のつもりだったのかもしれない。そうなら〇・一五ppbになる。しかし間違いではなかった。デュポンの既存の地域社会ガイドラインより一五〇倍も高いとは。この新しい数字は、私が調べた限りでは、デュポンの三〇年間のデータでも勧告でも前例ないものだった。濃度基準として、どう考えても合理的と言うにはほど遠かった。一体全体、CATチームはどうやってこのばかげた数値を計算したのか。デュポンが研究チームの全プロセスを掌握し、地域の水道供給と浄化の責任を全く負わないで済むようにしたと私は疑った。

このレベル未満の水は、「人間に害を与えない」とCATチームの代表を務める州政府毒性学者のディー・アン・スターツ博士は、パーカーズバーグ・ニュース&センティネル紙に語った。彼女はリュー・ベック市民集会でデュポンの「健康被害はない」という常套句をオウムのように繰り返した人物である。「同チームが確定した人間を保護する基準は、データで裏付けられていることに自信がある」と彼女は続けた。「この発見は、ウッド郡とメイソン郡の市民を安心させるだろう」。

デュポンのポール・ボサートも彼女の安心させるメッセージを繰り返して、CATチームの発見は「ミッドオハイオ渓谷の飲料水の低濃度PFOAは害はないという当社の姿勢を示しました」と言った。

思い出したのは三年前、家畜チームがアールに言ったことだった。デュポンの化学物質が健康問題を引き起こしている兆候はない、家畜が死んでいるのはアールの責任だ、とされたのだった。

一度ならず二度までもデュポンの公式見解は、州環境保護局が裏書きした科学の体裁をとっていた。ボサートはまじめな顔で、渓谷の水は完全に安全だ、なぜなら今までのどの検査サンプルも――リトルホッキングの高濃度サンプルでさえ――今や新しい安全基準を大幅に下回っているのだから、と言い張ることができた。この新しいガイドラインの発表で、脅威は一晩のうちに危機的から無害へ下がってしまった。そして集団訴訟が勝てる可能性はほとんど消滅した――政府の科学者が一五〇ppb未満の汚染は「安全だ」と宣言した以上、我々が裁判で勝てる見込みがどこにあるのか。

表面上、CATチーム報告書は大惨事だった。しかし、ともすれば陥りそうになる落胆に抵抗しなければならないことはわかっていた。現実には何も変わっていないと自分に言い聞かせた。水道水中のPFOAの実際の濃度は全く変わってない。人々がそれを飲んでいるという事実も変わらなかった。変わったのは尺度だけだ。今その物差しが歪んでいると証明するのは、私次第だった。

妻になるずっと前、セーラはいつも、私が何についても懐疑的だと言っていた。いつも行間を読み、隠れた落とし穴を探していた。我々は研究がデータを生み出すと教えられた。データは嘘をつかないとも習った。しかしすべてのデータが等しく正しいわけではない。時として方法論に過誤がある。計測器が壊れているかもしれない。違うものを測定したのかもしれない。科学的結論は、無意識の偏見や正直な人間のエラーで歪められる。時には正直さとは無関係のことがあり、データが操作されうる。科学的発見は、結果から逆算して捏造されることさえある。

アンジュルー・ハーテンを証言録取する中で、水質検査所の変更というデュポンの決定を私が探って、どうやら急所を突いてしまった時以来、私は何が起きたのか、どの弱点だったのか考え続けていた。バーニーのメールでは「新しい検査プロトコル」という件《くだり》があり、飲料水検査で「ずっと高い」PFOA濃度を示すと心配していた。彼がメールを書いた時、同社は地域の水道水のPFOA濃度は安全だと市民に伝えていた。二〇〇〇年一〇月のリューベック公共水道利用者宛ての手紙――ジョー・カイガーの郵便受けに届いた手紙――では、二〇〇〇年八月のリューベックの水道水に関して、PFOA濃度は一ppbをはるかに下回ると書いてあった。それが本当なら、一九九〇年代のデュポンの内部資料で見た二ないし三ppbからなぜか大幅に下がったことを意味した。PFOAが給水システムからゆっくり出ていくのなら、どうしてデュポンは新しい検査手順がはるかに大きい濃度を記録すると心配したのか。

この謎の根源を突き止めるために、PFOAとPFOSの関連性を最初に教えてくれた専門家に尋ねることにした。送った生データすべてを精査し検討したあと、彼はわかりやすく繋ぎ合わせた説明を電話でしてくれた。彼の注意深い説明によれば、同社は一九九〇年代初頭から、PFOA汚染が実際の半分くらいにしか見えない内部文書を作成していた。つまり、自社内検査所が一九九一年くらいの遅い時期になって、地元水道水から一ｐｐｂをはるかに超える濃度のＰＦＯＡを検知するようになったので、水質検査を外部検査所に委託したようだった。一九九一年以来同社のために水質検査をしてきたこの新しい外部の検査所は、報告書を二部構成で作成していた。第一部は生データ、第二部は、検査手法の限界から実際の水道水中ＰＦＯＡ濃度は生データで示される濃度よりはるかに高い（約二倍）ことを示す分析が入っていた。それにもかかわらず、同社が地域水道会社に検査結果を最終的に提供する時、生データしか送らなかったのだ。ウェストバージニア州の小さな水道会社の従業員は専門家ではなく、何か欠落していることに気づかなかったので、新しいリューベックの井戸の濃度は安全ガイドライン一ｐｐｂを下回るように見えた。従って実際の計測値一・六ｐｐｂはガイドラインを大きく超えているが、魔法のように〇・八ｐｐｂになり、かろうじてガイドラインを下回ることになったのである。

いずれのデータも、地元水道会社外で検討されたことはなかった。規制当局の監視下の水質検査を義務付ける同意命令にデュポンを追い込むのが重要なのは、それが理由だった。政府側の科学者は、今や、デュポンの背後から眺めながら、誤解を招く生データの裏側を見抜き、実際のＰＦＯＡが、水道会社に報告された最終数値よりはるかに高いらしいと気づくだろう。

しかし、デュポンが実際のＰＦＯＡ汚染を過小に報告することはできなくなったとしても、「安全な汚染レベルを過大に設定することはできたのだ。そして首尾よくＣＡＴチームをそそのかして、安全限度を大きく引き上げた一五〇ｐｐｂに設定したのだった。

今回はデュポンの勝ちだった。ＣＡＴチームのガイドライン数値をひっくり返すのは手遅れだった。

しかしまだこれから法廷で決定的にその信用を失墜させることはできるだろう。

そのために私は、あらかじめ簡略化された要約に頼らないで済むように、科学の勉強に何百時間も費やした。そのおかげで、リスク評価専門家のグレイとじっくり腰を落ち着けて、明らかに虚偽の結果をもたらす一見客観的な科学的論拠に潜む見せかけの表紙や偽のドアを見抜くことに集中できた。グレイとはさらに長いこと電話で話しながら、安全ガイドラインを導くリスクの公式や科学の計算を教えてもらった。グレイ博士は何十年も毒性学分野で研究してきて、現在使用されている方法論や公式を作りまとめるのに貢献した人である。

その時まで、私はリスク評価の結果のみを見ながら仕事をしてきていた。ガイドラインの数値そのものだけが重要だった。今や、一見科学的と言われる過程には驚くほどの主観が関わっていることがわかり始めていた。ガイドラインを計算するために、「安全要素」「不確実要素」として知られる変数が、標準化されたリスク評価公式に組み込まれる。変数は数値を入れる必要がある。その数値は科学者の個人的な判断なのだった。

変数一つに間違った数値を入れると結果には一〇倍、一〇〇倍、一千倍かそれ以上の差が出てくる。グレイ博士は、入手できるデータに基づき、独自にPFOAのリスク評価の計算をやっていた。その数値を見ると、CATチームの基準は一層疑わしく見えた。グレイ博士によればデュポンの当初の評価値一ppbですら極端に高すぎた。彼の計算では、〇・二ppbを超える安全基準はありえなかった。CATチームの一五〇ppbとは、同じ銀河系に属するとさえ言えなかった。

グレイ博士の数値が真実により近いと確信したが、彼の評価だけでは不十分だった。究極的にはC

ATチームの数値を完膚なきまでに論破する必要があるだろう。同チームの数値は、一人でなく半ダースの「専門家」と言われる人たちの産物だった。論破するためには、CATチームのリスク評価会議で何が実際に起きたか知る必要があった。グレイ博士が見たのと同じ生データから同チームの一五〇ppbはどうやって出てきたのか。この質問の核心に迫る第一歩として、CATチームの州政府側責任者スターツ博士に、宣誓のもと記録される証言録取において、私自身が質問することにした。

第16章　破壊欲

二〇〇二年六月
ウェストバージニア州チャールストン

我々はチャールストンにあるエド・ヒルの事務所で会った。エドとラリー・ウィンター二人とも参加した。録画技師はカメラをスターツ博士に向けた。彼女は、州政府の弁護士とデュポンの外部弁護士事務所であるステップトウ&スピルマン社の弁護士に囲まれた大会議テーブルの反対側に座った。デュポンの社内弁護士ジョン・バウマンは、ウィルミントンから飛行機で到着していた。これから始まるインタビューを通じて、デュポン側弁護士は恐れを知らない無表情のポーカーフェイスを維持した。

四〇代のスターツ博士はさらに一枚上手だった。表情は会議の間中冷たい鋼鉄のようだった。頻繁に手で肩までの長さの茶髪をかき上げ、まるで私の質問が煩わしい昆虫でそれを物理的に払い除けようとしているかのようだった。グレイ博士は私の隣りに座って、万が一毒性学専門用語やリスク評価の翻訳が必要になった場合に備えた。まずスターツ博士のメモの入手について聞くのが思慮深いかと思った。メモは用いられた方法論や変数そして計算式を明らかにするだろう。次のようなやりとりがあった。

「メモはとりましたか」

「はい」

「メモは持っていますか」

「いいえ」

「メモはどうしたのですか」

「メモはコピーし、ＴＥＲＡ社にファックスを送り、受領した確認をとってから廃棄しました」（ＴＥＲＡはリスク評価に関する外部コンサルティング会社で、デュポンが州政府にＣＡＴチーム作業を統括するために確保した方がいいと推薦した会社だった。）


聞き間違えたのか。ラリーとエドを一瞥してからデュポン側弁護士たちの表情を読み取ろうとしたが、判別できなかった。州政府役人がたった今、記録中に、公文書を廃棄したと言ったのか。

私は続けて、スターツ博士に対して、この証言録取の前日にＴＥＲＡ社のコンサルタントと電話で話したことを質問した。


「彼らにファックスしたあなたのメモを送ってくれるよう依頼しましたか」

「いいえ」

「どうして依頼しなかったのですか」

「もう破棄したことを知っていたからです」

「ＴＥＲＡがそれらを破棄したことを、ですか」

「その通りです」

裁判の途中で資料を破棄するとはどういうことか。この行為について法律には名称が定められている。「文書毀棄（証拠隠滅）」だ。この場合、判事は廃棄された文書を回収するために、証人にコンピュータの提出を求めることができた。

スターッツはすべての会議のメモを破棄するのが彼女の通常のやり方だとも言った。単に「何年も裁判してきた結果生まれた習慣です」と言った。「ドラフトもメモもメールも保存しません」。

確かに、メモを破棄するのは、完全に通例手続きに逸脱しているとも言い切れなかった。多くの会社でもはや必要でなくなった記録は破棄するのが普通の手続きだった。

しかし州政府役人が進行中の裁判に関わる公文書を破棄するのは、その枠にはまらなかった。彼女は「何年も裁判をやってきた」ことで学んだのであって、これは初めてのロデオ［北米の牛に乗るスポーツ］体験ではなかった。我々がメモを要求するだろうと知っていて認めたのだった。

「私が召喚されると十分に知っていました」と彼女は言った。まるで召喚を覚悟しながら記録を破棄することが世界中でもっとも自然で合法的なことであるかのような言い方だった。

証言録取のあと、エドやラリーと印象を話し合った。彼らも同じくらい驚いていた。スターッツ博士は州政府役人として、進行中の裁判の外（だが関連する）での政府手続きに参加するべく任命されていた。当然裁判で召喚されうる立場だ。しかし科学者として政府役人として、彼女は中立的であると想定され、またそうである責任があった。彼女の証言録取で、州政府規制当局者がデュポンの影響を受けないという（私の中にまだ残っていた）幻想は、完膚なきまでに破壊された。単に驚いたというよりショックを受けた。そして激怒した。他に誰が記録を破棄しているのか。他の規制当局者か。デュポン従業員か。素早く行動して止める必要があった。私は判事に動議を出して、市民に対して中立的で科学的な健康リスクの決定を下す立場にあるべき州の専門家が、進行中の裁判にとって重要な資料を破棄しているという理不尽さを説明した。さらに、これ以上の資料の廃棄を禁止し、州政府にコンピュータの提出を求める差止め命令を要請した。事務所のフォレンジック［データ復元］のコンピュータ専門家が、削除されたデータの回収を試みるためだった。

裁判所は翌日すぐ緊急ヒアリングを開いた。我々のチームと州政府とデュポンの担当者がヒル判事の法廷に集まった。彼は明るい感じではなかった。

「差止め命令が発行されなかったら、州政府当局は資料の破棄を続けるのですか」。彼は、ウェストバージニア州の代理弁護士クリストファー・ネグリーに質問した。

「私たちは慣行的にしていることをするつもりです」とネグリーは言った。

これは明らかに「いいえ」ではなかった。破棄し続けるという意味だった。

ネグリーは、州にはメモの破棄を禁止する方針はないので、スターツ博士がメモを破棄したことで州政府の方針に違反したことにはならないと主張した。判断は各担当者の裁量に任されていた。スターツが新しい飲料水中のＰＦＯＡ濃度基準を設定するＣＡＴチームの会合の後、召喚を覚悟していたと認めたこともどうでもよい。メモの破棄は単に彼女の「習慣的手順」だったのだから。

ヒル判事は回答に満足しなかった。「それは司法妨害になりませんか」と彼は尋ねた。

「裁判官閣下、彼女には自分で判断して仕事をする権利があります」

「リチャード・ニクソン［盗聴事件で罷免された元米国大統領］も権利がありました」と判事は反撃した。

私は笑いをこらえるのに苦労した。

「考えるまでもないことです」と判事は言った。「犯罪であり、差止め命令を出すべきです」。

こうして差止め命令は認められた。

州政府はウェストバージニア州上訴最高裁判所に上告し、差止め命令をつぶそうとした。最高裁は上告を却下した。コンピュータは没収され捜索された。破棄文書は回収できた。

驚かなかったものの、州政府が我々に見せたくなかった州の資料で、スターツは、CATチーム作業の開始前に自分でリスク評価の数字を出していたことがわかった。数値は一ppbだった。

ウェストバージニア州最高裁が差止め命令を支持したまさにその日、デュポンの弁護士は、同社PFOA毒性学責任者でCATチーム所属のゲリー・ケネディも文書を破棄していることが「ちょうど発見された」と公表した。破棄していたのはCATチーム会合のものだけでなく、PFOA関連のその他のやりとりも対象の可能性があった。私はそれまで散々驚かされていたが、これを聞いて、まだ驚く余地が残っていたと自覚した。デュポンも文書を破棄していたのか。これは大きな過ちだ。PFOAのリスクについて我々を暗闇に閉じ込めておくためだったら、それは失敗するだけでなく、いずれ始まる公判で、我々にとって勢力バランスを圧倒的に有利にシフトするチャンスを提供するものになる。私は証拠開示期限に遅れた場合の制裁動議を修正することにした。私は、ケネディに関して新たに判明したことにより、判事が将来の陪審員に対して、「PFOAが人間に有害であるという前提で検討すべきである」と指示するべきであり、それを含む厳しい制裁の必要性が明らかになったと主張した。なぜならケネディが破棄した資料は見ることができないからだ。時に、最良の防御は良質な攻撃になる。

反論としてデュポン側弁護士たちはケネディのとった行動は悪気のない間違いだったと主張した。不可抗力の誤解だった、デュポン側の過失ではなかった、ケネディにはこの裁判の目的のために彼のPFOA資料を保存し保護するようにと助言してあった、という言い分だった。弁護士たちは、彼がメールや電子ファイルの新世界を嫌いで十分に理解していない高齢の幹部というイメージでとらえていた。彼らによれば、ケネディは単に指示を誤解しただけ、ということだった。

文書の破棄はうっかりミスであり軽蔑すべき法律的戦略の一環ではなかったという主張を裏付けるものとして、デュポン社内弁護士たちは記録を正すために法廷に宣誓供述書を提出してきた。その供述書は、弁護士事務所がクライアントに何を指示し何を指示しなかったか説明したものだった。そうした助言を提示する内部文書も添付されていた。これはデュポンが文書破棄で制裁を受けることをどれほど心配していたかを示すもので、巨大なリスクを考慮しても提出すべきだと受け止めているものだった。特にスターツ博士の文書破棄騒動でヒル判事がすでに沸騰している状況では重要なことだった。デュポンの弁護士は弁護士‐クライアント間の法律的助言まで積極的に開示してきた。これは開示しなくてよい「特権化」された資料の最たるもので、入手できるとは夢にも思わなかったものだった。

しかしどれくらいの代償を伴うものなのか。まず、弁護士たちがケネディの記録資料についてどのようにやるべきことや言うべき内容を指示したか開示してしまうことで、やりとりに対する弁護士―クライアント特権を放棄した。それとともに、ケネディだけでなくデュポン従業員の誰についても、資料保存に関するすべての指示を私がチェックできるようにしてしまい、通常は特権化されていて共有されない類似のその他の資料にも、私が請求する道を開いてしまったのだった。これは、自ら招いた損害のほんの一部に過ぎなかった。弁護士たちがデュポン関係者に何を言って何を言ってはいけない、何を書き何を書いてはいけない、と指示するメッセージを解読することで、私は彼らが何のテーマ領域について最も心配しているか正確に把握できた。また便利なメールのヘッダーから、裁判で不利になる事実を知っているかもしれないと弁護士たちが心配している人たち全員の名前を見ることができた。

まさにこういう人たちこそ、証言録取に呼びたい人たちだった。

第17章　ネズミとヒトについて

二〇〇二年七月
オハイオ州シンシナティ

集団訴訟はごく最近受理されたばかりなので、まだ未確定の公判の日付は二〇〇三年の遅い時期だろうと踏んだ。これは一年半先であり、遠い先の話に聞こえるかもしれないが、裁判の日程という意味ではもう次の角を曲がった頃なのだった。技術的な問題を徹底的かつ疲労困憊するまで調査することに加えて、デュポンとは資料提出問題でかかりっきりになった。これには毎日のように、手紙と通知のやりとりが必要だった。そしてCATチームにおけるデュポンとウェストバージニア州政府の共謀のブラックボックスで何が起きていたかを知ろうと私は努力していた。どの活動においても、デュポンは可能な限り複雑に難しく時間がかかるようにしようとしていた。格好のいい話ではない。自分のオフィスに毎日一〇時間ないし一二時間座りっぱなしで資料を精査し、デュポン側弁護士たちと手紙を交換し、時折、苛立たせ敵対的にもなる電話をかけていた。

調査と証拠開示はほとんど自分一人でやっていた。その時点で共同弁護士たちに、背景に精通して十分に理解してもらうのは不可能だった。背景理解には私も丸三年かかっていた。その私ですら、精選した専門家の助けを必要としていた。さて私は、毒性学用語を流暢に話せるようになる必要があった。安全基準を突破したら何が起きるか。これが人間の健康に対するリスクという決定的に重要な要素で、裁判で成功するためにはそれを証明する必要があった。水にPFOAが何百万トン入っていても誰にもリスクがないなら、裁判は勝てないのだった。

デュポンの科学者たちは半世紀以上にわたり、その同じ質問に答えるために、致死的なサルの研究を含むPFOAの動物実験を実施していた。だからデータがたくさんあることはわかっていて、デュポンにそれらをすべて提出させようとして長く困難な闘いを闘ってきたのだった。今でもまだ闘っている。ようやく研究成果を手中にし始めた今、それらを解析して理解する時間が必要だった。デュポンがPFOAの毒性について何をいつから知っていたか、正確に教えてくれるだろう。

会議資料、メモ、実験報告書、生データ、手紙、研究要旨など、重要なヒントになる何百もの資料を引っ張り出した。この厳選した束ですら情報が多過ぎて、一度には頭の中で整理できなかった。私が知っている唯一の処理方法は、時系列順に整え、例のカラーコードと付箋で分類し、オフィスの床に並べる方法だった。

デュポンの創業二世紀目は明らかに科学を基礎としていた。デュポンは世界を汚染する意図を持った悪の帝国として作られたわけではなかった。むしろ正反対で、何十年もの間、同社は科学の原則と方法論と倫理の上に成立していた。

「結局、一番大事なのは信頼性です」と、一九五二年から一九七六年まで研究部門の責任者だったジョン・A・ザップ・ジュニア博士は言った。「信頼性なしでは会社のお金の無駄遣いになります」。

テナント家の裁判を担当するようになって以来、私は資料に隠れた多層的な言説を組み立ててきた。

これからも何年も続けることになる。その過程は面倒で、精神的、身体的そして情緒的に困憊させるものだ。紙で真っ白の床に何時間も這いつくばることだ。断片的なヒントが氷河のように徐々に明らかになる考古学のようでもある。その場合は踏み鋤ではなくブラシで解明していくのだった。

私が組み立てた筋書きは、社内で展開した長年の科学的サガ（物語）を明らかにした。特定の人や出来事や決定によって、地域の水道水や住民の血液にＰＦＯＡが入り込んだわけではない。多くの理由から長年にわたりデュポン内部の多くの人が下した一連の決断の結果だった。

ＰＦＯＡが登場した頃、内部ではハスケル研究所と言われていたデュポン社内の科学実験所は、デュポンの内部管理の一環として一〇年以上もの間、毒性学研究で先駆的な業績を残していた。一九四〇年代後半にハスケルは、生物に対する有害物質の影響を評価する動物テストの標準的な手順を確立していた。ネズミとラットが研究の第一段階で使われた。安価で短命なことから、「生涯」を通じた影響を比較的短い期間で研究者が研究しやすかったのである。心配なことがあるとすれば、イヌに続いてサルのような高等で長命な動物の研究にしばしばつながっていくので、費用が嵩むことが問題だった。一九五〇年に動物のがん研究は二〇万ドル、今日の貨幣価値では一〇〇万ドル［一億三〇〇〇万円］近くかかった。当時のハスケル研究所年間予算の半分だった。

しかし歴史的に見ると、デュポンはこうした研究は投資の価値があると考えていた。従業員と公衆、そして会社の最終利益を守る上で重視したのだった。同社の科学者は一九五四年頃にＰＦＯＡの毒性を調査し始めた。ちょうど３Ｍからワシントン・ワークス工場に最初の積荷が届き始めた三年後のことだ。その頃までにはデュポンは、従業員にその化学物質への曝露に注意するよう指示するほど心配していた。資料の山から引っ張り出した同年のメモには、その化合物の取扱者は「皮膚への過度な曝露を避け」、「その埃や煙を吸い込まない」ようにとのアドバイスがあった。

しかしPFOAの動物実験は、一九六〇年代まで本格的には始まらなかった。毒性学部門の責任者は、PFOAを「細心の注意を払って扱うべき」であると警告し、実験動物でこの化合物の毒性を研究し始めた。最初の研究は、懸念を払拭するものではなかった。

最初の頃の研究には、一九六二年のラット実験があった。テフロンが消費者用調理器具に認可され、幅広く流通し始める年のことである。利益予想は巨大だった。デュポンは、歴史的に見る限り慎重な会社で、十分なテストの後でなければ製品を市場に出さなかったが、この時は柄にもなくノンスティック調理器具の競争相手に追いつこうと焦っていた。

この実験では、連続する一二日間にわたって、六匹のラットに一〇回分のPFOAを食べさせた。数匹は一〇回食べた直後、残りのラットは一四日後に解剖された。両方のグループのラットには、肝臓の中程度の肥大、および睾丸と腎臓と副腎のわずかな肥大が見られた。研究者たちは、「比較的低容量のPFOAでも若いラットに累積的な肝臓・腎臓・膵臓の変化が見られた」と記していた。こうした実験で臓器のわずかな変化も毒性の明確な兆候であり、しばしば将来の病気の警告だった。

三年後の一九六五年、イヌの実験においてPFOAに曝露させたビーグル犬には毒物による肝臓の損傷が現れた。ラットだけでなくイヌでも実験したという単純な事実だけでも、デュポンで強い懸念があったことを示している。イヌの実験ははるかに高価であり、ラット実験で憂慮すべき結果が出た時にのみ実施するものだったからである。

デュポンの拡大動物実験の悪い知らせに追い打ちをかけるように、ＰＦＯＡ問題は一九七二年にはさらにいばらの道となった。この年、海洋保護研究聖域法が成立し、海洋への化学物質の投棄を規制することにより海洋生物保護を拡大することになったからである。デュポンは何年間も海底に沈めるドラム缶にＰＦＯＡ廃棄物を投げ入れていた。テフロンからの固形ゴミを工場近くの埋立地に投棄すると地下水に滲み出すことに気づいたからである。今やデュポンは、滲出問題があるにもかかわらず陸上投棄に戻ったのだった。

有毒な物質が水道水に滲出しているというこの組み合わせは、デュポンと３Ｍとの一九七八年の会議で共有された不愉快な知らせとなった。この年は、３Ｍが同社従業員の血液にＰＦＯＡが発見されたことをデュポンに伝えた年だった。会議後、この暗いニュースはデュポンの指揮系統のトップまで伝達され、同社医療部長のブルース・カー博士にも伝わった。彼には、血中フッ素に関するガイおよびテイブズの二年前の論文も送られていた。この論文は、全米の血液銀行のサンプルテストの結果として、一般市民の血液に有機フッ素が検出されたことを明らかにしたものだった。

ガイ、テイブズ両氏は、これがＰＦＯＡのような人工的な工業用フッ素化合物に関連していると強く疑っていた。四二歳のカーは、工業部門の医療における透明性を強く主張していた。ほんの一年前に、職業医療における倫理問題の会議で、彼は「健康被害を報告する企業の義務」と題する論文を発表していた。一九五〇年代から六〇年代のデュポンの姿勢にふさわしく、彼は、「率直にすべての事実を公表」することが企業の責任であり、それが「責任ある唯一の倫理的な方向」と主張したのだった。

カー博士は米国最大の化学企業であるデュポンが「公の職業的な健康の嵐の中心」にいると見ていた。この業界が嵐を乗り切るためには、彼はデュポンが法律と規制で「求められている基準を達成するか凌駕する」ことを目標とすべきであると主張した。これには、「健康被害に関する率直な事実」の全面的な開示も含まれた。従業員や顧客や市民の信頼を維持する上で、徹底した正直さは決定的に重要だった。「それ以下ですませようとすれば」と彼は書いている。「道徳的に無責任であるとともに、経済的にも打撃になるだろう」。

3Mのニュースに対するカー博士の攻撃的な対応はこの哲学通りだった。テフロン製造に関与したすべての従業員は新血液検査結果の説明を受け、続いて安全手順が曝露の低減に寄与しているかどうか、作業を全面的に見直すというものだった。従業員医療記録はチェックされ、曝露した可能性のある従業員の血液は検査された。基準を策定するために、同社は職場でPFOAの曝露の可能性のない従業員の血液も採取した。もし身体検査と血液検査が異常な値を示したら、疫学調査も検討することになった。

計画はワシントン・ワークス工場で開始された。実施したのは同工場の医師のヤンガー・ラブレス・パワー博士で、「人々が長くよりよく生きられる」ようにすることだと明言していた。パワー博士は、一一人のテフロン担当者及び、PFOAに曝露した一八人の実験室員の医療記録を精査した。

3Mの場合と同じく、デュポン社員には高い濃度のPFOAが確認できた。ワシントン・ワークス工場は「普通でない健康問題は存在しない」と公式に主張したが、パワー博士は「肝臓機能が異常なほど亢進した人が多いことに心を乱されて」いたのだった。

デュポンのニュージャージー州チェインバーズ・ワークス工場で実施された一九七九年の類似の従業員調査で、曝露していた労働者は未曝露労働者より肝臓機能テスト値が異常で数値は「明らかに高かった」。どういうわけか、「明らかに高い」にもかかわらず、この発見は「統計学的に重要ではない」と見なされた。それでもなおデュポンはこの結果を3Mに送り返した。添書きには「報告が義務付けられていなくても、重要な発見を報告その他の形で周知するという当社の一般的な慣行」と書かれていた。

しかしこうした警告にもかかわらず、また道徳的義務と透明性の文化が奨励されるのに、またしても会社は環境保護庁に報告しなかった。

私は定期的に空気を吸い頭をすっきりさせる必要があった。他の人たちなら友達をつかまえてビールを飲みに行く場面かもしれないが、シンシナティの保管ガレージに向かった。そこには一九七六年型ビュイック・エレクトラ225が保管してあった。黒くて輝くボディにはドアの凹みや傷は一つもなかった。セーラは大きい安楽なソファに浮いているようだとからかったが、私は運転するのが好きだった。その車は、一九七三年に、私が父と一緒に選んで両親がショールームから買ったモデルに可能な限り近いものだった。車内で座っているだけでくつろげるのだった。

そこからまたオフィスに戻ると、紙の山を不愉快な時系列に追加する作業が待っていた。一九七八年に従業員の血液中にフッ素が入っていることを確認したあと、3Mとデュポンは弁護士たちと重大な課題を議論した。環境保護庁に伝えるべきか。その二年前に成立していた有害物質管理法は、既存の化学物質に関してあらゆる「重大なリスク」を環境保護庁に報告するよう義務付けていた。それにもかかわらず同社は、適用できる抜け穴があると信じていた。環境保護庁にすでに提供された公開情報があれば、報告義務は免除されると主張したのだ。ガイ・テイブズ論文が出版され公開されたものにあたると見なすことにした。さらに、工場でのPFOAへの通常濃度の曝露は従業員にとって「重大なリスク」ではないとするデュポンの研究も、それに該当すると見なした。ただしその結論は「主として、明白な健康被害が見当たらないという前提」での結論だった。

これを企業メモの中に見つけた時、思わず首を大きく傾げてしまった。ラットやイヌの肝臓への影響はどうなのか。従業員調査も肝臓の懸念を示していたではないか。デュポンは、動物と人間の肝臓が関連性がないとするどのような証拠を持っているのか。意味がわからなかった。同社は、毒性学専門家が教えてくれた根本原則を無視しているように見えた。それは、ある物質が動物に対して有毒な影響を与えるなら、影響がないと立証できるまで、人間に対しても有毒であると見なさなければならない、という原則だった。

デュポンが従業員の血液を検査していた時、3Mは九〇日間のラットとサルの研究を進めていた。結果は一九七八年一一月に出た。ラットとアカゲザルともよくない影響が出た。生物学的に人間に近いサルはラットよりはるかに悪い影響を被った。消化器系の影響と血液と赤血球を作る能力に問題があることを示す「造血系の影響」で苦しんだ。臨床的な有毒性の兆候は、最低量を与えられたサルにも見られた。最大量を投与されたサルは一か月以内に死んだ。

研究成果の山を探してみたが、二〇年近く後の一九九九年のサル実験まで痕跡はなかった。実験でサルがひっくり返ったのに、その後二〇年間忘れてしまったというのはどう説明できるか。

こう考えていた時、ちょうどデュポンの幹部たちが頻繁に同じキャッチフレーズを繰り返すようになったことに気づいた。心配な研究成果が出たあとにも、彼らは人間に関してＰＦＯＡから「深刻な健康被害の証拠は見られなかった」と言うようになった。このフレーズは、年表を通じて一字一句違わず登場するようになった。

動物実験の悪い知らせは続いた。一九七九年、デュポンの資料でいくつもの種類の動物でＰＦＯＡ曝露の影響を総括してあった。ラットは肝変性、肝肥大および肝臓酵素の増大。皮膚曝露したウサギは体重が減り呼吸困難の症状。イヌ二匹は四八時間以内に死去。

一九八〇年には事態はさらに深刻になった。デュポンはＰＦＯＡが生体蓄積性が高いと認めた。わずかな量でも長年体内に累積していくという意味である。これは、一九七九年の実験でＰＦＯＡは生体内で分解しにくいと判明したことに追い討ちをかけた。これは体内に入ったら分解しにくいという意味である。分解速度は遅かった。人間の体はこの人工の分子を代謝する方法がわからないのだ。この化合物は、血液タンパク質のアルブミンと結合しやすく、血中にとどまり体全体に循環する。この二つの性質が相乗効果をもたらす。つまり、ごく少量のＰＦＯＡに長い期間曝露すると、血液中濃度が顕著に上がり続けることになるのだ。

同じ一九八〇年に可決された包括的環境対策補償責任法、別名スーパーファンド法は、この長い物語の重要な道標だった。有害物質を出すデュポンのような企業にとっては巨額の賠償責任の形でコスト負担の可能性を押し上げた。これにより初めてデュポンは、将来の放出だけでなく何年も過去の汚染についても責任を問われることになった。もちろんＰＦＯＡは有害物質として規制されていなかったので、スーパーファンド法では責任は問われない。ＰＦＯＡを製造・使用する企業は、未規制のままにしておくことに重大な利益があった。この段階でプラスチック産業は、商業的・文化的な巨大業界となっていた。樹脂生産は製鉄を凌駕していた。ＰＦＯＡが有害である証拠が出てくるには不都合な時期だった。懸念材料はデュポン自身の科学者が出してきたが、彼ら自身まだ知らないことがたくさんあると主張した。同社の医療副部長は、テフロン担当社員の肝臓酵素量の上昇を心配した。これは肝臓の病変の兆候かもしれなかった。「『決定的な証拠』は見つからないが」と彼は書いている。「説明もできていない」。同社の覚書のドラフトは、デュポンが原因を解明するつもりがないようで、副部長は驚愕した。「その草稿は、医療部が曝露した社員の肝臓を調査しないことを暗示していて、心配だ」。

一方、私のオフィスの床全体に広がった言説［言葉の遣い方］から、デュポンは有毒性の医療研究から撤退する一方、同社の従業員には有害なものとして扱い始めていたことがわかった。社員のＰＦＯＡ曝露を議論する幹部会議が招集され、取扱者は最低でも手袋と呼吸保護と使い捨て服を着ることとするとの勧告が出た。

同社は器具と設備にも変更を加えた。テフロン部門では、ＰＦＯＡの混合過程を排気フードの下に置き、乾燥機の空気供給取り入れ口を持ち上げて天井の下に溜まったＰＦＯＡ含有量の多い空気を除去した。必要以上に乾燥機のドアを開けずに済むように、ドアの隙間を塞ぎ、検査窓を追加した。Ｐ

ＦＯＡが保護材料に染み込むことはわかっていたので、手袋はすべて使用後廃棄処分とした。吸引の心配がある社員には人工呼吸器と保護マスクの装着を推奨した。

これらの措置は一九八〇年七月三一日のＰＦＯＡ意見交換会で公表された。そこでは、最新の知見に基づき同社の短期・長期計画を議論するのが目的だった。デュポンの幹部はその化学物質の有毒性を説明した。曝露経路によって有毒性は異なる。口からの場合は「わずかに有毒」、皮膚の曝露は「わずかないし中程度有毒」、そして吸い込むと「強く有毒」とされた。

その会合でデュポン幹部は、同社と３Ｍの最初の血液検査結果を説明している。その段階ですでに従業員の血中有機フッ素濃度は「一般的に職場曝露可能性と相関する」ことがわかっていた。これは明らかな懸念材料だった。会議資料は再度、ＰＦＯＡは「健康への影響はない」との定型句を繰り返しつつ、「継続的な曝露は看過できない」といささか矛盾した結論に達していた。

ばかげている。何かの物質の健康への影響がゼロだったら、なぜ曝露が看過できないことになるのか。デュポンは会議資料の次のページで回答を出していた。

「ＰＦＯＡを二五年間扱ってきて、従業員には被害はない」と資料は言う。「しかし、潜在的な危険性はある。ＰＦＯＡは血液中に蓄積されている」。

私はやっとわかった。デュポンの科学者にとって最大の心配は、ＰＦＯＡの生体内蓄積性と組み合わされた異常な生体内難分解性だった。ごくわずかであっても曝露すれば、時間の経過とともにさらに多くのＰＦＯＡが血液中及び体内に蓄積される。いったん入れば何年間もそこに留まる。つまり化学物質は将来にわたり人々の体内に滞留し、何十年間も臨床的疾病として顕在化しない未知の危害につながる可能性がある。端的に言えば、体内のＰＦＯＡは時限爆弾だったのだ。

デュポンが社員に対するＰＦＯＡの影響――及びそれに伴う財政的負担――を心配し出した時期に、化学産業全体も新しい説明責任の時代に突入していた。翌年の一九八一年、ニューヨークのラブ運河の浄化が始まった。これは史上最大のスーパーファンド・プロジェクトで、企業が有害化学物質を未対策の埋立地に投棄してきた四半世紀の歴史を正そうとするものだった。『沈黙の春』の著者レイチェル・カーソンは死後、大統領自由メダルを授与されたが、それは彼女が無規制の殺虫剤使用の環境への壊滅的な影響を世界に警告したからだった。デュポンは新時代に対処するかのようにハスケル研究所を拡大し、遺伝毒性学と水生研究、産業衛生学、生化学および図書館に三万九千平方フィートを当てた。

その年の後半になって、劇的な展開があった。３Ｍのラット実験によりＰＦＯＡが胎児に先天異常を引き起こすことがわかったのである。妊娠したラットに胃挿管でＰＦＯＡを食べさせた。ラットは出産前に解剖され、胎児は詳しく調べられた。共通した問題は目の異常だった。結果はあまりにも明白で、隠蔽できなかった。有毒物質管理法で義務付けられていることから、３Ｍは研究結果を政府に報告した。一九八一年三月二〇日にはデュポンにもそのニュースを伝えた。

ＰＦＯＡが先天異常と関連しているかもしれないという証拠は、デュポン社内で大騒ぎになった。知らせを受けた七日後、同社の科学者は実験結果を確認するために３Ｍを訪問した。結果が有効であると確認したあと、デュポンは数日かけて、従業員に知らせるための内部手順を準備し、通知計画を練った。従業員の心配を予想した三九項目の想定問答集の一項目は、次のようなものだった。

質問：ＰＦＯＡに曝露したデュポン社員で子供が先天異常になった者がいるか知っているか。

答え：ＰＦＯＡによって生じた先天異常の証拠は承知していない。引き続き調査する。

実験結果の衝撃はあまりにも強かったので、３Ｍから結果を受け取った二週間後の一九八一年四月一日、デュポンは全女性従業員をテフロン部門から別部署に異動させ、血液検査を始めた。四月六日には、まだデュポンの医療責任者を務めていたカー博士が中断していた従業員妊娠調査を再開した。デュポン疫学専門家のウィリアム・フェアウェザー博士の準備したこの調査は、「ワシントン・ワークス工場の女性従業員の妊娠結果が職場でのＣ８［ＰＦＯＡ］曝露と因果的に関連しているか確認する」ことを目的としていた。

同じ日、デュポン社員に通知が届いた。３Ｍの実験で妊娠中のラットにＰＦＯＡを食べさせたところ、先天異常を発症したと書いてあった。「現在のところ、初期段階の動物実験が従業員の曝露に関係するかわからない」との説明だった。「出生への影響を見極めるためにさらに研究を計画している」。

フェアウェザー博士の研究計画に合わせて、デュポンは最近出産した七名の従業員の血液データを集め、出生記録を検討した。全員がＰＦＯＡの血中濃度が高かった。七人の出生児のうち二名に出産時の障害が見られた。両方とも目の障害だった。フェアウェザー博士は研究概要で、一般に目の先天異常の発症率は一千分の二と明言していた。同社の場合、たった七件中二件の発症だった。

これはもはやラットの話ではない。人間の話だった。

デュポンは妊娠研究を完了せず、七件中二件に目の異常があったという結果を政府規制当局に報告しなかった。後のラット実験で同じ目の異常が出なかったので、同社はそれを根拠に3Mの実験結果は間違いだったと指摘した。3Mも環境保護庁に対して、報告したラットの先天異常は無効で、さらなる調査は不要だと伝えた。環境保護庁は3Mの言い分をどうやら額面通り受け止め、それ以上追及しなかった。一九八二年末前の段階で、デュポンは女性従業員をテフロン部門に戻した。

資料を精査する中で新たな発見一つひとつが裁判に有利に働くとわかっていたが、個人的には資料に毎日毎日戻って、実験動物の痛みや人間の母親と赤ちゃんの苦しみを考える度に、悲痛な思いにかられた。ふと考えたのは、何年も経ってからこうして読むのすら困難なのだから、当時目の前で見ていた科学者たちはどう感じたか、だった。彼らは上層部に報告したが、何の変化もなかった。確かに会社は、安全手順を少し変え、短期間女性をテフロン部門から異動させたが、誰も使用を中止するか真剣に検討せず、規制当局に問題を示すデータを全く報告しなかった。

新たなラット実験で発がん性が判明してパニックの新たな波がデュポンを揺るがしたのは、さらに七年も経った一九八八年のことだった。二年越しのこの研究で、PFOAがラットに睾丸（ライディッヒ細胞）腫瘍を引き起こすことがわかった。同社はこのデータに基づき、社内では同年中に、PFOAを確定した動物発がん性物質であり、人間の発がん性もありうると分類した。しかし政府にはこの結論を伝えなかった。一九九三年には発がん性データはさらに強固になった。二回目の二年越しのラット実験で、PFOAが睾丸腫瘍だけでなく肝臓と膵臓の腫瘍を生じさせると判明した。そして、まさにアールがやっと環境保護庁にドライ・ラン川周辺の野生動物の調査を始めさせた一九九七年、同社の科学者は共著論文で、この化学物質は人間の発がんリスクを軽視できないと認めたのだった。

アールの家畜が死に始めた頃、すでにデュポンでは内紛が起きていたようだった。社内の科学者と医療関係者は警鐘を鳴らし注意を呼びかけ、経営陣は人体に害を及ぼす兆候はないと繰り返し、法務部は両者の衝突にますます危機感を募らせていた。

全体像が明らかになるにつれ、吐き気がつのった。ＰＦＯＡが健康リスク――「リスク」は控えめすぎる表現だ――であるとする証拠は圧倒的だった。しかし同社は、政府や下流の住民に警告せずに、何十年もそれを環境に垂れ流した。私は、自分たちがケンタッキーで住んでいた場所のことを考えた。シンシナティからオハイオ川を渡ったところで、パーカーズバーグから二〇〇マイル［三二〇キロ］くらい下流の地域だった。私の息子たちと妻と化学療法後に髪がやっと伸び始めた妻セーラの母――私たちが下流の住民だったのだ。

第18章　テフロンの歩兵たち

ＰＦＯＡが有毒で飲料水に放出されていたことをデュポンが知っていたと証明するだけでは、集団訴訟の勝訴に十分でなかった。彼らが水に入れていたあの不快な物質が集団訴訟の原告の人たちを実際に病気にさせたことを証明し、かつ、陪審員にそのインパクトを感じさせる必要があった。この問題に取り組む中で、私は「七分の二」にいつも立ち戻っていた。同社の妊娠研究の統計数値は脳裏に焼き付いていた。七人の出産のうち二人の赤ちゃんに目の異常があった。同社の弁護士と統計担当者は、サンプル数が小さすぎて統計学的に有意ではないと言うだろうが、関わった女性たちには疑いもなく有意以上のことであり、一生涯の悪夢だった。証拠開示の権限に基づき、同社には先天異常研究の対象だった母親である社員の名前を吐き出させた。

二人はキャレン・ロビンソンと、スー・ベイリーだった。一九七八年、キャレンは二四歳で妊娠第二トライメスター［妊娠四〜六か月］の時、テフロン実験室からいくつか建物を隔てた近くで働いていた。彼女は工業乾燥機の中に這いつくばって残滓《ざんし》を清掃していた。製造室の端から端まで伸びる二台の機械の一つの担当だった。乾燥機は粥状のテフロンを加熱してスクリーンの上をすべらせるものだった。彼女には、内壁からこすり取る粉状の残留物は無害に見えた。洗濯用石鹸のようだった。

キャレンは夫と二回目の結婚記念日を祝ったばかりだった。夫は高校野球のコーチで、赤ちゃんは最初の子供だった。夏に生まれる予定の男児だった。産休のあとは仕事に戻る必要があるが、デュポンには戻らないかもしれなかった。彼女はずっと教員を夢見ていた。オハイオ州立大学の教育学の学位があるので、まだ夢を追い求めていた。工場での仕事は好きではなかったが、同僚のことは好きだった。健康保険と産休といった福利厚生面はさらに魅力だった。

キャレンはすでに約一年デュポンで働いていた。新従業員たちと同じく、彼女は、工場内線路の分岐器に油を差し、雪かきし、工場長の車を洗車するといった「作業員」としての仕事はすでに済ませていた。新従業員が来ると彼女は担当部門の希望を出した。選んだ繊維の仕事は、漁網の巨大なロールを処理する業務だった。しばらくやったあと、テフロン部門の空きが掲示されていたので飛びついた。「皆、一番いい部門だと言っていた」と彼女は言った。「漁網でなく、粉を扱えばいいから」。

テフロンの仕事を始めた一九七七年一〇月には、彼女は妊娠していた。当初彼女は、いろいろな仕事をする「何でも屋」だった。テフロン製品は細かい粉や粒状や液状などいくつかの形があり、数えられないほどの用途や生産過程で使われた。樹脂の成形から、バイク部品の潤滑、カーペットの防汚加工、歯間を通りやすいデンタルフロス、衣服やピザ・ボックスのシミ・油防止加工まであった。そしてもちろんフライパンのコーティングもあった。彼女は臨機応変に担当した。清掃で製造ラインが停止すると、彼女のような第四区域の作業員は乾燥機の中に入り削ぎ落とす作業をした。原料を混ぜてテフロンにする業務用圧力釜も掃除した。ＭＲＩ〔磁気共鳴映像法診断機〕をさらに大きくしたような機械だった。「圧力釜の清掃時刻だ」と誰かが号令をかけると、彼女はベニヤ板の上に寝転び、濡れたヘドロをゴミ用のドラム缶にこそぎ落とした。それは廃棄用に搬出された。時々、飛び散った液状のものの詰まった溝をホースで洗い流した。その液体はズボンにかかることもあった。

何でも屋のあと、キャレンは微細粉の荷造り室で安定した任務に移った。テフロン粉を五〇ポンドのドラム缶に流し込み、充填後封印し、ローラーで倉庫に積み上げ、出荷準備をした。

少し経験を積むと、彼女は原料の調合と圧力釜の操作に移った。製造用レシピに従い、PFOAを含む原料の容器から計量カップで圧力釜に投入した。粉状のPFOAは、砂糖をすくう感じだった。圧力釜は二階の操作盤から数歩の重たい製鉄ドアの後ろにあり、彼女はボタンや計器類で制御した。

釜の中では魔法のようなことが起きていた。圧力と熱とで電子結合が壊れ、化学反応で新しい分子がくっつきテフロンになった。PFOAは反応を速め混合物を安定させる触媒だった。デュポンは、PFOAがないとテフロン製造過程は故障するので、製造が困難で高価で不安定になると信じていた。高分子化が完了すると、キャレンはボタンを押して、原料を濡れたパウダーにする凝固剤にその塊を投下した。濡れた泥状のものは、一階の乾燥機（ありがたいことにもはや彼女は掃除する必要はなかった）で加熱乾燥された。ひとたび乾燥すれば、粉はコンベヤー・ベルトで荷造り部屋の傾斜台に運ばれた。ときたまきちんとジェル状にならなかった塊は、ポンプのついた床の穴に投入された。

当時PFOAを扱った労働者は「石鹸のよう」だと思っていた。しかし同僚の中には、接触しすぎると病気になると聞いた、という人もいた。PFOAは煙を吸い出すフードの下で計量しなければならないとする厳しい安全手順書を見て、彼女は彼らが正しいのかもしれないと思っていた。時々、同僚の男性がPFOAの計量を代わろうと言ってくれて、彼女は触らなくて済んだ。

キャレンの出産予定日の数週間前、工場の幹部は「血液中のフッ素界面活性剤」に関する公式の通知を受け取った。各部門責任者に送付されて、従業員にいつどのように周知するかの詳細が書かれていた。通知書は次のような書き出しだった。「3Mからの情報で、当社は、特定のフッ素界面活性剤に曝露した3M社員の血液中に有機フッ素化合物が通常より高い濃度で検出されたことを確認した」。

通知書は続いて、同社がテフロン製造用にパーフルオロオクタン酸アンモニウム塩——PFOA——を購入したと書いてあった。「当社の毒性検査では、デュポンのフッ素界面活性剤は毒性が低い。これらの化学物質やC8の社員への健康被害は、この製品を扱った二〇年以上の間、検知されていない」。

その通知文は、同社の取扱手順は「これらのフッ素界面活性剤への従業員の曝露を最小限に抑えるよう設計されている」と宣言した。「健康被害は判明していない」としつつも、同社は手順と医療記録と毒性学的情報の見直しを「予防的措置として」進めているとのことだった。

添付された三ページの想定問答集は、社員からの一八の質問に答える形式だった。テフロン調理器具が問題を起こすか（答えはいいいえ）、会社の言う「低い毒性」の意味は（「致死（量）〔原文で引用部分の補足になっている〕は約八液量オンス〔二三七cc〕」）などの質問だった。もう一つはこれだった。

「デュポンはこの状況を担当規制機関に通知するか」

「現時点では血中フッ素濃度に重大リスクはないと見ている。血中の存在は一〇年前から判明していて、公開情報として公刊されている」

つまり、いいえ、だった。

部長は、まずテフロンのライン責任者に午前一一時に通知するよう指示された。正社員には、一九七八年六月二七日午後二時に知らせる予定だった。キャレン・ロビンソンもその一人だった。

一八日後の七月一五日、彼女は母親になった。息子をチャールズと命名したがチップと呼んだ。可愛らしくて、彼女にはほとんど完璧だった。唯一の異常は左目で、瞼が二重で涙腺が歪んでいた。


一九八〇年春、スー・ベイリーはテフロン釜の下の階の微細粉の乾燥機の隣室勤務だった。床の大きな四角い穴の隣りで椅子に座っていた。左側にはキャレン・ロビンソンがホースで洗浄した溝があった。キャレンはその頃一階上でテフロンを煮ていた。二人は時折出会うが、よくは知らなかった。

スーは三三歳、子供二人の母親で、老練なデュポン社員の碧眼の娘だった。父親の後に続くことを喜んでいた。父は、娘が三歳の時からテフロンを三〇年間扱ってきた。工作用粘土のように、さまざまな形に粘性高分子化合物を成形する押出機の操作担当だった。

大きくなる間、父親が「テフロン・フルー」と工場労働者が呼ぶ症状に苦しむのを見てきた。しかし熱、悪寒、痛み、吐き気などは普通のインフルエンザのように見え、必ず収まった。彼女は、会社がタバコを保護する小さなプラスチックの箱を彼に支給したのを知っていた。一九六〇年代始め同社の研究で、テフロンの付いたタバコが原因だとわかったからだった。工場側は従業員が病気や怪我で休んでほしくなかった。ある時父は足に重いものを落として指をつぶして、一時的に働けなくなった。しかし父がスーに言ったところでは、会社は、仕事に復帰するまで毎日八時間医務室で座らせた。彼によれば、これで出勤したことになり、完璧な安全記録が維持できるからだった。

どういうわけか、こうしたことがあっても、スーは父に続いてデュポンでのキャリアを目指す夢を捨てなかった。彼女は毎日仕事前に彼を車で拾って、工場にいっしょに行くようになった。

入社には父が助けてくれたものの、他の人と同じように自分で昇進を勝ち取る必要があった。一九七八年に、極細の漁網を頭上の小さなリールに巻くナイロンの仕事から始めた。その後透明な樹脂のルーサイト部に応募し、ビーズに裁断する機械に高分子化合物を入れる作業を担当した。昼、午後、夜のどのシフトも体験した。工場は不夜城だった。昼間に寝ることも覚えた。

ルーサイト部でまだ新米だった頃、スーはテフロン部に「貸し出された」。経験が浅かったため発言権はない。会社はあくまで一時的な配置転換だと言った。噂ではテフロン部は川に何かを投棄したのが見つかったとのことだった。「もう一度見つかったら」と誰かが言った。「部門が閉鎖になる」。何が流されたのか全く関心がなかった。ただ、仕事をちゃんとやるだけと決めていた。

テフロンの仕事は簡単だった。荷造りと発送を担当し、液状テフロンの大きな金属タンクでいっぱいの部屋で仕事をした。部屋では一人だったので、作業の合間は本を読めた。シフト中何回か制御室から連絡があり、「一回分を廃棄する」時間だと言われた。川に廃棄する管を閉める役目だった。

普段着で、彼女は地面の大きな四角い穴にかがみ、ゴムボールのように見えるストッパーでパイプを塞ぎ、自転車の空気入れで膨らませた。これで排水管をブロックできた。次にサンプ・ポンプを開き、もう一つの管を通じて工場敷地内の廃棄ピットにその物質を流すのだった。時々ピット近くを歩いたが、緑のぬるぬるした扱いにくい物質だった。ピットが防水処理してあるか心配した。

問題は、時たまその物質がシリンダーから床全体に溢れてしまうことだった。安全規則に違反する滑りやすい危険な状態だった。初めてそれが起きた時、彼女は管理責任者に電話してどうすればいいか聞いた。彼は「ただヘラで汚水溜めに入れろ」と言い、水は使うなと警告した。洗剤を入れすぎた食洗機のように泡だらけになるからだった。とにかくこれは面倒な事態で、あらゆるところに入り込み、衣服にもいたるところに付着した。防護服は着ていなかった。

スーはテフロン部には数か月いただけでルーサイト部に戻された。この段階で妊娠していた。今回の妊娠は、最初から様子が違った。前二回は楽だった。今回はホルモンが暴れ、体内はカオスだった。「直感的に何かよくないと感じた」。心配性ではなかった。自分でコントロールしたい性格だったが、今回は全く手に負えなかった。病気ではなかったが心配でどうしてかわからなかった。三回目のトライメスター［七か月目～九か月目］に入ると、奇妙な疾病に悩まされた。食あたりでも疲労でもなかったが、とにかく動けない。医師に相談した時、うまく説明できなかった。直感的に体が何かおかしいと叫んでいると伝えた。

「何が起きているかわかりませんが」と医師に伝えた。「仕事を休ませてくれないなら退職します」。

「どうすれば休ませてあげられるかわかりません」と彼は言った。

「どうでもいいですが」と彼女が言った。「とにかく働けないのです」。

彼は方法を考えてくれ、彼女は休暇を取れた。しかし診察を受ける度に工場に行く必要があった。感謝祭が過ぎ、クリスマスが過ぎた。しかし不快感はなくならず、むしろ悪くなる一方だった。

一月の寒い朝、最初の陣痛を感じた。夫は出勤中だったが、準備しておくよう頼んだ。痛みは遠のいたあと猛然と戻ってきた。病院では一日一晩陣痛が続いた。体内で縫い目から裂けるのではないかと感じるほどだったが、医師は脊椎麻酔には手遅れと言った。

その後緊急帝王切開の必要が生じたので、結局脊椎麻酔はした。分娩室の冷たい空気に赤ちゃんが触れた時、彼女はまだ起きていた。新生児の息子を彼女の腕に抱いた時も、まだすべてがぼうっとしていた。最初は彼女はよく見えなかった。しかし看護師と機械の音を超えて、医師の言葉が聞こえた。

「よい小児科医が必要です。あなたの赤ちゃんは先天異常があります」。

スーは分娩後の霧から飛び出した。腕の中の新生児の男児は非対称の目で彼女に向かって瞬きしていた。目は彼女と同じヤグルマギクのブルーだった。しかし小さな青い目は釣り合わなかった。右目は形が悪く少し低過ぎた。鼻は半分なかった。顔の左側は完璧だった。右側はピカソだった。赤ちゃんの顔をつぶさに観察する間、涙が自分のほおをつたって流れ落ちた。

「あまり感情移入しないように」と医師が言った。「今晩が峠かもしれないので」。

医師が息子の先天異常を説明する間中、スーは泣いていた。目は位置が悪く形成不良で鋸状の瞼だった。「鍵穴のような瞳」は虹彩の小さな裂け目のようだった。口蓋は頂点まで盛り上がっていた。脳は大丈夫か、誰もわからなかった。白衣の集団が息子を何かの標本のように見ていた。

新生児を抱くのは恐ろしいことだった。これほど脆い思いをしたことはなかった。腕の中で死ぬのではないかと心配した。しかし愛情が沸き起こるのも感じた。止まることのない涙で視野はぼやけたままだったが、母として見下ろすと可愛らしい男の子が見えた。もし生き延びたら、この男の子は想像もできない試練に苦しむだろう。しかし彼女が猛烈に愛する男の子になるだろう。出生証明書はウィリアム・ハロルド・ベイリー三世だった。しかし自分でささやいた呼び名はバッキーだった。

数時間経つ前に、バッキーは腕の中から離されて、オハイオ州コロンバスの子供病院に移送された。小児科医が何かわかるかもしれない。落胆し帝王切開から回復途上のスーは同行できなかった。こんなに出るのかと思うほどたくさんの涙が出た。「泣きすぎて出る涙がなくなってしまった」。

一〇日後、まだ腹部の傷が痛かったが、スーと夫は息子を引き取りに子供病院に入って行った。バッキーはかぼちゃ形の椅子に座っていた。医師たちが、彼は横になると呼吸困難になると言った。「『あなたがママですか』と言うかのように見つめていました。もちろん心が溶けてしまいそうでした」

自宅に連れて帰ることに恐怖心がなかったわけではない。何か起きたらどうするか。医師はなんの診断も下さなかった。「彼のようなケースは見たことがありません」。自宅では大発作を起こし、小さな体は真っすぐに硬直した。一度しか起きなかったが、再発を常に予感させるものとなった。

バッキーが生まれて一、二週間たった頃、スーの母親がデュポン工場の医師からのメッセージを伝えてきた。儀礼的な電話なのか。多分出産祝いにかこつけて、赤ちゃんの状態を知りたかったのだろう。

電話をかけ直すと、彼は異常の詳細を知りたかっただけだとすぐにわかった。しかしどうして知っていたのか。彼は、先天異常は会社として直ちに報告義務があると言った。政府にだろうか。彼女はバッキーの目と欠損している半分の鼻を説明した。バッキーの目の異常とスーのＰＦＯＡ血中濃度は、デュポンの科学者たちが精査したメモに入っていた。彼らはフェアウェザー博士の一九八一年の妊娠結果調査のためにデータを集めていた。しかしこの研究はまとまらず、報告もされなかった。

スーが産休に入っていた間、キャレンはテフロン業務から外されていた。渡された「従業員情報共有」にはくどい説明があった。ＰＦＯＡの妊娠ラット実験に続いて、次のように締め括ってあった。

「出産できる女性は、恒久的な配置が確定したあともその他の部門に申し込める」

キャレンはこのカテゴリーに該当する約五〇人の女性の一人だった。彼女の曝露は架空の話ではなかった。チップをみごもっていた第二・第三トライメスター［妊娠中期・後期］に、ＰＦＯＡに直接触れる仕事に従事していた。

「女性に影響があるかもしれないので」と彼女は手遅れなのに言われた。「予防的に配置替えします」。

通知はひどい心配を巻き起こした。直後の女性の血液検査もそうだ。それでキャレンは自分のＰＦＯＡの血中濃度を知ったのだった。二五〇〇ｐｐｂ。彼女は心配だった。全女性従業員が心配した。この血中濃度はどういう意味なのか。高いのか。言われなかったがデュポンの科学者たちは一九八一年四月に実際に、血中濃度四〇〇ｐｐｂ以上の従業員に男女問わず配置換えを勧告していた。キャレンの血中濃度はその六倍だ。通知文の三九の質疑応答を読んだ時、彼女の不安はさらに強まった。その一つは特にただごとではなかった。

「３Ｍが指摘した胎児の先天異常はどういうものでしたか」

「目の欠損は報告されましたが、完全な検査が必要です」

彼女はチップの目のことを思った。

彼女はパワー博士に会い、チップの目の異常を伝えた。息子は今や二歳半になり、他の面では健康だった。しかしラットの胎児に目の異常があったのなら、チップの目も関係しているのではないか。キャレンとパワー博士は協力して息子の目の異常をスケッチし、ファイルに入れた。その結果は、一九八一年にフェアウェザー研究の一環として再び脚光を浴びることになった。

同社が一九八一年に、目の異常があるとした二人の赤ちゃんには名前がついていた。バッキーとチップだった。

第19章　現実的悪意

二〇〇二年夏
オハイオ州シンシナティ

スーとキャレンのような話は陪審員の心を打つが、デュポンがＰＦＯＡの取り扱いにおいて単に不注意だっただけではない証拠が欲しかった。会社側が問題をはっきり認識していたことと、それを意識的に無視したことを示す何か。今、手にしている書類は一八年前に開かれた会議の要旨だったが、まさにそれに該当するように見えた。読んでいる内容はほとんど信じられないものだった。一年間手強い書類の山を掘り起こした後、まるで地面がツルハシの下で揺らぎ、長いこと隠されていた輝く財宝に満ちた洞穴に日光が差し込んだように感じた。これがすべてを変えたのだった。

書類はこう語っていた。一九八四年五月後半の火曜日に、デュポンの最高幹部たちは非公開の会合を開いて、テフロン製造部門での重要な展開にどう対処するか決めることになっていた。会合は、社内医療部長のブルース・カーがいくつかのメモを回覧したあとに開かれた。カーは少なくとも二年間は、工場から排出されたＰＦＯＡへの「地元コミュニティの現在または将来の曝露の重大な可能性」について懸念していた。会合は、彼の懸念が正しいと証明されたから開催されたのだった。ワシントン・ワークス工場は工場外に従業員数名を派遣し、地域の蛇口から秘密裏に水サンプルを収集していた。プラスチックの水差しで武装した彼らはガソリンスタンド、地元スーパーマーケットなどの蛇口から水を汲むよう指示されていた。工場から上流七マイル半［一二キロ］、下流七九マイル［一二七キロ］まで足を運んでいた。

同社内研究所でガス・クロマトグラフィを使ってＰＦＯＡを分析した一一サンプルのうち、ウェストバージニア州ワシントン（リューベック水道会社を使っていた）とオハイオ州リトルホッキングの二検体は陽性だった。カーの心配は現実のものとなった。同社は近隣の水道水を汚染していたのだ。

これは会社の存亡にかかわる危機だった。一九八四年当時、ワシントン・ワークス工場はデュポンの世界最大のプラスチック工場で、テフロンは量も利益も毎年拡大する主要製品だった（そしてピークアウトする兆候は全くなかった）。ＰＦＯＡはテフロン製造過程でかけがえのない化学物質と考えられ、三二年間にわたりワシントン・ワークス工場で使われ放出されてきた。オランダと日本にあるパーカーズバーグの二姉妹プラスチック工場でも使われていた。ＰＦＯＡの毒性の警告サインは四半世紀にわたり累積していた。デュポンは二四年間ＰＦＯＡがラットで有毒性を示すことを知っていた。その後の実験で似た影響が犬とサルでも確認されていた。同社は五年前からＰＦＯＡが従業員の血液に残留し蓄積されていることを知っていた。テフロン部門での曝露のあと出産した七名の女性のうち二名の子供たちが、目に異常を持つことを確認していた。地元の水道水汚染を知って、彼らはどうするつもりなのか。

デュポンのウィルミントンにある蹄鉄型高層ビルでのその火曜日の会合で、フッ素製品事業ユニットからの九人の幹部とＰＦＯＡ問題の社内毒性学者ゲリー・カーは選択肢を議論した。しかしまず工場での曝露から保護する現在の安全対策を検討した。「制御装置と保護器具を設計する」ことにより従業員を保護する試作は一九八〇年から実施されていた。ある意味ではこうした工場内安全措置は機能しているように見えた。従業員の血中ＰＦＯＡ濃度は減少していたのである。幹部は、労働者の曝露をさらに減少させる追加の設計変更の説明を受けた。微細粉乾燥機は、ＰＦＯＡを含む空気を捕捉し廃棄塔に流すような廃棄システムで改善できる。「意図はまず工場内曝露を減らし、第二に比較的濃度の高い気流の処理について将来の可能性を残す」とされた。少なくとも当面は、単にＰＦＯＡ汚染を工場から地域社会へ振り向けているだけに見えた。テフロンの増産が見込まれることから、製造過程からのゴミによるＰＦＯＡ汚染は悪化する一方のようだった。

ＰＦＯＡの飲料水への混入を会社が知ったことで、問題は危機的レベルになった。会議室に集まった個々人は、汚染への対応に関して、所属部門の違いによって際立った意見を表明した。

出席者は、医療部と法務部がＰＦＯＡの完全な除去を支持していると受け止めた。これらの部署は化学物質の危険性に伴う巨大な責任を恐れていた。他方経営側指導者たちは、正反対の意見に傾いていた。有害性の低い代替化学物質はまだ開発途上であり、ＰＦＯＡを廃止すれば「根本的に字業《ママ》〔事業。business を bussiness と綴っている〕部門の長期的存続可能性を危うくする」と心配していた。

私は強くまばたいて、正しく読んだか再度見直した。

経営側と科学とは対立しているようだった。メモの作成者は、（１）中学校でスペリングで赤点を取ったに違いない、そして、（２）科学者・弁護士と経理部との闘争は熾烈になると覚悟したに違いない。

幹部は「簡単で明白な結断《ママ》［決断。decisionをdicisionと綴っている］ではなく厳しいものだ」と締めくったにもかかわらず、「将来の行動を決める問題は、企業イメージであり企業の債務である」というコンセンサスがあった。この債務問題に関しては、「さらに債務はこの時点以降何もしなかった場合の漸増する債務と定義する。なぜならすでに今まで三二年間の操業について責任がある」、言い換えれば、すでに三二年間の汚染という厄介なことに巻き込まれているなら、なぜこの期に及んで、絶大に収益性の高い事業をみすみす手放すのかと質問しているようだった。そしてこの論争で誰が勝ったか。デュポンがＰＦＯＡを使い続けただけでなくその後一〇年間に実際に使用量と廃棄量を劇的に増加させたことを見れば、会社の経理部と事業幹部が、社内科学者と弁護士に対して勝利したことは明らかだった。

もう準備ができている私の論拠は、ＰＦＯＡの危険性と、問題を無視したデュポンの過失とを明らかにしている点で、鉄壁であると感じていた。とても論破できないので、医療モニタリングの訴えは通る確信があった。そのためには単純な過失（不法行為）がカギだった。デュポンは水を汚染しない義務があったが、常識的な企業がするべき行動をとらなかったという過失である。その点で勝つためには、間違いを犯す特定の意図も同社が間違っていたとの自覚も証明する必要はなく、何か間違いを犯したこと、およびそれによって地域社会に対する基本的な配慮を欠いたことを証明できれば済むのだった。

デュポンの弁護士はこう反論してくるだろう。我々は義務に違反したわけではない、なぜなら問題があると信じる理由がなかったからだ。従って非常識な行動をとったわけではない。基本的に不法（間違った）行為はなかった、なぜならPFOAに問題があるとは全く思っていなかったからである。

しかし私の手元には企業ファイルから出てきた資料があって、デュポン自身の言葉遣いで丁寧に明白に、彼らがPFOA問題を知っていて、どうするか議論し、いくらかかるか心配し、テフロン部の経済的存続可能性を損なうことを心配していると総括してあった。窓が全開になり、真実の瞬間に会社の魂が姿を見せ、今日我々が置かれている状況につながるような決断を当時検討したのだった。今や私が資料で完全に跡づけられる同社のその後の行動は、問題を知っていたにもかかわらず最後はPFOA除去を選ばず、会合で議論した解決策を全ては採用しなかった。煙突に付着したPFOAをこすり落とさなかった。製造ラインを異なる安全な化学物質に変更しなかった。心配事を政府に報告しなかった。二〇年後、いまだにPFOAを環境中に放出していた。

この資料は、PFOAは被害リスクがないとする同社の見かけ倒しの主張を丁寧に発信してしまっただけでなく、はるかに深刻な法的責任を招くことになった。裁判を起こせば、我々は過失だけでなく意図的な無視も訴えられるようになった。これは法律用語ではしばしば適切にも恐ろしく聞こえる「現実的悪意」という名称がついている［第34章の裁判参照］。現実的悪意を証明するには、会社がリスクを認識していて、かつ、リスクを知りながら行動したことを示す必要があった。これはまさにあの会合の議事メモが驚くほど詳細に描写したことだ。さらにもし勝訴したら、地域住民の救済策に加えて、懲罰的損害賠償を求めることができる。以前化学企業を弁護した経験者として、懲罰的損害賠償ほど会社が恐れるものはないことはわかっていた。略して「懲罰」と呼ばれる賠償では、巨額の責任を問われる。テナント家裁判の「実際の損害」とは異なり、懲罰は実際の損害額を大幅に――何倍も――超過することがある。陪審員が意図的な無視を認定したら、判事は、全く新しい段階、つまり会社がどれくらいお金を持っているかを確定する段階に進む。それが確定すると、陪審員は高額な追加の損害額を科して会社を十分に「懲罰」し、二度と不道徳的に振る舞わないようにするのである。

これが、アールが見たいと切望した不道徳な振る舞いに対する説明責任という正義だった。懲罰はお金のことだけではない。会社が意識的に誤ったことを行った場合に責任をとらせることだった。

私はめまいがした。この書類の内容にあまりに驚嘆したので、何度も再読している間中、気付かずに、ほとんど息をしていなかったのだった。

このメモは、長い間真実であると信じていたことで、六年近くも証明しようとしてきたことすべてを裏付けるものだった。つまりPFOAが深刻な被害のリスクをもたらしかねず、かつ、デュポンはそれを知っていた、ということを示したのだった。彼らは、PFOA汚染がアールの雌牛を殺していた時も、死はアールの責任であると非難した時も、そのことを知っていた。デュポンは一八年前に、この「永遠の化学物質」が公共水道を汚染し、市民に被害を与えるかもしれないと知っていたのだった。

第20章　アベ・マリア（神の助け）

二〇〇二年秋
オハイオ州シンシナティ

ここまで到達するには、一年以上の時間、複数回の裁判所の締切り——ほとんどが守られなかった——、そしてさらに多くの資料提出を求める絶えざる圧力が必要だった。最後は賠償の脅迫と私の少人数の共同弁護士のおかげで到達できたのだった。「何を望むか気をつけた方がよい——叶ってしまうかもしれないから」という古い諺を思い出していた。新たに届いた四五万ページの新資料を精査するのは膨大な作業になった。あまりにも膨大だったので、デュポンは少なくとも五六人の弁護士をそのためだけに雇って、確認してから我々に提供することになった。

裁判所の期限を守るためにデュポンが急いだ中で、いくつかの資料が割れ目からこぼれ落ちたに違いなかった。気づいたのは同社が資料を返してくれと言い始めたからだった。彼らは、特権化された［提出が免除された］資料が紛れ込んだ、同社弁護士間あるいはクライアントとの間でＰＦＯＡ問題を議論したメールやメモが入っていた、返してほしい、即座に、と言った。

この裁判では、問題は友好的に解決してきた。しかし今回彼らは蒸気が耳から噴き出していた。

私はデュポンに対して、特権を放棄した一部の資料は戻さないと伝えた。我々に出した手紙で明示的に（なぜ当初段階で特権化されたのかと我々が質問したあと）、あるいは同じテーマに関する類似の資料を提出したことによって、特権を放棄したからという意味だった。それだけでなく私は、この裁判とテナント家裁判の両方に関わる残りの資料も出すよう要求した。新しい花火大会が始まった。ヒル判事が判断を迫られる問題だった。

放棄に関してデュポン内部奥深くのどこかの閉じられた扉の向こうで勃発した聖なる地獄は、推測するほかなかった。同社が弁護士を通じて出してきた資料は、デュポンの内部抗争、［特に］法務部・医療部・経営部門間の激しくなる抗争が、信じられないほどイキイキと明確な洞察を提供してくれた。

議論のある資料を証拠として使えるかどうか判明するまで、長いこと待たされるとは思っていた。いずれにせよ示唆に富むものだったが、法廷で提出したり引用したりできなければ、あまり実際的な価値はない。しかし論争のない資料でさえ多くの驚くべき発見があった。特に明らかになったのは、スピルマン法律事務所の弁護士でデュポンの弁護人だった何人かは、ウェストバージニア州環境保護局の規制担当官になっていた。PFOA問題で働いた後、法律事務所を去って新しい政府機関のポストに就いたのだった。スピルマン事務所は、最新の州の同意命令交渉においてデュポンと州政府との中継役だった。この同意命令がCATチームの作業全体を生み出したのだ（我々は今やCATチームではなくCATシャム［虚偽］と呼んでいた）。事実、スピルマンの弁護士たちは、今や新しい雇い主［州政府］が実施しようとしている同意命令そのものをドラフトする手伝いをしていたのだ。

以前エドとラリーが、ウェストバージニア州政府と産業界との間の回転ドアの冗談を言うのを聞いたことがあった。しかし普通は、政府高官は規制機関を辞めて高給を出す私企業部門の仕事に就くものだった。ここでは、どうもドアは逆方向に回転しているようだった。企業文化やデュポンの視点に染まった人は、旧友や元同僚に環境規制を強制するには最高の候補者とは思えなかった。

デュポンとウェストバージニア州環境保護局との近親相姦的な関係が新たにわかったので、同局にはデュポンと州政府との間で進行中の同意命令の仕事を統括する独立団体に関与してもらいたいと要請した。同局は要請を無視した。もう一つ、同局と以前約束していた資料破棄の慣行に関する独立調査も催促した。それも進まなかった。この時点で私は、州政府とのメールのやりとりがほぼゴミ箱に捨てられていると結論したのだった。ハリーとエドとラリーが気づかせてくれたように、ウェストバージニア州の仕事ぶりはこういうことだった。

もう苛立っている段階はとうの昔に通り過ぎていた。これは回転ドアの話だけではない。デュポンは、ＣＡＴチームの小競り合いで捻り出した安全基準一五〇ｐｐｂで深刻な打撃を当方に与えていた。その不条理なほど高い基準が公表されて以来、ウェストバージニア州当局は、それを何もしない口実に使って全くはばからなかった。ここには問題はない！　私は連邦政府当局にＣＡＴチームの数字を拒否して対応してくれるよう懇願する新たな手紙を書き続けた。

沈黙だった。

他方、ＰＦＯＡの有毒性と環境への拡散に関する資料を、公開裁判資料と環境保護庁が作成した公開訴訟一覧表に添付し続けた。集団訴訟でますます有利な裁判になる準備ができていると感じながらも、私が代弁する原告の人たちに対して、政府規制当局に圧力をかけて進行中の市民の健康被害を止めさせ、少なくとも即座にきれいな水が使えるように努力し続ける責任があると感じていた。裁判が長引くにつれて――判事はまもなく公判の日付を翌年七月に確定するところだった――私は家畜の群れが死んでいくときのアールと同じ立場にあるかのように感じていた。対策なしに過ぎ去る一日は、地域住民が化学物質に一日余計に曝露することを意味した。これは私を苦しめた。足をひきずって邪魔する規制当局者たちについては、ＰＦＯＡを飲んでいるような自分自身の子供がいないのか不思議に思った。私はここに強力な証拠が詰まった資料ファイル――デュポンの行動と何千もの人への影響という憂慮すべき事態を裏付ける四五万ページの資料――を持っているが、それは誰も見ようとしない段ボール箱いっぱいの証拠品を持ったアールと同じ状態だった。

デュポンの反撃は効果的だった。私は劣勢だとわかっていた。一五〇ｐｐｂという煙幕のおかげで、理不尽ながら彼らは上手《うわて》を取って、勢いづいていた。これをなんとかひっくり返す必要があった。特に、規制当局が何もしないなら、誰かが次の一手を打つ必要があった。すでに曝露したことに基づき今何を証明できるか検討していた時、大胆な計画がひらめいた。ウェストバージニア州法で医療モニタリングの訴えを証明するために必要な証拠はそろっていた。今この惨状を法廷で解決する行動を取れるのに、なぜ公判まで待たなければならないのか。私は、デュポンが到底否定できない社内文書に依拠することで、裁判全体を迂回し、判事に直接掛け合って略式判決を求めようと考えた。

このような複雑な裁判では、通常、略式判決を求めるのは途方もない判断である。しかし考えれば考えるほど、実現可能ではないかと思うようになった。弁護士が略式判決を求めるのは、あらゆる重要な事実に関して、真正な論争がないと確信する場合である。事実は、論争の基盤が弱くても、ほとんどいつも争える。「重要な事実」に関して「真正な論争」がないというのはとても高いハードルなので、略式判決は、特にものすごく複雑で事実関係を争う裁判の場合は稀だった。

しかし今回の資料は別だった。この計画［略式判決］の美しさは、医療モニタリングの必要条件を満たすために、専門家証人や外部の報告書を持ち出す必要がないことだった。これらを持ち出せば、デュポンは雇った専門家を使ってすべて争えるものだった。彼らは、外部専門家を八つ裂きにできるが、彼ら自身の内部資料はどうやっても論駁できないだろう。長年、同社自身が必要な法律的要点はすべて達成してくれていた。重大な曝露か？　そう、確かに、彼らが実施した水質・血液検査はそのためだった。有害物質か？　二五年分の動物実験、及び確定した動物発がん性と人間発がん性の可能性としての社内分類がその請求書を満たしてくれる。曝露が人間の疾病リスクを大幅に増加させたか？　同社はその問題を掘り下げるために社員調査を何年も続けていた。医師がこの疾病について医療検査を推奨するか？　これはまさに同社の医師たちが一九七〇年代から社員に対してやってきたことだった。

ヒル判事に伝えたかったことは実に単純明快だった。もし同社社員の血液中のＰＦＯＡが同社自身の医療検査と研究を必要とするくらい心配なら、同社内部ガイドラインよりはるかに高濃度で曝露されている地域住民も同じ予防措置が必要だ。同社は自分自身の科学者の発見をどうやって論駁するのか。

私は二〇〇三年三月に動議を提出し、判事はヒアリング日程を四月一八日に設定した。それまで何日間もファイルに目を通しながら、要点を伝える資料を選んだ。この主張は強固で、万が一うまくいかなくても、判事に対して危害が今でも進行中であることをはっきり示せると信じていた。ＰＦＯＡはまだ水道水に流れ込み、まだ大気中に放出され、まだクライアントの体内に蓄積されていた。判事は莫大な権力を持っている。もし状況が悪化していると説得できれば、仮に略式判決に至らなくても、心を動かされて何か対処してくれるかもしれない。

ヒアリングの前に、服装を見直す必要があった。何年も前から、セーラは私の靴をからかっていた。服には無頓着で、靴はなおさら関心がなかった。スーツ二着、白いボタンダウンのシャツ何枚か、ネクタイも何本か、そして履き古した黒のウィングチップは一足持っていた。セーラはいつも、この靴を履いていたらタフト事務所でパートナーにはなれないと忠告していた。数年前にパートナーにはなっていたので、あの靴は関係なかったと推定している。しかし今回のヒアリングで運を試す必要はない。これは重要な局面だし、新しい服装を揃えても悪くないと思い、スーツと靴を新調した。

再びパーカーズバーグのウッド郡裁判所へ慣れた道を運転して行った。裁判所は一九五〇年代のコンクリートの塊でできた悪趣味な建物で、オハイオ川から二ブロックのところにある。入り口のコンクリートの通路を歩きながら川の方角に目をやり、強い流れの中をＰＦＯＡが流れるのを想像した。

ヒアリングは、映画でのような軽快で劇的な光景とは似ても似つかぬものである。感動させる陪審員はいない。両陣営の弁護士は法廷の両側に座り、慎重にアイコンタクトを避ける。判事とのやりとりは極めて専門的で、通例感情抜きで交わされる。叫び声やジェスチャーの代わりに、礼儀正しく喉を整える。しかし対決する弁護士の心中では、電圧は高い。今回も堂々としたラリー・ジャンセン率いるデュポン側弁護士団は、略式判決の動議に驚き憤慨したことは疑いなかった。そして足で粉々になるまで徹底的に踏みつけるつもりだった。彼らはまた、私の要請により、判事が制裁を発動する脅威に怯えていた。一つは証拠開示で資料提出を強制しようとして費やした膨大な時間に対する金銭的制裁であり、もう一つは、将来の陪審員に対して、デュポンの毒性学専門家ケネディが破棄し陪審員が決して見ることのできない資料は、PFOAが有害物質であると証明していたと推定してよいと伝達する形での法的制裁だった。強火で料理するのは望むところだった。

私がまず立ち上がって、速やかにPFOAは有毒だとする理由を並べ始めた。これがスラム・ダンク［確実なショット］になるという幻想は、ヒル判事が即座に取り除いてくれた。「なぜ、少なくとも誰かがC8で悪影響を被ったと示さなくていいのですか」。

「裁判官殿……」私は答え始めたが、彼は明確な言い方で私を黙らせた。もし反論できなければ動議は即座に却下される局面になった。

「C8が有害物質であることは自明ではありません」と判事は言った。

「我々は自明だと信じています」

「それはどうしてですか」

私は、動議で提出した証拠書類すべてを繰り出した。

PFOAが従業員を病気にするのではないかとデュポンが心配している証拠を挙げて説明していると、ヒル判事は私を制止し、ある調査に関する質問をした。この調査は、PFOA曝露の後、工場従業員の示した異常な肝臓検査結果が、肝臓障害の前兆かもしれないと懸念させるものだった。

「待ってほしい」と彼は言った。「かもしれないという事実だけで、救済を与えるに十分ですか。可能性があるという必要はないのですか、少なくとも可能性があるとする必要はありませんか」。

これは決定的な瞬間だった。判事は医療モニタリング要請の実行可能性を認めた、例のウェストバージニア州上訴最高裁判決に焦点を当てていた。判事には、医療モニタリングがふつう彼の聞くような訴えと違うことをわかってもらう必要があった。この裁判で要請している救済は、すでに病気になった人ではなく、まだ病気になっていない人に病気のリスクを知らせるためのものだった。ひとたび、重大なリスクがありうると科学者たちが広く合意すれば（そしてデュポン自身の記録はその事実を確定していると私は感じていた）、医療モニタリングを認定するのに十分だった。化学物質が過去に誰かを病気にしたとか、今病気を引き起こしていると証明する必要はなかった。

「医療モニタリングは具体的な損害を回復するためのものではありません」と私は彼に言った。「『起こりうる顕著に大きいリスクがあるか』ということです」。

しかし予想通りデュポン・チームは、CATチームが出してきた一五〇ppbという不遜な「安全」評価値で反論してきた。ジャンセンの共同弁護士スティーブ・フェネルがこれを受けて説明した。「ウェストバージニア州は二〇〇二年五月に一〇人の毒性学者に調査させて、一五〇ppbが人間にとって安全な健康基準であると確定しました。今地元で検出されている量は一ないし二ppbの低いレベルです」。地元の水道水中の濃度は畏敬すべきCATチームによれば低すぎ、リスクはないのだった。

もちろん彼は、CATチームにデュポンの科学者たちが入ったことには触れなかったが、判事が遮ったのでそれを指摘する必要はなかった。

「法律家の間でのこの課題に関する議論で問題なのは、彼らが技術者でも科学者でもなくて、わからないことです。私は、内容が真実か、彼らが真実を知っているかどうかもわからない。従ってこのケースでは、略式判決はどうやら……」彼は言うのを止め、私は息を呑んだ。動議は却下すると言うように見えた時、彼は別の、はるかに我々に有利な方向に翻った。「工場がこの危険な、あるいは潜在的に危険な、化学物質を依然として放出しているという事実を除けば、略式判決はおそらく却下されるケースであり、我々は元の裁判に立ち戻ることになります。陪審員がデュポンに対して私より厳しく対処しないとは確信が持てません」。

私の脳みそは目まぐるしく回転していた。時が進むのが遅くなったようだった。敗北のキワに立ちながら、驚くべき勝利の可能性があった。ヒル判事は明らかに、少なくとも有害さのリスクの増加という「略式判決の」必要条件に関して、略式判決で要求されるような意味で、事実関係が「論争の余地がない」とは考えなかった。たかが、「デュポン自身の内部調査」対「CATチームの調査結果」であったとして、後者がどれほどひどいものであったとしても、証拠に関して二組の対立する事実があった。従って、略式判決の可能性がなくなったことはわかった。同時に、私は判事に彼の近所の人たちに対し、容赦なく今も続くリアルタイムの危害の可能性を理解してもらう第二の戦略に臨むことにした。彼が私のクライアントの苦境に同情的であることは見てとれた。略式判決の却下のあと、何らかの救済を認定させるものを彼に素早く提案する必要があった。腰の拳銃からの野蛮な一発が到来した。事実関係においてまだ論争があるから略式判決は認められないと言うなら、略式判決の代わりに、同社に進行中の危害に対処させる差止め命令を判事に出してもらえるかもしれない。

「裁判官殿、もし略式判決の条件を心配しているのなら」と私は言った。「差止め命令による救済がふさわしいと提案します」。

「それを考えていたところです」とヒル判事が言った。魔法の言葉だった。

ジャンセンは立て直そうとした。流れが不利になったと感じて、判事が決定的なことを言うまでに牽制する必要があると見たのだった。

「裁判官殿、少し基本に立ち返っていいですか」

彼にとって基本とはデュポン弁護すべての基本線である「人間の健康に危害があるという証拠はない」との主張だった。ウェストバージニア州が一五〇ppbなければ不安全とは言えないと確定したのだから、全員はるかに低い曝露の集団訴訟原告団は、「著しく」曝露していないとの主張だった。

私はさえぎった。問題は水中のPFOAだけの話ではない。私のクライアントの血液中のPFOAだ。私が指摘したのは、デュポンが二〇〇一年に考案した社内モデルで、大気中や水道水中のPFOA量に基づくPFOA血中濃度を推測するものだった。そのモデルはワシントン・ワークス工場周辺に住む人たちの血中濃度は数百あるいは数千ppbと予測していた。これは、3Mが一九九九年に一般市民の血液で検出した約四ないし五ppbと比べて天文学的に高い数値だった。

ジャンセンは抵抗した。デュポンのモデルを使って証明の責任を果たすことはできない。あれは推定以上のものではなかった、と彼は言った。水中ではなく血中の濃度に基づき「重大な曝露」を議論するなら、集団訴訟原告団が際立って高い血中濃度である証拠が必要だと彼は主張した。

問題は、PFOAの血中濃度を測定できる研究所は全米に一つしか知らなかった。その研究所はデュポンと独占的な契約を結んでいて、デュポンの許可なしに我々の検査をやることはなかった。デュポンは決して自主的に許可を出すことはなかった。

研究所がやってくれなければ、我々が裁判で主張するために必要だと今やデュポンが言うデータは、入手方法がなかった。キャッチ-22［ジョセフ・ヘラーの同名小説を由来とするスラングで、「ジレンマ」を意味する］だった。

「この法廷は差止め権の権限によりこの（血液）検査を命令できます」と私は繰り返した。

ジャンセンの目には火がついた。「それには同意できません」と彼は言った。

ヒル判事は不承諾と困惑の相半ばする中で目を細めた。ジャンセンが同意しないのは何か、彼は知りたかった。「私にそれをする権限があるとは思わないのですか」。

ジャンセンは自分が滑りやすい立場にあることを知っていた。ほんの少し静かに姿勢を緩めた。

「それはよく考えます」と彼は言った。「私も判事に権限がないとは言いたくありません……」。

「連邦裁判事にそれは言わないでしょう」

明らかにジャンセンの思ったようには進まず、判事を苛立たせ、反撃させることになった。ヒル判事は全くひるまなかった。

「私はこの検査を始めるよう命令する」とヒルは提案した。「あなたはその判断が正しかったか、上訴最高裁に簡易手続きの控訴をすることはできます。その間、この物質は水と大気中にばら撒かれます」。

これで決着した。略式判決は得られなかったが、差止めによる救済の動議が通ったので、裁判の流れを有利に戻すことに成功した。今やデュポンは再び防戦一方になった。そして曝露した人の血液検査命令は――少なくとも控訴までの間――クライアントにある種の救いを提供するだろう。水道水が汚染されていたとわかって以来願い続けてきた救いだった。自分の体が冒されているか、もしそうだったらどれくらいひどいか、やっと知ることができる。この検査は、我々がCATチームの一五〇ppbの基準を受け入れなかった場合、デュポンが要求してくる血液データになる。またとても重要な事前情報として、同社が公判でどう出てくるつもりかもわかった。今、略式判決を求めていなかったら、同社が血液データにこだわることもわからずに、手遅れになり収拾できなくなっていただろう。

ヒアリングの終了前に、ヒル判事はその他の未解決の問題を指摘した。その一つは、デュポンが証拠開示の資料提出を遅滞させていることに関する苦情だった。彼は制裁に関する私の要請を承諾した。さらに、CATシャム（チーム）内でケネディが証拠を破棄した件については、彼はデュポンに対処するのに要した時間分の弁護士料の支払いを命令した。高額ではなかったが、象徴的な勝利になった。さらに重要なのは、デュポンが公判で「負の陪審員推論」に直面すると定めたことだった。陪審員は、破棄された資料はデュポンが有罪になる情報だと見なすよう指示されることになった。

これらは二つの大きな勝利［採血命令と負の陪審員推論］だった。

ただ正確には一つと半分だった。というのは、検査で最初の血液一滴が採血される前に、デュポンは判事の提案に従い採血命令を控訴したからである。ウェストバージニア州上訴最高裁が決定する必要が生じた。血液検査は延期された。

第21章　言説戦争

二〇〇三年春
全国

血液検査が延期され、司法プロセスと規制当局者の氷河並みの遅さに対する私のじれったさは屋根を突き破ったので、クライアントのために法律上の裁判を超えた何かをする必要があると考えた。略式判決の試みは強力な一手であり、やった意味があった。裁判の勢いは明らかに我々の側に戻ってきていたが、クライアントにとって今ここでどういう実際的な善に繋がっているのか。助けると約束した何千もの人は次第に裁判の遅い進捗に忍耐心を失い始めていた。彼らはウェストバージニア州の弁護士に苛立った電話をかけてきて、さらに悪いことに、ちょっとした痛みや腹痛がまだ大半の人たちが飲んでいる水のせいではないかと心配していた。彼らは裕福ではなく、ミネラルウォーターの費用は将来の病の未知のリスクに勝っていた。彼らがそういう選択を迫られるのは私にとって耐えられないことであり、規制に基づく調査と裁判が続く間、規制当局者がデュポンにミネラルウォーターの費用を負担させていないことも我慢できなかった。

環境保護庁がこれらの人を助けようともしない、特に偽りのＣＡＴチームの数値を問題視しないことに私は苛立った。規制当局者が私の手紙を読んだら、注意深く整理された証拠物件と添付書類ですべて彼らのために説明しているので、一五〇ｐｐｂがいかに馬鹿げているかすぐわかるはずなのだ。

激怒が増すにつれ、私は五歳のテディ、三歳半のチャーリーと二歳になるトニーのことを考えた。テディはあと数か月で幼稚園が始まる。家族以外では、テナント家、カイガー夫妻および彼らの近所の人たちと、今や予想もしなかった形でつながっていた。何があろうと今闘いを止めることはできなかった。ある晩セーラとバター・ポップコーンのボウルを持ちながらソファに丸まって話しているうちに、これは私がやることになっていたことだったと二人で納得したのだった。

私は投げ出すのを拒否した。環境保護庁が対策をとらないなら、さらに圧力を強める必要があった。二〇〇二年九月、忍耐の甲斐あって規制機関はとうとう反応し始めた。掘り出したあらゆる水質検査と毒性学的データを盛り込んだ手紙が多くの疑問を投げかけたので、環境保護庁はただ座視しているわけにはいかなくなったのだった。同庁は非常に静かに独自のＰＦＯＡ有毒性の「優先的見直し」である内部調査を始め、有毒性情報のオンラインのドケット［訴訟資料］を新たに設置した。

この足場は十分に利用する必要があった。まず、私は同庁に圧力を強めて、問題をデュポンとは独立して研究し続けるよう要請した。たいへんな努力で把握した重要なポイントを強調した手紙を出し続けた。各手紙には裏付け資料を添付した。ほとんどがデュポンの内部資料だった。それらが公開のドケットに掲載されていった。今まで痛い目にあったが、私はまだアールの頑固さに感化されていた。規制当局者には全部のデータを見せる、と自分に言い聞かせた。完璧なデータセットを見れば、私が見ているものが見え、明白な危険を無視できなくなる。ＣＡＴチームの間違いもわかる。

同庁宛ての手紙の連発は、文字通り公共サービスだと考えていた。足で稼ぎ膨大（でとても高価）

な労力の成果を共有することで、同庁の役に立つと信じていた。幸運な政府職員が、データを入手し精査し整理する何千時間も節約してあげたのだった。もちろんそれはもしデータを探し出せればの話だった。共有したデータは我々が苦労して勝ち取ったデュポンの内部データで、証拠開示の闘いを経てやっと入手できたものであり、公開資料の検索では出てこなかった。同庁職員の何人かは私の貢献に感謝しただろう。しかし皆がそう思っていたわけではない。何年も経ってから政府機関の人が内々の話として、私の本気の努力は一部の同僚を憤慨させた、と言った。彼らにとっては、すでに盛りだくさんの皿に追加で仕事を回してくる迷惑なアブだったのだ。

そんなのはくそ喰らえだ。

同庁への圧力に加えて、手紙キャンペーン、同庁のネット上の公開ドケットへの継続的な資料のアップロード、そして裁判のファイル作りは、もう一つ別の重要な目的があった。極秘ではないが未公刊の研究、内部メモ、会議資料などの内部資料を、一般市民にも見られるようにすることだった。資料が、私より大きな拡声器を持つ利害関係のある集団や団体の注意を引くことに期待していた。

それはうまくいった。名乗りをあげその役割を担ってくれたのは、環境ワーキング・グループ（EWG）だった。ワシントンDCを本拠とするこの団体は、科学者や政策専門家や弁護士やメディア専門家による非政府組織で、集まって人間の健康と環境に関する科学を綿密に調査していた。データをまとめて科学を一般市民にわかるように翻訳できる専門家集団だ。超党派と自認するが、批判する人もいる（特に化学産業の人たち）。

「体内の汚染」と題した二〇〇三年のシリーズの一環で、EWGはパーフルオロ化合物（PFCs）

を特集した。これはＰＦＯＡとＰＦＯＳを含む一群の化学物質［ＰＦＡＳ］のことだ。

彼らは集団訴訟と裁判資料を知り、特集するために資料五万ページを精査したと言っていた。環境保護庁から入手したものもあった。その他は「増大する独立の科学的論文」からだった。そして大半は「係争中の裁判で公表されたデュポンと３Ｍの内部資料」だった。

これは私の裁判の資料だった。法廷資料および同庁への手紙に添付する形で提出したすべての資料は、今や（一部例外はあるが）公開されていたので、ＥＷＧを武装させるのは簡単だった。

二〇〇三年四月三日、ＥＷＧはウェブサイトに次の見出しの記事を掲載した。「動物と人間に有害。永遠に残留する。人間の血液に入り込んでいる有機フッ素化合物一つは禁止。もう一つが規制の圧力。有機フッ素化合物を注意深く見る時が来た：この惑星を汚染する化学物質群」。

デュポン（と政府）以外の団体が、私の材料を利用し、データを調べ、私が見ていたものを見てくれるのは、計り知れないほど満足感があった。科学が自ら語り始めた。デュポンのメッセージと共鳴しなかった。「健康被害の証拠はない」との主張は、正反対の証拠の前に説得力を失い始めた。

ＥＷＧは重大さを語る上で手加減しなかった。「研究成果が増えるにつれ、ＰＦＣｓ［ＰＦＡＳ］はＤＤＴ、ＰＣＢｓ、ダイオキシンその他の化学物質を凌駕して、最も悪名高い世界的な汚染物質になる運命のようだ」とこの記事は主張した。「政府の科学者は、他の有毒化学物質と異なり、もっとも普及し有害な有機フッ素化合物族の物質は、環境中にあって決して分解しないことを特に心配している」。

「今後化学産業が製造するＰＦＯＡ分子一つひとつは、永遠に我々につきまとう」とその記事は書いた。「ノンスティック・フライパン、家具、化粧品、家庭用清掃剤、衣服、食品パックには有機フッ素化合物が含まれ、その多くが環境中あるいは体内でＰＦＯＡに分解される」。

数日経たないうちに、このストーリーは全国ニュースに溢れかえった。ＰＦＯＡは「地方問題」から全国的な関心事へと、公式にキノコのように成長した。

短い間、私は幸福感に満たされ安堵した。もはや「専門家」に真っ向から敵対する一匹狼の「気狂いの原告団弁護士」ではなくなった。私は内部記録を誤読せず、妄想猛々しくなかったのだ。

突然のＰＦＯＡニュースの警告の洪水は、とても長い間感じられなかった楽観主義をもたらしてくれただけではなかった。独立の外部組織の支援の声のないまま、私自身が三年間絶えず努力したのに実現できなかったこととして、とうとう環境保護庁を崖から突き落としたのだった。

ＥＷＧの記事のたった一一日後、環境保護庁はウェブサイトに通知を出した。「当機関は［ＰＦＯＡに関して］今までで最も広範な科学的評価を実施する」。これにより「ＰＦＯＡに関する今後の規制策は、公衆衛生を保護し最高の科学的情報に裏付けられることになると保証する」。通知に含まれていたのは、同庁が「曝露の幅」を計算し、特に若い女性と少女に関して、ＰＦＯＡが健康被害をもたらすリスク評価案を準備した、との知らせだった。

同庁の知らせは、新たに派手な全国ニュースとなった。「環境保護庁が人体へのテフロンの化学物質のリスクに関する研究を強化する」（ロイター）、「テフロンは健康リスクの調査対象の製品」（ウォール・ストリート・ジャーナル紙）、「テフロンが批判される」（ＡＰ）。

今回の標的は、初耳の略語の化学物質ではない。米国人のキッチンにあるテフロンだった。

デュポンの本拠地ウィルミントンで炸裂した衝撃波は、私も感じられそうなくらいだった。テフロンの健康被害のすべての見出しは、同社本部に迫撃砲のように落下したと推察できた。同社幹部はテフロンの収益を口にしなかったが、二〇〇二年一一月の証言録取で、デュポン副社長でフッ素製品の総支配人のリチャード・アンジェロは、PFOAを使った製品は二〇〇〇年だけで税引き後二億ドル［二六〇億円］、つまり同社の年間純益の約二〇%だった。これほどの金額を代替するのは難しかった。業界誌も攻撃した。プラスチックス・ニュース誌の社説は汚染を公表しなかった同社を批判し、パーカーズバーグの状況を「地域住民との信頼関係を構築しない方法の教訓」と称した。

これはもはや末端の州法廷の痴話喧嘩ではなかった。妄想に駆られた一弁護士が武装した巨人に石を投げるだけの話ではなかった。同社と怪しい関係の州規制当局者に隠蔽できる話ではなかった。連邦政府規制当局者が介入し始めた。メディアは血の臭いを嗅ぎつけ集まってきた。デュポン幹部はおそらくどこかの会議テーブルを囲み、パニックを抑制しようとしていた。緊急時にはガラスを破って、という事態だった。同社の次の一手はわからなかったが、降参するはずはなかった。

悪い報道の嵐の下で、デュポンは広告の反撃に出た。それすら賭けだった。「人間に対する健康被害はない」という常套句は法廷では効くかもしれないが、消費者に高らかに伝えるキャッチフレーズではなかった。同社は、健康とPFOAの懸念を持ち出したくなかった。しかしこれは、ニュースを先取りし、報道と論争の方向性を定めるために必要なリスクだった。次の不利な報道から身を守ろうと待っていては破滅的だ。そう考えた同社は、主要なジャーナリストと強力なメディア編集者と一対一のブリーフィング計画を立てた。ニューヨーク・タイムズ紙、ウォール・ストリート・ジャーナル紙、ニュース配信社、そして報道企業連合が対象だった。

デュポンは即座に直接［環境団体の］ＥＷＧと環境保護庁にプレス・リリースで反撃した。同庁のリスクに関する言いがかりは「データの明白な誤認」だと主張した。

デュポンの報道資料は、「ＰＦＯＡが健康被害を生む証拠やデータはない」とする主張の根拠となる「広範な科学データ」があると主張した。それには「従業員の検査データ、査読された毒性学・疫学研究、及び専門家パネル報告」が含まれるとのことだった。さらに、「ＰＦＯＡの毒性学研究はいくつもあり、それに基づいて我々及びその他の人たちが、子供を産む年齢の女性と若い少女を含むあらゆる人にとってこの化合物は安全であると結論づけている」とされていた。

デュポンが「証拠がない」という主張を裏付ける「多くの研究」と「広範なデータ」に言及する時、私はいつも注意していた。もしそのような研究が実際存在するなら、なぜ証拠開示で送ってくれなかったのか。デュポンが研究論文に言及する度に、論文のコピーを要請した。間違っていないとされる論文が届いて、結論を先に読むと、ほとんどの場合同じ結論になっていた。「健康被害の証拠はない」。後に専門家に結論の基礎となるデータの評価を依頼すると、しばしば彼らは「このデータは結論と合っていない」と言うのだった。

メディアでの不利な報道が増えたにもかかわらず、デュポンにまだ味方する報道機関がいるようだった。パーカーズバーグの地元テレビ局は騒動に飛び込んできて、局長の社説でデュポンを擁護し（原告団と弁護士を批判し）た。

真実を追求するより金持ちになりたい一部の住民の主張にもかかわらず、C8が人間に対して「有害であり致死的であり有毒である」と示す証拠は提出されていない。

デュポンが人間に対するC8の危険性を故意に隠したり、住民と環境へのC8の影響をわざと無視したりしていたら、私が先陣を切ってデュポンの組織的隠蔽を告発するだろう。しかし今日まで、あらゆる告発と不満にもかかわらず、またワシントン・ワークス工場でテフロンを製造する上でC8を五〇年間使ってきて、それはあてはまらない。

冷静な人たちが優勢になり、事実が明らかになるまで、判事であれ一般市民であれ、結論に飛びつくのは時期尚早だ。

市民に発信されたメッセージははっきりしていた。欲張りな原告団弁護士と無能な判事が地元経済を破壊しようとしている。牽制しなければ町だけでなく皆の生活を台無しにするだろう、と。

デュポンは、内部で二千万ドルの消費者ブランド広告キャンペーンを準備し、衣服と家庭用繊維と絨毯のための、新しいテフロン加工の生地を宣伝しようとしていた。

デュポンはPFOAとテフロンを擁護するために、チャールズ・チャッド・ホリデイ社長さえ駆り出した。彼は株主総会を始めるにあたり、株主の心配を払拭しようとした。「我々は、操業時の曝露濃度で健康や環境への被害は全く確認していない」。またあの定型句だった。しかしボスの口から出ると一層重大そうに聞こえた。ホリデイは今や、カメラの前で、公の場で、記録の残る形として、更に証券監視委員会の書面資料として、個人の立場でテフロンとＰＦＯＡを擁護したのだった。発言は自信に満ち、明確だった。「科学企業」の名声に支えられて、かなり説得力があるように聞こえた。説得力は、他の人にはあったかもしれない。私はデュポンがますます自暴自棄になってきたと確信した。社長が個人として関わるのはリスクの高い決断だ。そうすることで、幹部管理職が裁判に引きずり込まれないように守るためのほとんど完璧な訴訟法の防御壁を、取り去ってしまったのだ。彼が公に発言したことで、彼のコンピュータやファイルの中にあるメールやＰＦＯＡ関連の書類を提出するよう要請する道が開けた、と私は気づいたのだった。

彼の証言録取を要請する余地もできた。もちろんそれは遠い標的だった。社長を証言録取することはきわめてまれなことだった。ほとんど聞いたことがなかった。しかしデュポンは彼を株主とメディアと公衆の前に立たせ、ＰＦＯＡの安全性について語らせた。総会のスピーチのあと、私は裁判所に対して、彼の個人的な関与が今や保護的な訴訟法に優先すると申し出た。彼は公の場でこれらの問題について語ったのだから、正式な証言録取の場で記録をとりながらも話せるだろう。

裁判所は同意した。

チャド・ホリデイ社長の証言録取の前、デュポンはまた一つ驚くべき挙に出た。集団訴訟において彼自身が原告だから利益相反になるとして、ヒル判事を失格にする動議を出したのだ。彼らによればヒル判事はパーカーズバーグの住民として自宅で「ＰＦＯＡ汚染水」を飲んでいるからだった。デュポンの法務部はあのすべての資料を私に提出させられた判事を辞めさせようとした。遂に環境保護庁の介入とEWGの報告書と不利な報道に火をつけたあの資料のことだった。

「ひとたびこの案件に利害関係があると認定したら、自主的に自ら失格にする責任は判事にある」デュポンのラリー・ジャンセン弁護士は言った。

ヒアリングで、私と同じく仰天していたヒル判事の前に立った時でさえ、デュポンが彼を追及する度胸があったのが信じられなかった。最近私は、「健康被害はない」と示している生データと従業員研究が見つかるかもしれないと思い、ワシントン・ワークス工場の従業員原資料を要求していた。デュポンは拒否していた。ヒル判事が決定する立場にあった。直近で同社に対して、制裁を課し、集団訴訟原告全員に血液検査ができるよう命令し、会社社長の証言録取を許可したのと同じ判事が、本人は裁判する資格があるか決めるのだ。この会社は何としても社員の医療記録を私に開示したくないのだろう。

もう一つ、デュポンが特権化されていると言い、我々が特権は放棄されたと主張している資料の懸案事項があった。ヒル判事だけがこの膠《こう》着状態を打開できるのだった。

しかし、失格になったらヒル判事はどの問題も裁定できなくなる。

デュポンが裁判をパーカーズバーグに移すよう闘ったのは皮肉だった。地元裁判所は有利なはずだった。ヒル判事の裁定は同社の思惑通りにはなっていなかった。だから辞めさせたいのだ。

リスクの高い一手だった。

「あなたの動議で非常に衝撃を受け驚きました」とヒル判事はデュポン側弁護士たちに言った。

「パーカーズバーグの住民が影響を受けているとは全く思っていなかったからです。リューベック…

…およびオハイオ州側のリトルホッキング以外の人たちの話は全く出なかった。パーカーズバーグの話も」。

ヒル判事はパーカーズバーグの水を飲んでいた。パーカーズバーグのサンプルは、飲料水中のＰＦＯＡ検出限界未満だった（デュポンの科学者によれば〇・〇五ｐｐｂ）。しかしデュポンの弁護士たちは、パーカーズバーグの水道水契約者は集団訴訟の原告であると主張するのが好都合だと思った。ヒル判事を含む住民のことだった（後に彼らは測定限界未満の水汚染にさらされている人は集団訴訟の「原告ではない」と認めた）。

「しかし国中の人がどうやら影響を受けているようです」と判事は言った。「とすると、一体全体限界はどこにあるのですか。この裁判に任命されるすべての判事を失格にしようとしているのですか」。

判事ならば「資格がある場合は担当を拒否すべきではありません、失格になった場合に担当すると主張すべきではないのと同じように」と彼は言った。「換言すれば、この裁判が重荷だからといって放棄することはできません。本当に重荷になってはいるが」。

これは我々と共通するもう一つの点だった。

ヒル判事は失格動議を却下した。

そのあと彼は、その他の懸案の動議を処理した。デュポンを打ちのめす胸のすくような快打だった。デュポンに対して、今まで頑として抵抗してきた工場従業員の医療データを提出するよう命令した。特権に関するデュポンの訴えを却下し、論争中の特定資料だけでなく関連資料すべての提出を命じた。それには飲料水中のＰＦＯＡについて地域住民に何を伝えるかの議論の資料も含まれていた。

「上訴最高裁の名誉ある判事たちに、私に同意するか尋ねてもかまいません」と彼は言った。デュポンはその通りにした。またもや。

二〇〇三年の夏、ウェストバージニア州上訴最高裁は、ヒル判事の三つの裁定に関するデュポンの控訴を聞くと決定した。すなわち、血液検査の差止め救済、自ら失格にしなかった点、そして特権の放棄、の三つだった。

これらの控訴は裁判を一時停止することになった。我々は冷たく止められた。新たな証拠開示とデュポンの内部医療記録の提出に関して、すでに命令されていること以外の公式の手続きは凍結された。凍結が解除されるまで、動議も証言録取もその他の強制的証拠開示もできなくなった。州最高裁の決定のみが、解除できることだった。

第22章　疫学

二〇〇三年七月一日
ウェストバージニア州パーカーズバーグ

この裁判の追加の手続きは停止されたが、私は止まらなかった。

動議の提出や証言録取の実施から解放されて、突然、新しく時間が手に入った。ＰＦＯＡに関する規制案の「優先的レビュー」への一般からのコメントを集める目的で開催されるワシントンＤＣでの環境保護庁の会合に出席する時間ができた。裁判所命令による医療記録を漁る時間も、疫学というもう一つの「外国語」を習得する時間もできた。デュポンによれば、ＰＦＯＡに曝露した実験動物が深刻な被害を受けたとする毒性学的データと検査結果（実験ラットのがんを含む）は、同じ影響が人間に起きたと証明できなければ無意味だった。彼らの主張では、そのためには、ＰＦＯＡ曝露と人間の疾病に関する実際の研究結果が必要だ。これが疫学的データだった。新たに疫学をかじった私は、最もハードルの高く特異な法律的戦略に乗り出そうとしていた。類似の裁判で今までほとんど前例のない手法だった。勝訴するには、デュポン資料から掘り出した科学的機密を使うだけでは不十分で、デュポンが到達しようとしていたところをはるかに超えて、実際に原告側の人たちへのＰＦＯＡの影響を示す必要があった。これを、すでに十分負担をかけているタフトと共同弁護士の事務所に頼って実行しようとしていたのだ。これは、何十億ドルもの予算と高給の専門家のいるデュポンも、ウェストバージニア州政府も、連邦政府の全権限のある環境保護庁もなし得なかったことだった。

自分一人ではもちろん始められなかった。開始の手助けをしてくれる人として、完璧な専門家を見つけた。ジェイムズ・ダールグレン博士。彼は何年も産業汚染物質の人間の健康への影響を研究してきた医師だった。もっとも有名なのは、パシフィック・ガス&エレクトリック・カンパニーが使用した防錆化学物質でPFOAと同じく未防水の池に投棄され飲料水に漏れ出した六価クロムの毒性研究で、映画『エリン・ブロコビッチ』で描かれたカリフォルニアの汚染裁判を決定づけたのだった。

相談した時ダールグレンが最初に説明したのは、デュポンが収集した人間データの重要な欠落だった。デュポンは主として工場で働ける健康な成人男性従業員だけに着目していて、子供と高齢者と病人を含む工場周辺の地域住民で曝露した人のデータ収集は全く実施していなかった。ダールグレンにはまさにその研究を設計するよう依頼した。彼はすでに、集団訴訟原告約七万人中六〇〇人近くの住民からデータを集め始めていて、情報を整理し分析しているところだった。

しかしさらに急を要する課題があった。デュポンの従業員健康データの要約を研究していたところ、奇妙な例外に気づいたのだ。データの要約によれば、ワシントン・ワークス工場は一九八九年に腎臓がん率が増加したが、その後は問題が解消したように見えた。ダールグレンは、要約は信用するなと言った。データが不完全なら要約は無意味だ。それを調べるにはワシントン・ワークス工場の医療部に保管されている個人医療ファイルを入手する必要があった。一時停止になる前に、デュポンがそれらを私に提出せよとするヒル判事の裁定はまだ有効だった。幸運なことに、個人医療ファイルはデュポンが州最高裁に上訴した裁定項目に含まれていなかったのだ。

そこで、七月の暖かい日、ダールグレンは南カリフォルニアから飛んできて、工場で私と会うことになった。飛行機から見ると、ワシントン・ワークス工場は地方州の小さなダウンタウンと言われてもおかしくないものだった。何年もの間何度も想像はしていたが、工場の管と煙突の影の中を実際に歩くのは初めてだった。工場従業員とすれ違う時、彼らの人生を左右し場合によっては危険に晒す決定は、すべて四〇〇マイル離れたデラウェア州ウィルミントンにあるデュポンの輝く高層ビルの「本社」オフィスで下されるという思いがよぎった。

ダールグレン博士と私は、ファイル・キャビネットの並ぶ部屋に通された。すでに各従業員の健康情報に関する個人情報保護に同意していたので、案内してくれた職員は我々だけで資料を見させてくれた。協力しながら、金属の引き出しを片っ端から引き抜き、指でファイルを確認し、従業員個人の記録を含むフォルダを抜き出した。工場内での負傷報告書から工場付き医師と工場外の民間医師と病院とのやりとりなどすべてを親指で確認した。死亡証明書と疾病記録とがん発生報告を探した。疫学の速習コースで、従業員の医療ファイルはワシントン・ワークス工場での発がん率が一般住民と比べて高くなっているか明らかにしてくれると理解していた。高ければ従業員の血中ＰＦＯＡ濃度と照合できる。ＰＦＯＡが本当に人間の健康に重大なリスクを与えているか確認できる決定的なステップになるだろう。デュポンが従業員の健康データを改竄《ざん》していたかどうかも確認できるだろう。

がん死や診断が見つかる度に我々は記録した。気が滅入るほどたくさんあった。疑っていたように、工場労働者のがん患者数を一人ひとり数えてみると、デュポンががん発生率に異常な急上昇はないとする要約とは、数字が一致しなかった。
作業する際、水は飲まないようにした。

第23章　「知られざる健康被害」

二〇〇三年一一月
全米

最高裁の一時停止命令から五か月後、解除見通しは立たず、感謝祭も数週間後に迫った頃、ＡＢＣニュースはテフロンを特集した。米国人がお祝いの調理のことを考えている時、番組20／20のホストのバーバラ・ウォルターズは、調理器具の危険について考え心配すべき理由を並べた。

「くっつかないようにするために、鍋にコーティングされている。赤ちゃんが這う絨毯を保護する。冬物のジャケット、皮膚のローション、化粧品にさえも入っている。テフロンのことだ」

これはゴールデンタイムの番組で、全米視聴者九六〇万人が一年を通じて最も食にこだわるお祝いの準備をしている時のことだった。デュポンにとってはこれ以上の広告の災難は考えられなかった。

続いてウェディング・マーチが流れた。カメラはバーバラ・ウォルターズから白いドレスのフラワーガールに切り替わった。新郎新婦が小さな教会で嬉しそうに米粒のシャワーを避けていた。カメラに映らない特派員が言った。「新郎の両親にとって、この幸せな日は永遠に来ないと心配した日でした。彼が生まれた時のことを考えれば」。

次の画像は新生児が眠る黄ばんだ写真だった。鼻の穴が一つで赤い変形した目をしていた。

写真は撮影後二〇年以上が経っていた。新生児は二二歳の新郎バッキー・ベイリーだった。三〇回の手術のせいでバッキーの顔にはピンク色の手術跡が残っていた。手術で二つ目の鼻孔とましな目になった。しかし額を伸ばして鼻を成形する皮膚を移植した独特の傷跡も残った。

家族写真が順番に彼の人生の流れを説明した。赤ちゃん用毛布にくるまった画像では、右目は怒ったように赤く惨憺たる状態だったが、小さなピンクの唇は笑っていた。野球のユニフォームを着た大きな少年は新しい鼻とはにかむような笑みをたたえていた。

「普通だと感じたことは一度もありません」とバッキーは片方の突き刺すような目でカメラに見入りながら言った。「外を歩いていて全員が自分を見るような時、普通とは感じられないものです」。デュポンにとってバッキーは核兵器のように見えたに違いない。世界の最高の医師たちも、PFOAが彼の欠損を引き起こしたことを永遠に証明できないかもしれない。しかし世論という法廷では、それはどうでもよかった。その映像を見ながら、デュポン本部で心配している人たちの脳裏を窺うことができそうだった。「彼が陪審員の前に出たらどうなるだろうか」。

私は、20／20のプロデューサーが必要とするあらゆる機密でない公開資料と写真を入手できるようにしてあった。彼らはデュポンに、カメラの前で話す広報担当者を出してほしいと依頼していた。デュポンは同社を代表して、科学の素養のある幹部を選んだ。研究担当副社長のウマ・チョードリ博士は、MITから材料科学の博士号をもらっていた。

「我々は、事実、科学的事実がその物質は使用しても完全に安全であると示しているという自信があります」。彼女は、20／20の調査担当のブライアン・ロスとのインタビューでロボットのように言った。

しかしロスは、テフロンのフライパンで卵を焼く時の煙の心配に焦点を当てただけではなかった。特にテフロン製造時に使われるＰＦＯＡがあらゆる人の血液から検出されていると明言した。

「あらゆる人が持っているのですか」ロスは言った。

「あらゆる人が持っています」とチョードリは答えた。

「私の血液にも入っているのですか。あなたの血液にもですか」

「可能性はあります。しかし我々は健康への悪影響があるとは信じていません」

「血液中にあることはいいことですか」

「血液中にはたくさんの化学物質が入っています」

ＮＧＯの環境ワーキング・グループ（ＥＷＧ）は番組の中で、特別な温度計を使ってベーコンを焼き、フライパンは有毒なテフロンの煙を放出するほどガス台の上で熱くはならないというデュポンの主張を確かめようとしていた。調理開始数分後、「華氏五五四度〔摂氏二九〇度〕で、研究によれば非常に細かい粒子がフライパンから出始める。肺の奥深くに入り込むごく小さな粒子だ」とＥＷＧのジェイン・フーリハン広報担当者が言った。「〔華氏〕六八〇度〔摂氏三六〇度〕で、熱したテフロンから六種類の有毒ガスが出始めた」。

ブライン・ロスはデュポンのウマ・チョードリにたずねた。

「はい、煙は出ます」と彼女は言った。「インフルエンザのような症状になりますが、すぐ治ります。もし説明書に従えば……」。

「インフルエンザにかかったように感じるのですか」とロスが尋ねた。

「インフルエンザにかかったように感じます、一時的に」とチョードリが言った。

「どれくらい続くのですか」

「一時的です。二日です」

「ベーコンを調理しましたが」とロスが言った。「［華氏］五〇〇度［摂氏二六〇度］を超えても、まだ焼けていませんでした」。

チョードリの次の返答には噴き出さないわけにはいかないだろう。

「私はベーコンを調理したことがないからコメントできません」

しかし彼女は先天異常については確かにコメントした。

番組20／20のプロデューサーは、スー・ベイリーだけでなくキャレン・ロビンソンのインタビューも上映した。細縁メガネの奥で心配そうな茶色の目のキャレンは、息子のチップが目の異常を持って生まれ、娘は当初は健康に生まれたように見えたと話した。

「二年前、娘は腎臓の先天異常があるとわかりました」とキャレンは言った。「片方が成長していませんでした。もう片方は普通より三倍の大きさになりました」。

スー・ベイリーと同じく、キャレン・ロビンソンはデュポンに憤慨していた。「デュポンは、こうしたことをすべて市民から隠し続けていた責任を取るべきです」。

これに対して同社のウマ・チョードリは、「人口全体で、先天異常は稀ではありません」と答えた。

「従業員八人のうち二人は稀ではないのではないでしょうか」ブライアン・ロスはたずねた。実は出産七名中二名だったが、彼の方向性は正しく、チョードリの回答はいずれにせよ同じだっただろう。

「統計学的に有効なサンプル数ではありません」と彼女は言った。

「PFOAを扱った女性八名のうち、二人が先天異常の子供を産みました。これは重要ではないのですか」

「我々は科学者にデータを精査させました。科学的事実の分野では、それは統計的に重要なサンプリングとは見なされません。他の子供たちはすべて正常で、それ以来先天異常の増大は見られません」

「調査はしたのですか」

「いいえ、していません」

テレビ番組はバッキーと新婦が満席の間のバージン・ロードを歩く結婚式の場面で終了した。彼は黒のタキシードの襟に白いバラをつけて、微笑んでいた。しかし、後のカメラ・インタビューでバッキーは笑っていなかった。目は涙で光っていた。将来のことを語る声は震えていた。「子供がほしいかどうか考える必要があります。自分の経験は子供たちにしてほしくありません」。

テレビ番組20／20は休暇のショッピング・シーズンのピークに放送された。多くの消費者がノンスティック調理器具の購入を検討していた頃だ。テレビ番組がこのブランドに対する消費者の信頼を損なったら、デュポンがそれを取り戻すのは難しいだろう。

しかし二〇〇三年一二月、デュポンは慰めの賞品を受け取った。ウェストバージニア州の上訴最高裁がデュポンの三件の控訴のうちの一つについて裁定を出した。

ヒル判事の血液検査命令は技術的な不備で却下された。デュポンは七万人の血液検査をしなくてよくなった。デュポンにとっては大きな勝利だった。それは検査費用を節約できるというだけではない。血液検査をすれば、医療モニタリングの訴えに必要な「重要な曝露」データが出てくるはずだった。我々はCATチームの一五〇ppbガイドラインを拒否していたので、データが必要だった。

他方、ダールグレンは集団訴訟原告の新しいデータの分析に忙しかった。彼の疫学調査によれば、皮膚がんを除くすべてのがんの発生率は、ワシントン・ワークス工場のPFOAに曝露した人たちでは八・六五%で、全米人口の三・四三%の二倍以上だった。ダールグレンは統計的に有効な増加を、卵管・子宮がん、多発性骨髄腫、肺がん、非ホジキンリンパ腫、膀胱・前立腺・結腸がんで確認していた。彼は研究結果を学会で報告したので、その時点で公開情報となり、私は環境保護庁の公開ドケットに転送し、PFOAからの脅威を指摘した。驚くことではないかもしれないが、この結論は影響があった。チャールストン・ガゼット誌の二〇〇四年五月号にケン・ウォードが書いた記事の題名は「テフロンの化学物質が高い発がん率に繋がっている」というものだった。

今やPFOAは、「健康被害」だけでなく、はるかに怖いがんと関連すると言われるようになった。デュポンは直ちに、ダールグレン博士を攻撃し、「ジャンク科学」であるとして受け入れなかった。パーカーズバーグ・ニュース&センティネル誌の一面見出しは、「新研究で発がん率がC8曝露地域で高いと判明　デュポンは論文に反論し有効性を疑う」というものだった。

その記事はハスケル研究所のボビー・リカードの常套句を引用していた。「PFOAは人間の発がん物質ではなく、健康への影響も知られていません」。彼は、ダールグレンの主張は「不正確」で「公刊された科学論文と一致しない」として退けた。ダールグレンの結論も嘲笑し、方法論が「非科学的」だと言った。「PFOAを研究すればするほど、安全だとする我々の結論に自信が持てます」。

州の最高裁が血液検査問題について味方したので、デュポンは再び攻勢を強めた。ダールグレン博士の調査結果が見出しに出る頃、デュポンは報道機関に対して、ワシントン・ワークス工場で一〇〇万ドルの新たな従業員調査を計画していると通知した。科学の戦争がエスカレートしていた。デュポンは、データでデータに対抗するようになった。

第24章　企業の知識

テフロンがニュースになり続ける中で、初公判は何度も延期された後、七か月遅れの二〇〇四年一〇月四日に確定していた。デュポンは我々の科学専門家を、私はデュポンの社長を証言録取した。

私はデラウェア州ウィルミントンに飛んで、前夜はホテル・デュポンにチェックインした。空港に行こうとしていた時、両親が電話してきた。母は内線でつながり、父は別の内線だった。二人ともカヌーの上の猫のように心配していた。「デュポン・ホテルに泊まるのか。そこが安全なのは確かか」。

両親には、最大の脅威はミニバーの値段だと言った。しかしその晩私はよく寝られなかった。ホテルのベッドで居心地悪いまま寝返りを打ちながら、両親の言う意味が脳裏で繰り返されるようになった。ホテルの部屋の電話は盗聴されていないか。監視されていないか。誰かが意地悪しないか。

デュポンに対する込み入った裁判内容は、私だけが知っていると痛いほど感じた。私がこの絵から万が一外れることになれば、問題そのものが忽然と消え去ってしまうかもしれなかった。

セーラに電話してお休みを言ってから、緊張をほぐすためにアニメチャンネルをつけてみた。いろいろやったが緊張はほぐれず、なかなか寝付かれなかった。

翌朝、寝不足を振り払い、毎日の習慣で自分を落ち着かせた。午前九時開始予定の証言録取は、別の階の会議室での予定だった。そこには、資料の箱をカートに乗せて、数分早く到着して待機した。

部屋の壁は濃い緑で、古いイングランドの紳士クラブで見かけるような配色だった。全体は少し不快に閉じ込められる感じだった。

予定では、ホリデイは背景幕の前のテーブルの端に、法廷報告者はその左隣りの椅子に、私はその隣りに、そしてデュポンの弁護士たちはテーブルの向こう側で我々と対面する形に座る配置だった。昼休みを除いて七時間かかることもある証言録取の間、デュポン側は一人の弁護士しか発言を許されなかった。主席弁護士のジャンセンだった。

書類を並び終える頃、デュポンの弁護士が入ってきて、握手しながら、法廷速記者と録画担当者に名刺を配った。ジャンセンはいつも通り私を見なかった。ホリデイは高価なスーツを着て、一見本物に見える笑顔で最後に入室した。ふさふさした淡いブロンドの髪はオールバックに整えられており、ハンサムな顔は特に首回りで少し皮膚がたるんでいた。彼は暗い部屋を自信ありげな魅力で明るくしていた。その態度はカクテルパーティーだったら場違いではなかったかもしれない。彼は尋問される熱い座席に座り、録画担当者はマイクをセットした。速記者は全員が開始の準備ができているかたずねた。私はとっくに準備ができていた。このために長い間待っていたのだった。

チャド・ホリデイは一九九八年からデュポンの社長だった。アール・テナントが初めて電話してきた年だ。タバコ産業が五〇州との裁判において二四六〇億ドルで和解した年でもあった。

彼はそうした時代のチャレンジに対して、意欲的かつ攻撃的に対処した。「持続可能な発展のための世界ビジネス評議会」の現会長だった。『有言実行：持続可能な発展のビジネス・ケース』という題名の本も書いていた。彼は新しいタイプの代表執行役員であり、主要な課題としての社会的責任を重視しているように見えた。とても誠実そうだが、ＰＦＯＡはどうなのか。

その議題になると、例の使い古した言い方だった。「操業しているレベルの曝露では人間の健康や環境に負の影響は全く確認できません」と彼は投資家に言っていた。

実は、デュポンがＰＦＯＡを製造し始めたのはホリデイが社長の時だった。ＰＦＯＡ及び関連製品の製造を中止するとした二〇〇〇年五月の３Ｍの宣言から数か月後、デュポンはノースカロライナ州ファイエットビルに自社のＰＦＯＡ製造ラインを建設する計画を公表した。ホリデイになぜＰＦＯＡを製造することに決めたか聞いた。

「あらゆる要素と科学的証拠と見解を聞いた後、その製品を製造することが正しいと決断しました」

正しいこと？　まだ腑に落ちなかった。

私はデュポンの年次報告から、彼が投資家に話した部分を読み上げた。「五〇年以上の製造経験と広範な科学的研究から、デュポンはＰＦＯＡが健康被害や環境破壊を起こす証拠はないと信じています」。

この空虚な言葉は聞き飽きていた。私は実は窮余の策として重視した書類を見つけていた。デュポンのダイアン・ションパー広報部長から弁護士たちへのメールだった。

「健康への影響は観察されていない、人間の健康へのインパクトの証拠はない、という言い方が、我々の公的立場の基礎になっていて、私の知る限り真実です。それなしで何かできますか」

ホリデイもこれらの声明が真実であると信じていると言った。彼の知る限り。

その瞬間、今まで、デュポンの合言葉の注意深い言葉遣いに何か隠されているのではないかと悩んできた感覚がとうとう氷解した。突然、私の脳裏で、この言い回し「私の知る限り」がかすかに長いこと解釈できない警鐘を鳴らしていた理由がわかった。「私たちは証拠は見ていない」、「私の知る限り」。靴べらのように窮屈に押し込まれている一見人畜無害なこれらの言い回しが、「**証拠がない**」という大胆な結論を無意味なものにしていた。探さなければ、あるいは目を逸らしていたら、どうして証拠を「見る」ことができるのか。何かを知らないからと言って、それが存在しないことにはならない。

年次報告書のホリデイのもう一つ別の声明も読んだ。「デュポンは低濃度のＰＦＯＡの入った飲料水を飲んで健康被害があったとは信じていない。今後被害が出るとも信じていない」。

彼はこの声明を支持しているのか。今でも？　誓って支持できるのか。

「これが正しくないと疑う理由はありません」と彼は言った。

彼が嘘をついているとは思わなかった。ホリデイは本心を言い、言うことは本心であるような男に見えた。本で書いたように「有言実行」を本当に信じているようだった。しかし私は、彼が信じる「理由がない」のは誰も彼に理由を伝えなかったからではないか、という印象を持ち始めた。すべての事実関係を知っているわけではなく、確認しようとしなかったのではないか。

リトルホッキングの公民館でＰＦＯＡを熱心に擁護したポール・ボサート工場長について疑ったのと同様に、ホリデイについても、もしかしたら意図的に暗闇に置かれていたのではないかと疑った。もしそうなら、彼がＰＦＯＡの「安全性」について確信を持って立ち上がり話せたか説明できる。立って笑顔のまま嘘をつくような男には見えなかった。

手押し車で搬入した箱には、一〇〇以上の書類が三部ずつ入っていた。ワンセットには私のメモが書き込んであった。二つ目はデュポンの弁護士用、三つ目は証言録取の流れの中でホリデイに手渡すものだった。ひとたびこれらが補足資料と記録されると、彼は見たことがないとは言えなくなる。もちろんほとんどすべての資料がデュポンの提出したファイルから抜き出したものだった。

彼の声明に反する証拠で彼自身の会社が提出したものを何ページも見せると、ホリデイは自信を喪失したように見えた。私が一つ質問するたびに、どれほど彼が知らなかったか、我々二人になおさら明らかになった。

ＰＦＯＡのラットの先天異常研究について何を知っているか。

「その研究は知りません」

女性従業員の血中のＰＦＯＡ濃度を示す一九八一年のデータで、四〇〇ｐｐｂを超える濃度でデュポンの科学者が配置転換を要するレベルだと言ったものはどうか。

「そのデータを知りません」

そしてこれらの女性が産んだ赤ちゃんの血液中にＰＦＯＡが検出されたことは？　ＰＦＯＡが臍帯血から検出されたことは？　胎盤を通過してしまったことは？

「いいえ」

先天異常は？　女性テフロン従業員から生まれた赤ちゃんに見られた異常は？

「そうした訴えは知りません」

公共水道からＰＦＯＡが検出されたとするデュポン自身の一九八〇年代のデータは？　デュポンが

地域住民に公表してこなかったデータについては？

「いいえ」

教えたから今はもう知っているだろう。

実際、今朝入室した時よりＰＦＯＡに関してはるかにたくさんのことを今や知ったことになる。彼は、私が得たよりはるかにたくさんの新しく役に立つ情報を証言録取から入手した。証言録取の意味はそこにあった。私に関しては、何か知らなかったことを知るのは期待していなかった。ホリデイが今後立ち上がって、「健康被害の証拠は見たことがない」と言えないようにしたかった。今や証拠を見たわけだから。

カメラが止まり、速記者が打つのをやめた時、退去する準備をした。出がけにホリデイは私の方に振り向き、手を伸ばし、私の目を直視した。敵対心は見えなかった。

「ありがとう」彼は私の手を握手しながら言った。

私は、彼が本当にそう思ったと感じた。

証言録取は五時に終わった。部屋に戻り、バッグを取り、空港に行くためにレンタカーの方へまっすぐ行った。ホリデイが私の手を握手した時の目の表情は、敵意を和らげていた。しかし何か本当に変わったのか。デュポンと裁判をしてきたこの五年間で、相手が何が何でも勝ちにこだわっているわけでは必ずしもないと感じたのは、今回が初めてだった。こだわりが強すぎると、普段は道徳的な人が他人を危険に晒す決断をしてしまうのだ。両親の偏執狂的発作はそれほど理不尽だったか。父が、

「息子よ、気をつけろ。すべて知っているのがあなただけでないようにした方がいいかもしれない」

と言う声が聞こえ、気分は即座に前夜の不快感に戻った。裁判スリラーの読みすぎ、または証言録取を実施する精神的なストレスで困憊していただけかもしれない。しかしハンドルを握って座った時、キーを回す前に我に返り、震えながら息を吸い込んだ。

第25章　急転直下

二〇〇四年六月、デュポンに対する新たな裁判で危機感が高まった。新しい訴えは曝露した個人でも会社でも集団でもなかった。今回デュポンを訴えた原告は、環境保護庁だった。

その一年前、デュポンは同庁と協力して「誠実に政府機関を支えてＰＦＯＡの『優先的見直し』を進める」と約束したにもかかわらず、同社にＰＦＯＡの全国的な曝露源に関する完全なデータを提供させるという同庁の努力は実っていなかった。同庁がとうとう、デュポンの「誠実」な努力はまやかしであり、時間稼ぎの策略であると断定したように見えた。私はワシントンＤＣへ行ったり来たりしながら同庁主催の公聴会に何回も出席したが、デュポンは、ただデータを振り回し時間稼ぎをしていた。

同庁の訴訟は、私がデュポン自身の書類の中から同庁に送った研究を、デュポンが同庁に報告しなかったことを追及するものだった。その研究は、ＰＦＯＡが同社社員の妊婦から胎児に移ったこと、および、同社の工場周辺の公共飲料水からそれが検出されたことを示していた。同庁の告訴は劇的な声明であり、少なくとも一時的には、政府機関がデュポンのポケットから這い出てきたことを証明していると感じられた。同庁は、報告義務違反で企業を告訴したことはほとんどなかった。同庁は、同社が連邦法に違反したと主張した。そしてその論拠は何だったか。資料をめくってみると、人生の五年分が走馬灯のように流れ去るのが見えた。同庁は私が五年かけた努力の産物である青写真を使っていたのだった。

少し時間はかかったが、この訴えは、やっと私の分厚い手紙を真剣に受け取った環境保護庁の人たちが優位に立ったことを証明するものだった。絶えざる心配のストレスがこの成果につながった。

努力の成果は雪だるま式に増え続けた。環境保護庁は、メディアと非政府組織のEWGと私からのますます強まる圧力を受けて、ようやく世界に対して何かやっていることを見せるために、本物の強制措置を発動するようになった。同じ頃、リトルホッキング水道協会は自らの損害を減らすために、顧客へ水道水にPFOAが存在することを伝え、今後水を飲むのは「自己責任」でと警告した。市民の意識へのこれらすべての影響は、水と同じくらい有害だった。パーカーズバーグのテレビ局の番組で報道されたように、「デュポンの破滅か?」というほどだった。

環境保護庁の告訴は、合計八つの違反に関するもので、早いものは一九八一年に始まっていた。潜在的に「史上最高の罰金」になるとの噂が飛び交った。

環境保護庁の告訴の即座の代償は、また発生した悪い報道の嵐だった。今回は世界中で報道された。中国では一週間以内にテフロン調理器具の売上が六〇%以上暴落したと伝えた。あまりに激しい反応だったので、チャド・ホリデイ自らアジアに飛んでダメージ・コントロールする羽目になった。

環境保護庁の告訴によれば、デュポンはPFOAの危険性情報を故意に隠蔽しようとした。突如として隠蔽という考えがもはや「怪しげな」陰謀論のようには聞こえなくなった。デュポンに行動の責任をとらせるのは、法的プロセスの中で常に我々の目標だった。アールが最も熱望していたのもこれだった。今やデュポンが不当に振る舞った、と連邦政府が遂に認めたのだ。これは深い満足感のあることだった。集団訴訟にも好影響があり、メディアと法曹界での我々の位置付けが高まった。それは嬉しかったが、医療モニタリングと裁判所命令による、きれいで安全な水の供給で集団訴訟のメンバーを守るという主要な目標は、まだ達成していなかった。

ウェストバージニア州の上訴最高裁が出した最後の二点の裁定は、デュポンにとって最悪だった。同社の弁護団は両方とも完敗と見ただろう。ヒル判事を訴訟の担当として失格させる試みは却下された。そしてまだそれを審議している間に、最高裁はヒル判事の裁定を支持し、デュポンは特定文書だけでなく、これらの基本的なテーマに関わる資料すべてに特権化の権利を放棄したと認定した。これによって我々は、裁判中特権化されたその他すべての資料も、元々のテナント家の裁判まで遡って使えるようになった。これは重大な成果だった。

デュポンがいったん提出したが取り返したいと争った資料には、二〇〇〇年一一月八日付のメールがあった。社内訴訟弁護士のジョン・バウマンが、総合弁護士でデュポンで当時最高位だったトム・セイガーを含む法務部上司たちに宛てたものだった。バウマンは、パーカーズバーグの下流域の水の汚染問題でデュポンが時間稼ぎしていると心配していた。彼は、リユーベック水道水利用者にPFOAが水道水に入っていると遂に公表した二〇〇〇年一〇月三〇日発送の手紙の九日後にこのメールを送信していた。これは混入の一〇年後のことだった。このメールは、デュポンの水質基準専門家の証言録取後に、彼がラリーと私とに持ちかけた奇妙な話の少し前のことだったとも気づいていた。

私は、バウマンがデュポンに対して、訴訟の重要な目標を達成すべきだと主張していたことを知って驚いた。「私は、我々がもっと努力して、この会社がリューベック市民にきれいな水源の確保または水道水からのC8の除去には何ができるか調査すべきだと思う」と彼は書いている。彼はまたこの問題が法廷でうまくいくかについて、際立った悲観論を表明した。

「私の直感では、生体内持続性は我々を殺すだろう……」と彼は続けた。「我々はこれらの裁判で何百万ドルも使い、おまけに懲罰的損害賠償の脅威が頭上にぶら下がっている」。

続いて驚くべき新事実があった。「バーニー（ライリー）と私［バウマン］は、クライアント（デュポン）」とこのテーマの意味ある議論さえできていない。我々の立場はよくない。地域社会へのこの化学物質の放出を削減または廃止するという社内の約束にもかかわらず、川への放出を増やし続けている」。

このメールは、デュポン内部の人々が会社に、正しいこと、もっとも重要で、基本的で、実現できることをさせようとしていたことを明らかにした。地域住民にきれいな飲料水を提供すること。他のことはさておき、それだけは譲れないはずだった。弁護士たちはそれを明言していた。

そして会社はどうも彼らを無視したようだった。

これは非常に大きなことだった。単に倫理的にだけでなく法的にも重大だった。

懲罰的賠償の議論を確実にするものだった。このメモはまさに意識的な無視の証拠だった。同社の社内弁護士が、懲罰的賠償に道を開くかもしれないと認めていたのだ。

私はあまりにも楽な気持ちになったので、何か月ぶりかで、その夜や翌朝オフィスに戻る心配をせずに帰宅できた。息子たちのお気に入りのゲームの回数はいつもより多くなった。男の子たちが寝た後、セーラが祝杯のワインを注いでくれ、私は裁判資料の重要性を説明し始めた。

これこそ、デュポンが長いこと隠蔽してきた理由だったのではないかと推測した。哀れなジョン・バウマンが二〇〇四年八月四日日曜日のニューヨーク・タイムズ紙を開いて、ビジネス欄の一面に、即座に悪名高くなった彼のメモが貼り付けられているのを見るところを想像した。彼はクライアント［デュポン］が正しいことをするよう必死に努力していたようだった。州最高裁がヒル判事の特権放棄裁定を支持した段階で、ニューヨーク・タイムズ紙の記者の格好の標的になったのだった。

バウマンの嫌な驚きは、タイムズ紙の記事だけではなかった。我々に味方した州最高裁の裁定により、それらを書いた人たちを質問攻めにできるようになった。社長と同様、弁護士も通常は証言録取からは保護されている。しかしバウマンとライリーからのメールの返還を裁判所が拒否したので、私は、二人の証言録取と、特権が放棄されたテーマに関する残りの彼らのファイルを正式に要請した。

デュポンの法務部からの電話が、翌朝、九月一日に私のオフィスにつながった。デュポンが調停協議に応じる代わりに、証言録取を「延期」することに同意するか、という内容だった。

祝うような気持ちにはなれなかった。今までの調停は基本的に時間の無駄だった。しかし今回は、デュポンが単に時間稼ぎをするわけではないことがわかっていた。これは我々にとっても、長すぎる期間、達成しようと約束してきた最高のチャンスかもしれなかった。つまり汚染された水を飲んでいる多数の人たちに救済をもたらすことができるかもしれない。

第26章　ビッグ・アイディア

二〇〇四年九月四日
マサチューセッツ州ボストン

我々は、相手を打ち負かすか長引かせる調停のためにボストンに集合した。すべての手が並んだ。ラリー・ウィンター、ハリー・ダイトラー、ハリーとエドのパートナーのジム・ピーターソンがチャールストンから飛んできた。中心的な原告のジョーとダーリーン・カイガーが集団訴訟原告を代表した。私の会社のシニア・パートナーのジェラルド・レイピンが私に同行した。エド・ヒルがワシントンDCから到着する頃には真剣な交渉が始まっていた。

我々は、高度に複雑なケースを得意とする全米で有名な調停役のエリック・グリーンのボストン中心街にあるオフィスの会議室に集まった。デュポンが選んだグリーンは、我々の選んだジム・ランプとともに共同調停者となった。ランプはウェストバージニア州の弁護士で州法を知り尽くしていた。二人は我々の「シャトル外交」の伝達者として、口頭及び書面で我々と別の会議室で戦略を練っているデュポン法務チームとの間を行ったり来たりしながらメッセージを伝えた。

調停中ほとんどの間、物理的に切り離されているのは、二つ利点があった。それぞれの陣営で自由に秘密裏にコミュニケーションがとれること、そして、いとも簡単に暴発しかねない対面の対立を予防できることだった。最後に一か所に集まる時は合意が近づき細部を詰める必要がある時だった。グループ内でも個性と交渉戦略の違いがあり、コンセンサスは得にくく、厳しいプロセスになった。

調停は両陣営が合意できると信じる限り続くもので、数分かまたは何日かかかる。このケースでは、二日にまたがり一八時間近くに及んだ。調停が成功する――しばしばうまくいくものだ――と、両サイドにとって公判の膨大な時間と作業と費用の節約になる。加えて、公判になると評決は控訴できるので、さらに時間も労力も費用もかかることになる。

今回の和解は希望が持てた。我々は負けない裁判を準備していた。医療モニタリングの必要条件ははっきり整っていた。どれほど長くかかろうとも、医療モニタリングときれいな水を集団訴訟で獲得する我々の決意はデュポンも知っているだろう。世論レベルの法廷では、デュポンはすでに大怪我をしていた。おそらく幹部と投資家にとってはさらに急を要することとして、同社の売上と株価はいずれも打撃を受けていた。

公判の準備は十分だったが、和解の方がはるかに速やかにクライアントを救済できることはわかっていた。最初から闘ってきた最も根本的で基本的な権利――原告が飲むことのできるきれいな水――は、何年も遅れていた。住民は四年間余計な曝露を我慢してきた。デュポンがジョン・バウマンの言うこと――リユーベック住民にきれいな水を提供するか、水道水からC8を除去するか――を聞かなかったからだ。

きれいな水のあと、集団訴訟原告団の人たちが強く求めたのは、回答だった。ＰＦＯＡは血液中に入っているのか。そうだとすれば、自分自身を守るにはどうすればいいのか。

単純な疑問だ。しかし回答を得るのは簡単ではない。ダールグレン博士が手始めに実施した疫学調査ではデュポン側の言い分は明らかに誤りであったが、それ以外に包括的な地域住民の調査は実施されたことがなかった。これが我々の裁判の最も弱い点だった。これはデュポン側の科学のせいではなく、住民レベルの曝露に関する公刊された査読付き論文が存在しないからだった。原告団の曝露濃度が特定の疾病を引き起こすと証明するのが至難であることは、デュポンが当てにしていたことだった。人口のごく少数の人しか発病しない疾患について「統計的に有意」なデータを取ることは、ものすごく困難だった。数万人規模の調査が必要になりそうだ。デュポンはそのような調査が実施されたことがないと知っていて、我々が一から結果を出せるはずはない、とおそらく強い自信があったのだろう。

交渉後すべての和解はひとつの数字になる。金額だ。会社は問題を追い払うためにいくら払う気があるか。しかし小切手だけでは我々原告団の最大の課題は解決しない。ＰＦＯＡは水と血液の中に残る。地域住民全員の曝露の長期的影響の全貌は不明なままだ。ＰＦＯＡの恐怖と不確かさはなくならない。どんなにお金を積んでも疑問は残るのだった。

長く気の滅入る一日の終わりに、暫定的に和解案に到達した。即座の具体的な救済（原告の求めるきれいな水）ともう少し微妙な形での救済策として、長年汚染水を飲んだ後の救済策があった。これこそ和解案の要であり、知りうる限り今まで実現していないことだった。独立の「科学パネル」を設置し、ＰＦＯＡの影響を正確に確認し記録するのは初めての試みだった。両陣営とも、パネルの各候補者が適格者で偏向していないと同意する必要があった。両陣営とも、どのような理由であれ候補者を拒否することができた。科学パネルの任務は、ＰＦＯＡと原告側の人たちの特定の疾患とのありうる関連性を確認することである。パネルのメンバーは不確定の期間、作業に専念すると同意する必要がある。報酬は基本的に彼らが要請する通りに支払う。無期限の時間と資金が与えられ、彼らがふさわしいと思う研究に使い、必要な専門家に相談できるとする（利益相反と拒否権についても同条件で）。

デュポンは、研究とパネルの費用すべてを負担することになった。和解の時点では五〇〇万ドルの予想だった。原告団は最低一年の間、〇・〇五ｐｐｂのＰＦＯＡに曝された人たち、と定義された。この最低量は、当時飲料水を正確に計測できる測定下限値だった。科学パネルは、公刊と査読の有無を問わず、あらゆるデータを検討できるものとし、原告被告いずれも、相手方にコピーを送りさえすればパネルに対して自由にデータを提出できると合意した。

もう一つもっと即座に実現する救済策として、デュポンは「集団訴訟原告の福祉に関わる費用として」現金で七千万ドルを支払うと合意した。原告団個人に直接支払ってもよいが、そのうち二千万ドルは原告団の恩恵につながる「健康と教育プロジェクト」に使うと但し書きがついた。

水をきれいにするために、デュポンは、ＰＦＯＡに汚染されたすべての飲料水源に関して最新の浄水技術の装置のデザインと調達と設置について支払うことになった（当時推定一千万ドルプロジェクト）。和解時点で、ＰＦＯＡ汚染はリトルホッキング、ベルプレイ、ポメロイ、オハイオ州のタッパーズ・プレインズ・チェスター、およびウェストバージニア州のリューベックとメイソン郡の水源から検出された。新和解合意で、デュポンは浄化システムを少なくとも科学パネル作業の終了時まで継続する必要があった。パネルがＰＦＯＡと疾患の関係を確認できなければ、デュポンはシステムの操業と維持管理の支払いを止める可能性がある。しかし関係が確認できれば、デュポンは浄化装置の費用を無限に負担する義務が生じることになる。

さらに、科学パネルがＰＦＯＡ曝露と原告の疾病との関連の可能性を認定すれば、別の医療パネルの設置が始まる。医療パネルは科学パネルの知見に基づき、どの医療的検査が早期発見に必要か確定することが任務となる。デュポンは医療パネルの調査費用を負担した上に、最終的な医療モニタリングも二億三五〇〇万ドルを上限として負担する。科学パネルが疾病との関係を確認できなければ医療パネルも設置されず、医療モニタリングもなくなる。

この一連の科学的調査が終わるまで、個別損害の訴えは保存され停止される。調査中訴えが却下されることはないが、その間裁判はできない。科学パネルが特定疾病とＰＦＯＡとのリンクを認定すれば、その疾病がある人は全員、懲罰的損害賠償を含む個別訴訟を起こせる。パネルが関連性を認めなかった疾病の訴訟は、「確定的な効力をもって」却下される。これは、仮に将来の調査で科学パネルの間違いがわかったとしても、裁判はできないということである。

この取り決めは原告被告双方にとって賭けだが、我々には科学パネルは関連性を認定するだろうという確信があった。しかし確信は確実さとは違う。我々が間違うリスクは、これを受け入れなければデュポンは永遠に争い、誰も永遠に救済されないシナリオとのバランスで考える必要があった。

科学パネルはどれくらい証拠を必要とするだろうか。結局我々は、デュポンから、ウェストバージニア州医療モニタリング法——この裁判のそもそもの基盤を提供した法律——での基準を使う同意を得られた。その法律では、「まず確実な関連性」とは、「現在の科学的知見に基づき、ＰＦＯＡ曝露と原告団の人間の疾病との間に関連性がないというよりありそうだということ」と定義されていた。

おそらく合意のもっとも重大な点は、「一般的因果関係」という決定的なポイントについて、科学パネルが判事と陪審員の役割を果たすことになった点である。ＰＦＯＡに関して「地域住民の曝露度合い」が実際に疾病を発生させうるかは、科学パネルが判断する。言い換えれば、科学パネルが「まず確実な関連性」を認定したら、デュポンは原告側のＰＦＯＡ曝露が疾病を発生させて「いない」と反論できなくなるのだ。科学のみが原告団の質問に答えられる。科学が、地域住民のＰＦＯＡ理解を促進するか、彼らの曝露レベルは危害を加えるほど高くないと示すか、のどちらかだった。

完全に独立で依怙贔屓のない科学の答えを受け入れる、とようやく合意できたことに、私は計り知れない満足を覚えた。デュポンが同意したのは、我々が住民調査で十分なデータを新たに準備できそうもないと考えたせいだろうと私は疑った。

和解案の最後の部分は弁護士費用のことだった。我々は、弁護士費用が原告団の賠償金や福祉の利益から支出されないようにと主張した。デュポンはあらゆる弁護士費用と経費を、原告が受け取るものとは別に上乗せの形で支払う必要がある。デュポンは和解の総額の二五・五％を超えない範囲で、弁護士費用を支え支払う、と同意した。デュポンが原告団に現金で支払うことに合意している七千万ドルに、水浄化コストの推計額一千万ドルと健康調査コストの推計額五〇〇〇万ドルを加えると、和解案の推計総額は八五〇〇万ドルになった。その二五・五％に当たる上乗せ額を、すべての弁護士事務所で当初からの合意案に基づき分配することになる。合計額は二二〇〇万ドルを少し下回る額になった。追加としてデュポンは経費の払い戻し分として一〇〇万ドル支援することにも同意した（実際の経費はこれより相当多かった）。裁判所はこれらの金額を承認した。これが巨額に聞こえることはわかっているし、実際巨額だが、三年以上も仕事をしてきて、複数の弁護士事務所に分配することを考えると、見かけほど大きいわけではない。もっとも、タフト法律事務所は、その意義を十分認めて、私を一時金を出した同社初のパートナー経営者にしてくれた。

二日目、原告被告双方は一日の大半を大会議室で細部の詰めに費やした。午後六時頃、やっとパズルが完成した。同胞意識はなかった。我々全員が感じた安堵感を友情の萌芽と見間違える者はいなかった。とても長い二日間のあと、和解の大枠を携えて、気持ちよく握手をして部屋を後にした。そもそもジョーとダーリーン・カイガーはお金目当てではなく、どれくらいのリスクか知りたいと思い、きれいな水と医療モニタリングを要求していた。要求したものを得られることになり、ジョーとダーリーンは喜び、二人が率いた集団訴訟の原告たちも喜んだ。

みんなでテーブル上で踊り、勝利に酔いしれた、と私は言いたいところだが、ボストン市内の魚料理の店の名前すら覚えていない。はっきり記憶しているのは、科学パネルが前例のない規模の良質の住民データを大量に必要としていることだった。

すぐ明らかになったのは、大人数の血液と正確な健康歴が必要ということだった。これは至難の業だ。デュポンも同様に考えていただろう。七万人の地域で「まず確実な関連性」を確かめるデータの量を確保できる確率は、ルーレット並み以下だ。デュポンは我々の失敗を当てにしていた。

彼らにとって予想外だったのは、我々の「ビッグ・アイディア」だった。

ビッグ・アイディアは和解成立後のシーフードの夕食時に持ち上がり、数週間かけて磨かれた。この案はことわざ通りだった。つまりお金は健康や愛を買えないが、やる気は買える。

我々が裁判所と原告団に、デュポンからの現金七千万ドルの使途を説明する番だった。原告団に恩恵のある計画だと説得する必要があるが、デュポンは使い方に口出しはできない約束だった。

和解条項に基づき、五千万ドルは小切手で原告団に行き、残りの二千万ドルは「健康と教育のプロジェクト」に支出すると期待されていた。しかし原告団七万人全員が書類を準備して和解金を得るとすると、一人当たりは七一五ドル弱になる。これではまともな液晶テレビは買えるが、生涯通じた発がんリスクの賠償にはならない。PFOAに関するきちんとした調査が実際に行われる保証もない。

祝賀夕食会のレストランのスタッフがオードブルを片付けた頃、ハリー・ダイツラーが何かしっくり来ないと告白した。すなわちもしこれで、弁護士費用はしっかり取ったが集団訴訟の地域の人たちには一人数百ドルしか払わなかったら、パーカーズバーグの友人や近所の人たちに合わせる顔がない。「お金に貪欲な弁護士だと見られてしまう」と彼は言った。「もっとよい方法はないものか」。

私は全く同感だった。

この時ビッグ・アイディアが出た。原告団に調査協力費として七千万ドル全てを使ってはどうか。財政的奨励費は、天文学的な人数の参加者を集める唯一の方法だった。しかし、それはいくらになるか。参加者にはいくら払えばいいいか。

ハリーは、自分の法律事務所がしばしば実施する市場調査のアンケートを念頭に考えていた。サンプルグループへの協力を七五ドルで依頼する手紙を二〇通出すと、協力者は約二名。一〇〇ドル出すと六人ないし一〇人だ。しかしこれでは足りない。何万人も必要なのだ。

彼はデータ処理に必要と思われる費用を差し引き、残額を原告団の人数で割り、うまくいく数字を出した（他の人が計算をやってくれて助かった）。子供のいる四人家族ならその四倍を想定した。

「四〇〇ドル」と彼は言った。「みんなに四〇〇ドル払う必要があります」。

四人家族なら一六〇〇ドルもらえることになる。さらに重要なことに、健康調査への参加も大いに期待できるだろう。これに参加すれば、医療モニタリングと個別訴訟の権利も得られるのだ。

「なぜ四〇〇ドルなのですか」誰かがたずねた。

彼は答えた。「四〇〇ドルなら私も採血されてもいい！」。

これは気に入った。他の人たちも同感だった。ほとんどの人が、ＰＦＯＡに関する本当の答え――と現金――を得たいと思うのではないか。

これにより、要するに七千万ドルすべてを採血と調査に使うことになった。もともと七千万ドルは「原告団の恩恵」に使うと指定されていた。

このような創造的な解決策を編み出したことで、我々は高揚し自ら誇りに感じた。しかし、皆で腰を落ち着けて、調査の方法論をスケッチしてみた時に、これがどれほど骨の折れる作業か、ただちにわかった。今回も前例が見つからなかった。たずねた専門家は全員、今までどこかで類似のことを聞いたことはないと口を揃えて言った。一から作る必要があったのだ。

第三幕
世界

第27章　調査

二〇〇四年九月
ウェストバージニア州パーカーズバーグ

ハリーとエドとラリーと私は、大胆な売り込みをするために、小さなキッチンのテーブルの片側に座っていた。テーブルの反対側には、三〇年前にこの家を建てたポール・ブルックス博士と、長年の仕事上のライバルのアート・マール博士が座った。二人はパーカーズバーグの二つの病院の経営から最近退いていた。小さな町の病院の院長として、二人はパーカーズバーグでもっとも尊敬された医療の権威者だった。

ハリー・ダイツラーが二人を推薦した。彼は一九六〇年代にパーカーズバーグ検察官に選出されて以来、二人を知っていた。ブルックスもマールも、この調査で求められるような医療記録や検査情報の収集に関しては専門家だった。今や引退したので利益相反はなく、徹底的で信頼できる調査の実施以外に動機はなかった。ハリーは、我々が必要とする夢のような組み合わせだと保証してくれた。

「両病院が協力してくれたら」とハリーは言っていた。「調査の信憑《しんぴょう》性を疑う人はいない」。

今まで彼らに会ったことはなかったが、会った途端、通じるものを感じた。初対面の集団で即座に友人たちのように感じたのは、人生で数回しかないことだった。地域社会で、とても理知的で実績のある経営者であり指導者でもあるが、気取ったところは微塵もなかった。

ブルックスとマールの二人はいっしょに仕事をしたことはなかった。競っている病院の運営者として、遠くからではあるが、お互いに知っていて尊敬し合っていた。事実と歴史に基づきＰＦＯＡの全貌を説明すると、ブルックスとマールは不意をつかれた。地元での水道水のニュースにもかかわらず、二人がよく読む医学雑誌のどれにもＰＦＯＡの議論は皆無だった。二人とも、ＰＦＯＡの医学的リスクに関する何十年もの企業内研究も知らなかった。彼らは愕然としていた。何十年間もこのことを知っていた工場の影響下でどうやって患者を治療してきたのか。医師が知っていたら、何人の命が救えたか。信じられない様子だった。

私は何年もかけて掘り出した科学の証拠をかいつまんで話した。理解しながら、ブルックスは驚きで首を横に振った。

「火がないと言うには」と彼は言った。「煙が多すぎます」。

彼らが問題を理解してから、我々の解決策を出した。彼らの任務は、科学パネルが求める大量の汚れていない生のデータを集めることだった。ブルックスとマールは、今までにない野心的な地域住民の疫学調査の全体像を説明する間、ひと言も漏らさずに聞き入っていた。

土台無理な相談であることはわかっていた。できるだけ多くの原告団から血液サンプルだけでなく医療歴も必要としていた。アンケートに答えただけでは不十分だった。自己申告したすべての疾病は、医師が照合し、医療記録で証明する必要があった。健康管理システムを知っている人ならわかるように、英雄でも達成できず、不可能という言葉も超越していた。

「集団訴訟には何人いるのですか」ブルックスは質問した。

「七万人くらい」と私は言った。「何人ならできそうですか」。

私は密かに一万五千から二万人あたりを狙っていた。専門家が稀ながんを調べる時に統計的有意性が認められるとした数字だった。これが野心的すぎないことを願っていた。

「六万人」とブルックスが言った。

私の顎は外れそうになった。

「七五％ができなければ」と彼は言った。「引き受ける価値がありません」。

もし実現できれば、ハリーが言うより優秀な医師たちだ。しかしまだ受諾はされていない。

二人は、部屋で一番よく知っているハリーに尋ねた。「どんな結果を得ようとしているのか」。

ハリーは二人を見てから、私とエドを見て、我々の立場を明確にした。「真実なら何でも良い」。

「その条件なら、引き受けましょう」

「出た結果の通り報告します」とブルックスが言った。

彼らが味方であることは疑いなかった。


和解は成立し調査は始まったが、公判は比喩的にも字義的にもまだ終わっていなかった。

デュポンとの合意で、九月四日和解案に合意した直後にメディア向け共同発表を出すことになっていた。全国的にはUSAトゥデイ紙が、地方版ではウェストバージニア州とオハイオ州の新聞が取り上げた。デュポンは同社ウェブサイトに共同発表を掲載し、我々は合意事項の暫定的要約と全原告団への公式通知計画を裁判所に提出した。正式な集団訴訟通知をさまざまな新聞に掲載し、汚染水地域から入手した住所に郵送した。この通知は、全集団訴訟原告が、どんな理由であっても訴訟から離脱する権利があり、また二〇〇五年二月の最終公聴会で和解に異議を唱える権利もあると伝えるものだった。さらにアンケートと採血に対する四〇〇ドルに加えて、コレステロールや肝酵素等、並びにPFOAだけでなくPFOSその他のC5とC12化合物を含む多種多様の検査を無料で受けられるとされた。これらは実際には五〇〇ドル分の検査である。こうした通知の準備は、弁護士の相当な労力を必要とする一方、必要な広報と郵送でかなりの費用がかかったが、すべてデュポンが支払うことになった。

我々が他のことで忙しくしている間、デュポンは自社の訴えを裏付けるデータのついた科学論文の種撒きをしていた。ミッドオハイオ渓谷の住民が我々の化学に裏付けられた和解案を知るようになった頃、デュポンは従業員の最新調査の結果を発表した。驚くべきことは何もない。一〇〇万ドルをかけたワシントン・ワークス工場PFOA従業員調査では、コレステロール値がわずかに上昇した以外、「健康被害」は確認できなかったというのだ。

その同じ日に環境保護庁が、PFOAに関する独自のニュースを発表した。「発がん性の可能性があることを突き止めた」とチャーリー・アウアーが言ったのだ。

これは驚愕すべき認識だった。何年もPFOAの健康リスクを自ら進んで無視しているように見えた環境保護庁が、ようやく方向を変えたのなら、じきに選出する科学パネルも変わるかもしれないという楽観主義が首をもたげた。しかし警鐘は鳴っていた。「ただし、この情報は結論づけるには十分ではない」。他のリスクも追実験が必要であるとされた。同庁は、我々の科学パネルとは別の、この目的のためだけの科学助言委員会に諮問することになっていた。

環境保護庁の生ぬるい発表は、どっちつかずで曖昧な結論だったので、株式市場はほとんどくしゃみもしなかった。デュポンの株価は五セントも下がらなかった。

さらにデュポンはもう一つプレス・リリースを出した。「包括的科学調査でデュポン素材の家庭用器具は家庭での利用に関して安全である」とする発表だった。この新しい「科学的」調査は、誰の助けで実施されたのか。デュポンに雇用されたコンサルティング会社エンバイロンだった。

デュポンは、大成功している家庭用製品とそれらを作るために用いられる製造過程との間に壁を作ろうとしているようだった。同じプレス・リリースで、デュポンは二〇〇六年までに全米のＰＦＯＡ排出量を九八％以上削減すると約束した。

私は楽観的に感じ始めた——五年以上目指してきた勝利がとうとう見えてきた。デュポンは戦略的撤退を二倍の速さで始めた。さらに喜んだのは、デュポンが広報の巻き返しをしていた時に、米法務省が召喚の形で待ったをかけたことだった。法務省環境犯罪部はＰＦＯＡに関する記録を求めている大陪審に代わってデュポンを召喚したのだった。刑法捜査のニュース見出しは全国的な動揺を巻き起こした。

市場の反応はどうだったか。デュポンの株価はたった八三セント下がっただけだった。

投資家は気にしないのか。一部は気にしていた。「公平な価値のためのデュポン投資家」というグループは、証券取引委員会に、投資家に対するデュポンのＰＦＯＡ情報開示を調査するよう要請した。

この開示は化学物質の人間の健康リスクに関するものではなく、デュポン株の投資に関するPFOA裁判の財務的リスクに関する情報開示だった。

その後の同委員会の訴えにより、デュポンは財務的リスクを明言した。つまりPFOAに関する完全な廃止または制限は、デュポンの売上に一〇億ドルの打撃を与えることがわかったのだった。

PFOA及び関連する物質は、PFCs（パーフルオロケミカルズ）またはPFAS（パー及びポリフルオロアルキル物質）と総称されるが、これらで問題を抱える企業はデュポンだけではなかった。ミネソタ州の3M工場では、ニュースはPFAS汚染だけではなかった。汚染の隠蔽が疑われ、それとは別に科学研究の隠蔽もあった。内部告発者ファーディン・オイアエは、環境科学の博士号を持ち、ミネソタ州汚染管理庁に勤務していた。彼女の研究は、前例ない高濃度のPFASが、ミシシッピ川のミネソタ工場の下流の魚から検出されたことを明らかにした。その工場では五〇年以上もPFASを製造しデュポンに売っていた。公式の内部告発で、所属する州政府機関からの脅迫と懲罰を訴えた。その中には同局長官のシェリル・コリガンからのハラスメントもあった（コリガンは否定した）。

シェリル・コリガンが州規制機関の責任者になる前どこで働いていたか、聞いてももはや驚かなかった。一九九六年から二〇〇二年まで、3Mの高い地位の企業環境部長だったのだ。

最終的にオイアエは訴訟を取り下げ、三二万五千ドルで退職した。「州政府が科学者に研究をさせないために大金をばらまくのは、ミネソタ州の実態に関する悲しい事態だ」と内部告発者保護団体の広報担当者は言った。

デュポンや3Mのような会社にとっても、市民団体や環境活動家やさらに多くの科学者が全米で警鐘を鳴らすのを抑えるのは、ますます難しくなった。

パーカーズバーグ近辺では、ジムとデラ・テナントが、ドライ・ラン埋立地許可証のさらなる更新に反対する新しい誓願書に、数百人の地域住民が署名するよう活動していた。政府の同社に対する犯罪捜査のニュースが広まると、デュポンへの強い支援は気まずくなり、くすぶる怒りに変わった。

誓願書の成功にもかかわらず、ウェストバージニア州環境保護局は埋立地許可証を更新した。その数か月後、デュポンはドライ・ラン埋立地の二か所からの漏出を公表した。ドライ・ラン川で測定したPFOA濃度の一五一ppbは、二〇〇二年のCATチームのスクリーニング基準のばかげたほど高い一五〇ppbよりも高かった。これはすべてが始まったのと同じあの川だった。

川向こうのリトルホッキングの住民は、我々のこれから実施予定のとは別の、連邦政府出資の血液検査の結果で怒り心頭に発していた。PFOA検査方法は他の検査機関にも広まり、ペンシルバニア大学の研究者テッド・エメットも、リトルホッキング水道協会の汚染水を飲んだ何百もの利用者の血液を検査できるようになっていた。彼の検査で、血中PFOA濃度は二九八から三六〇ppbだった。これは「国民一般より六〇から八〇倍高い」レベルだった。

オハイオ州の他の地域では、市民団体が主要なファストフード系列店に、包み紙やピザの箱にPFASがないかどうか手紙を出していた。超有名なファストフード店や加工食品ブランドが、今や針の筵に座らされるようになっていた。

批判は、赤い共和党の州でも青い民主党の州でも起きるようになっていた。アラバマ州では、ディケイターの住民が土壌と地下水のＰＦＡＳ汚染で３Ｍに対して裁判を起こし、今も続いている。カリフォルニア州では、州議会がさまざまな化学物質に関して住民の血液検査をするバイオモニタリング・プログラムを推進する、全米初の州法を可決するところだ。

デュポンの元従業員も声をあげた。退職したデュポンの化学研究者グレン・エバーズは、何年も前に会社に警告を発していた。ＰＦＯＡが食品の包装紙から人体に入り込む可能性があると言ったところ、会社から「追い出されてしまった」のだった。

デュポンはこの嫌疑を否定している。すべての製品は食品医薬品局が承認しているというわけだ。「これらの製品は消費者の利用において安全である。食品医薬品局が一九六〇年代から承認している。デュポンはこれらの製品について、すべての食品医薬品局の規制と基準に常に従ってきた」。

こうした反応もエバーズの警告を打ち消すことはできなかった。ＡＰ通信が報道している。「これは見えない。感じない。味わえない。しかしあのファストフードの袋にフライドポテトを入れた途端、フッ素化合物が付着したものを食べることになる」とエバーズは言う。「デュポンは全米国市民の血液を汚染する権利があると思っている。すべての米国人、男性、女性そして子供の血液だ」。

ポール・ブルックスとアート・マールが、七千万ドル［九〇億円］のＰＦＯＡ血液・生データ収集計画の準備を始めた頃、我々はデュポンと相談しながら、科学パネルに参加する三名の独立の疫学者を選んでいた。この三人が、ブルックスとマールの集めているデータすべてを活用する人たちになるので、科学パネルの構成員を決めるのは、この裁判で最も重大な決定だった。

双方がだいたい二〇名以上の疫学者候補者リストを準備した。我々は候補者として学術的な研究歴のみの人とし、かつ、これまで裁判に関わったことがない人をリストアップした。デュポンとリストを交換しお互いの候補者を調べた。両サイドとも、理由の如何を問わず候補者をリストから除外してよいことになっていた。

最終段階は対面での面接だった。デュポンのラリー・ジャンセン主席弁護士がインタビュー担当とわかった時、私以外の誰かが原告側を代表して対応すべきだと私は考えた。

ラリー・ウィンターが名乗りを挙げた。「貧乏くじを引いたようだ」と冗談を言っていた。続く五か月間、ウィンターとジャンセンは緊密に連絡をとり、旅程を交渉し、上位候補者と面談するためにいっしょに移動した。二〇〇五年二月には、双方が承諾した科学パネルができあがった。

トニー・フレッチャー博士は、イギリスで最も尊敬されている公衆衛生研究所であるロンドン大学衛生熱帯医学大学院で働いていた。二五年間、環境・職業的疫学の分野で、人間の健康リスクを評価し、全欧で水と大気の汚染を研究し、国際環境疫学学会の会長を務めた。

デイビッド・サビッツ博士はマウント・サイナイ医科大学でチャールズ・W・ブラードーン記念講座のコミュニティ・予防医学の教授だった。

カイル・スティーンランド博士は、エモリー大学公衆衛生大学院の環境健康学部と疫学部の教授で、シンシナティにある国立職業安全健康研究所に二〇年勤めた研究者だった。

集団訴訟の七万人の将来、そしておそらくＰＦＯＡの究極的な運命も、これらの人の手中にあった。

二〇〇五年七月
ウェストバージニア州パーカーズバーグ

ポール・ブルックスに火がついたことは、誰も知らなかった。彼は、かっこいいスーツを着た連中が、ビッグデータ収集は成功するわけがないと言っているのはわかっていた。確かに彼のために血を流してほしいというくらい困難なことだった。

「二万人がオンライン・アンケートに答えてくれたら御の字です」ある人は言った。「一万五千人でしょう」というのが別の人の想定だった。「もしかしたら二万人」。

ブルックスは、彼らが見当違いだったとわかる日を待ち望んでいた。

彼の突拍子もない目標は六万人だった。心の中ではもっと高い数字を狙っていた。

デュポンの七千万ドルで血液と健康データを提供してもらうという計画は、集団訴訟原告団と裁判所が二〇〇五年二月の公聴会で公式に承認していた。アンケートに答えたら一五〇ドル、採血に応じたら二五〇ドル支払われるという仕組みだった。プロジェクト名は「Ｃ８健康プロジェクト」で、実施する新会社は二人の名前を使って、ブルックスマール・インクとなった。

技術的な課題が非常に重大だったので、ＩＴの天才たちがここに到達するまで五か月かかった。ブルックスマール社では、ＩＴ専門家が一から構築したインターネット情報収集サイトのスイッチを入れて、皆が固唾を飲んで見守った。実験的なロケットエンジンのスイッチを入れて、飛び立つか爆発してしまうか見ているようなものだった。モニター画面で最初の人がアクセスしたのが見えた。もう一人、もう一人、さらに一〇人がアンケートに記入し始め、流れは止まることを知らなかった。

七月末には看護師が採血を始めた。地域の複数の場所に設置したトレーラーから人々がバンドエイドを貼り、小切手を持って帰っていくようになった。強風の日の山火事のように、約束は本当だという噂が広まった。検査所に行ってアンケートに記入し採血してもらえば、一時間以内に小切手がもらえる。私はこれはお金だけの話ではないと感じていた。

八月末、開始から二か月で、三万五千人近くの人が、記入に四五分くらいかかる七九ページのアンケートに答え、その大半が追加の二五〇ドルをもらうために採血に応じていた。

移動手段や識字率やネットアクセスなどの障害は簡単に乗り越えられた。助け合いだった。コンピュータに詳しい子供たちがネットスキルの低い祖父母や近所の人たちを助けた。多くの人が紙でアンケートに答え、家族の誰かにオンラインで入力してもらった。教会や図書館が協力して移動手段を提供した。

プロジェクトは本当に順調に進んだ。

第28章　第二波

二〇〇五年八月
ウェストバージニア州、ニュージャージー州、ミネソタ州

Ｃ８健康プロジェクトで採血が進む間、ＰＦＯＡ論争には新たな科学者が参加し始めた。この裁判のせいでＰＦＯＡに関する科学的関心が爆発的に増え、新研究プロジェクトが世界中で始まった。これらは、我々あるいはデュポンとは無関係の研究だった。我々の和解条項に基づき、科学パネルはどの研究からでも重要なデータを用いることができた。彼らは、デュポンや３Ｍの自社に都合のよい研究や、Ｃ８健康プロジェクトの収集するデータに束縛されなかった。

勢いづいているという感触を後押しするかのように、二〇〇五年六月、環境保護庁で研究論文をチェックする調査科学助言委員会が同庁のリスク評価の最新版草稿を公表した。委員が確認したデータの大半は私が送り続けたデータだった。それに基づき、同委員会は同庁にＰＦＯＡのリスク評価を改定し、発がん性を「示唆する」から「可能性が高い」に引き上げるよう推奨した。重要な技術的差異であり、いずれ規制要件に影響しうるものだった。もっと直接の影響もあった。ニュースの見出しによれば、同庁が発がんリスクを低く見積もっていて、同庁の同委員会がダメ出しをしたのだった。

ＰＦＯＡに不利な科学が増えるのに対し、学会の一部の物議を醸す一派はＰＦＯＡを擁護していた。

非営利の科学者の「消費者教育協会コンソーシアム」である全米科学健康評議会は、テフロンやPFOAが発がんリスクを引き起こすような「一片の証拠もない」と大声で主張した。似非科学が公共政策に使われている、環境保護庁は「存在しない発がんリスク」から我々を守ろうとしている、と批判した。

科学者はしばしば多くのことで対立するが、この評議会グループは、なぜ科学を支える資金源を追うのが大切かを示す、うってつけの例だ。人畜無害に聞こえるこの評議会は、一九七八年にハーバード大学で教育を受けた公衆衛生学の科学者が創設した。目的は、科学的基盤を欠き、いたずらに不安を拡散させている、と同組織が非難するEWGのようなNGO活動グループに対抗するためだった。同評議会は、自ら独立の科学者集団として、公衆衛生・環境政策において政策決定を左右するまやかし（と同評議会が見なす）の科学的知見の正体を暴露する、と宣伝していた。

しかし批判する人は同評議会を「産業の仮面団体」と呼ぶ。企業スポンサー名を明らかにしていないことも批判の一因である。リークされた内部文書によれば、寄付者リストには消費者になじみのある企業名が並ぶ。「ビッグ・タバコ」産業から製薬会社から石油関連企業まで、そしてもちろん3Mを含む化学企業も目白押しである。これらの産業は、メディアの科学論争で同評議会が強烈に擁護した産業ばかりだった。

同評議会がテフロンを「現代技術の顔」と擁護するのを聞く時に、こうしたことは覚えておくべきだろう。テフロンは「我々の生活を便利に楽しめるようにしてくれた」と彼らは言う。テフロンの成功そのものこそが、「現代産業化学の賜物［テフロン］を排撃するような科学嫌い十字軍の人たちから狙い撃ちされた」という批判だった。

科学者だけでなく弁護士も加わるようになった。ウェストバージニア州の集団訴訟の和解とPFOAの健康被害についてメディアの関心が高まったことにより、新しい弁護士が参入し、裁判が増えた。七月にはフロリダ州マイアミの弁護士たちが、テフロンに関してデュポンを訴える五〇億ドルの集団訴訟を起こした、と発表した。訴えの内容は、ノンスティック調理器具から発生する煙の危険性を消費者に周知しなかった点だった。訴状によれば、これにPFOAが含まれている。消費者問題の活動家が実施した実験では、テフロンのフライパンを五七〇度［摂氏二九九度］以上に熱すると、有毒ガスを発生するという。二〇〇三年にテレビ番組20／20の中で、ベーコンを炒めた時に紹介されたのと同じだった。弁護士たちは、デュポンが四〇年以上、年に四〇〇億ドルものコーティングされた調理器具を販売していて、テフロン加工した鍋やフライパンを買ったことのあるすべての米国市民がその集団訴訟原告団に参加する資格がある、と言っていた。

私はテフロン製品を使用する消費者のリスクには注目していなかった。またそのリスクを重視する人たちも、いずれは、汚染水道水を飲む方がテフロン・フライパンよりはるかに深刻な脅威であると考えるだろうと思っていた。しかしようやくPFOA問題の深刻さをわかってくれるようになったことに勇気づけられた。法務省の犯罪捜査は進展していた（同省職員はなんとタフト法律事務所まで召喚状を持ってやってきて、私のPFOAファイルを四日間かけて精査した）。いくつかの州議会では、PFOAに焦点を当て始め、立法措置あるいは規制対策を検討し始めた。カナダはPFOAだけでなくPFAS族全部の禁止を検討していた。

我々の弁護士チームは、世間で評価されるようになった。何年もの弁護士活動を通じ、賞をもらったことなど全くなかったので、弁護団が最初の大きな賞として「公共的正義を目指す裁判弁護士たち」から二〇〇五年の「今年の裁判弁護士賞」をトロントの授賞式でもらったのは意外だった。

年末に環境保護庁とデュポンから大きな発表があった。初期のPFOA有毒研究と飲料水汚染データを同庁に報告しなかったことにより、デュポンは罰金一〇二五万ドルを支払い、さらに「環境プロジェクト」費として六二五万ドル相当を拠出することになった。一六五〇万ドルは、メディアで喧伝された罰金三億ドルの予想と比べれば小さな額だったが、それでも同庁は「あらゆる環境法に基づき同庁が獲得した史上最大の民事行政的制裁金である」と述べた。にもかかわらず、PFOAはまだ未規制の化学物質だった。研究成果の報告を怠ったことに対するこの罰金は、適切な情勢の下では、公式な規制への長い道のりのスタート地点になるべきものだった。

二〇〇六年一月にはさらに勇気づけられるニュースが舞い込んだ。同庁が新しいPFOA管理プログラムを発表し、PFOA製造業者に対して、排出を削減し、製造過程で使われる化学物質の量を減少させるよう要請した。目標は、二〇〇〇年レベル比で二〇一〇年までに九五％の削減と、二〇一五年までの全廃という意欲的な内容だった。

感慨があった。同庁が言う通りになれば、PFOAの製造は米国では完全になくなるのだ。この六年、PFOAの存在すら認めなかった家畜チーム報告書からなんと長い道のりをたどってきたことか。

デュポンはこのプログラムを約束すると自画自賛する声明を出す一方、注意深い表現で、何も深刻な問題はないと言い続けた。そして（新しいテフロン・フライパン訴訟が起きようとしている時に）、同社のプレス・リリースで、同庁は、その化学物質を含む家庭用製品を使っても、「何か心配があるとする情報はない、と言い続けている」と指摘した。

環境保護庁は、ＰＦＯＡを有害化学物質排出目録制度で報告を義務付けられた化学物質リストに加えようと準備している、とさえ述べていた。それが実現したら大きな勝利だ。ＰＦＯＡが「登録された規制された」物質になり、スーパーファンド埋立地浄化の責務を開始するきっかけになるわけだ。しかし後に痛い思いをして気づいたように、同庁の他の楽観主義と同じく、その希望は決して実現しなかった。

新しいＰＦＯＡ全廃プログラムの報道で、ＡＢＣニュースはスーとバッキー・ベイリーに言及した。「本日彼らは、この政策をずっと待っていました」。スーは別のテレビ局のインタビューで、この画期的な出来事がどういう意味を持つか説明した。「今日、本当に勝利した気がします」。

数か月後、環境保護庁はウェストバージニア州ＣＡＴチームの馬鹿げた一五〇ｐｐｂの数値さえ公に拒否し、同庁自身のデュポンとの新たな同意協定を発表した。新協定ではデュポンは、ワシントン・ワークス工場が影響する地域で〇・五ｐｐｂより高い濃度のＰＦＯＡが飲料水から検出された場合、きれいな飲料水の供給を義務付けられた。〇・五ｐｐｂはＣＡＴチームの安全な飲料水基準の何十分の一の微量だった。ＰＦＯＡは依然として未規制物質なので、環境保護庁はデュポンに、我々の集団訴訟和解条項でデュポンが使用すると合意した、もっと低い〇・〇五ｐｐｂの浄化基準を強制することはできなかった。同意命令では、デュポンが同意する基準しか環境保護庁は要請できなかったのだ。それでも、デュポンに一五〇ｐｐｂから〇・五ｐｐｂまで「自主的に」引き下げさせたことは、たいへんな成果だった。加えて、デュポン社内の科学者たちも、一五〇ｐｐｂという数値が馬鹿げているとと知っていたという私の以前からの疑念を裏付けることになった。

人生で初めて、本当に社会を変えているようだった。規制と科学と法律それぞれの世界において。そしてもっとも重要なこととして、実社会において、スーやバッキーの人生も変えているようだった。

成功報酬の裁判を請け負って闘ってきた、この七年間のストレスと不安すべてがとうとう解消した。そして請求できない時間報酬と経費が累積していくのを見るストレスもなくなった。

私は、かつて噛みしめるとは夢想だにしなかったこと、つまり原告弁護士の勝利の味を噛みしめていた。やっとクライアントのテナント家とジョー・カイガーと彼の地域住民たちのために救済を確保できた。それ以外の世界中の人たちも、ようやく私と同じようにＰＦＯＡを見るようになっていた。今まで法律事務所にリスクを負ってもらっていた甲斐があった。

そしてまた、初めて自分に自信がついたと感じていた。もはや、自分の仕事ぶりは会社のためになっているかどうか心配するようなことはなくなった。反対に、実際に会社全体から承認と賞賛を得るようになった。創業以来最大の報酬を会社にもたらしたのだった。

事務所のパートナーたちは「トロフィ」のようなものもくれた。パートナー会議で前に呼び出され、文字の刻まれた真っ赤なテフロン加工のフライパンを贈呈された。

ロブ・ビロットへ

タフト・ステッティニアス&ホリスターのパートナーたちから
デュポン・テフロン和解合意を祝して
二〇〇五年六月三〇日

脚光を浴びるのは大嫌いだ（皆の見ている前で誕生日プレゼントを開けるのさえ恐ろしい）。しかしその日は心の底から誇らしく感じた。そして幸せだった。とうとう、会社で「ダークホース」と呼ばれた年月が終わったのだった。

裁判の実際の法律部分がようやく決着し、科学パネルが立ち上がり、C8健康プロジェクトが順調なので、家族とくつろいで充実した時間を過ごすこともできた。カリブ海で一週間のディズニー・クルーズにも散財した。七歳、五歳、もうすぐ四歳になる息子たちは大いに楽しんだ。セーラとは充電して、二人の関係を再確認する時間が持てた。あの夏は人生で最も幸せな時だった。

新しい自信と安定感に添うかように、新しいクライアントがつくようになった。ウェストバージニア州の汚染問題が伝わるにつれて、他州の人たちが自分の水も心配するようになっていた。

ミネソタ州のPFOS汚染に警鐘を鳴らして辞任したオイアエ博士のように、3Mの地元ミネソタ州の他の役人も、半世紀にわたりPFOSを製造し販売した同社工場について、必然的に疑った。案の定、州の水道水検査でPFOA（およびPFOS）がカテッジ・グローブにある同社工場近くで検出された。電話で、「ウェストバージニア州チーム」が助けに来てくれないかと相談された。まもなく別の成功報酬裁判で弁護団の一員となった。これは一つ目にすぎなかった。二〇〇六年三月、地元環境団体デラウェア・リバーキーパー・ネットワークが、ニュージャージー州のデュポンのチェインバーズ・ワークス工場近くの飲料水に高濃度のＰＦＯＡを検出した。ここでも頼まれた。ひと月後、パーカーズバーグの飲料水検査でＰＦＯＡが初めて集団訴訟に加わる基準の〇・〇五ｐｐｂを超えたことがわかった。しかしこれはデュポンが環境保護庁と同意命令で合意した〇・五ｐｐｂより低かったので、デュポンはパーカーズバーグにきれいな水の提供を拒否した。住民が助けを求めてきたので裁判を請け負うことにした。ＰＦＯＡをめぐるテフロン・フライパン訴訟を手がける弁護団に加わり、科学の問題に助言をすることも受諾した。新訴訟は付随的な利点があった。新規裁判と新しい証拠開示を通じて、私は資料を集め、デュポン側――および今や３Ｍ側――の証人と話し、これらの会社がＰＦＯＡ問題で何をしようとしているのか、モニターし続けられた。この間科学パネルは作業を続ける一方、ジョー・カイガーと地域住民の最初の集団訴訟は和解していた。市民には見えないところでＰＦＯＡについてどれほど学べたかを考えると、この情報収集は決定的に重要だった。今まで感じたことのない自信をもって、これらの裁判に関わることができた。

学びを生かすチャンスが到来した、と感じた。全地域住民が問題を解決できる道筋が見えた。あまりにも自明のようだった。

第29章　腹黒い科学

二〇〇五〜二〇〇六年
オハイオ州シンシナティ

ＰＦＯＡの全使用者と製造者に排出削減と製品の使用量の漸減を迫るＰＦＯＡ管理プログラムの大々的な発表のあと、喜んだのは私だけではなかった。盛大に自ら健闘を讃え肩を叩き合う姿が見られた。

「環境と公衆衛生と当庁にとって正しいことだ」と環境保護庁のスーザン・ヘイゼンは言った。同庁は、事実上のＰＦＯＡ全廃一〇年計画を自画自賛した。連邦法で何もする必要はないこの計画は、規制なしに企業の協力が進む輝かしい前例となった。同庁は参加を求めた八企業に「一〇〇％の参加と約束」を売り込み、参加企業を「地球規模の環境リーダーシップの模範」であると称賛した。

他方環境団体ＥＷＧも、環境保護庁のリーダーシップを公にほめたたえた。

何年も抵抗が続いた後として、これは驚くべき進展だった。本当に起きているのか、にわかには信じられなかった。企業は自主的に参加した。同庁は対策をとっていた。この重要な環境監視団体も満足しているようだった。勢いは止められないように見えた。

それが、あまりにも急に止まってしまった。

ＰＦＯＡ管理プログラムのファンファーレのあと、すべてのＰＦＯＡ問題への環境保護庁の関与は突然止まった。ＰＦＯＡを有毒管理制度リストに掲載する？　実現しなかった。二〇〇三年に始まったリスク評価は？　まとまらなかった。デュポンに対する訴えは？　和解した。法務省の犯罪捜査は？　終了した。

実際、同庁はその後一〇年間、ＰＦＯＡに対する重要な追加対策を何もとらなかった。

同庁はなぜ、こんなに突然、完全に手を引いたのか。理由は明らかだった。あるいは明らかにされるべきだった。同庁とデュポンの関係自体が居心地よすぎたのだ。私は長いこと何度もその不快な感触があった。一番最近では、同庁の科学助言委員会の公聴会で感じた。ＰＦＯＡに関する同庁のリスク評価を一手に引き受けている職員が、デュポンと３ＭのＰＦＯＡ毒性学責任者と仲良く講堂に入ってくるのを見て、私は衝撃を受けた。旧友同士のように談笑しながら入ってきたのだ。

デュポンは同庁の華々しい全廃計画に同意する代わりに、環境保護庁がデュポンのＰＦＯＡ宣伝を支持する、という関係になったのだ。例の「人体への健康被害は知られていない」という常套句だ。

次の月、デュポンにはやっかいな驚きがやってきた。同庁の科学助言委員会がＰＦＯＡをより厳しい「可能性のある」発がん物質に分類替えする勧告を出したのだ。批判が広まり、消費者は心配した。

しかしその二週間後、ＰＦＯＡ管理プログラムに関する電話会議で、デュポンは求めていたものそのものを得た。同庁のスーザン・ヘイゼンが「当機関は、消費者が調理器具や衣服その他のこびりつきにくい、汚れにくい［テフロン加工］製品の使用を止める必要があるとは考えていない」と発表したのだ。「当機関はこれらの製品の使用が消費者のＰＦＯＡ曝露に繋がるという証拠は持っていない」。

デュポンは自主的に排出削減し、PFOAを使わずに製造する代替技術を開発し、一〇年以内にこの化学物質の全廃を約束することで「グローバル・リーダー」と賞賛される。見返りに、環境保護庁はPFOA問題を解決した手柄を公に受け取る。

同社の最優先の要求は、同庁のリスク評価が完成するまでPFOAの規制政策を打ち出さないという約束の公表だった。リスク評価は、進捗状況から見てあと何年もかかるとデュポンは踏んでいた。これが、同庁が突然完全に手を引いた理由だと結論づけないわけにはいかなかった（実際、同庁はPFOA問題に関して、その後二〇一六年までほぼ休眠状態だった）。

双方にとって、これは相当いい取引だった。PFOAの混乱からメンツを潰されることなく脱出できた。双方とも問題を「解決した」手柄を確保できた。そしてとうとうみんなに言えるようになった——もう誰もこれを使わない。すべて解決した。これで打ち止めだ。

しかし市民への実際上の恩恵は何だったか。すでに放出されたPFOAを誰かが掃除しているのか。米国全体や世界中の耐水層や土壌や校庭や裏庭のPFOAはどうしたのか。この化学物質は半世紀以上にわたって環境にばらまかれてきた。すでに放出された何百万ポンドものPFOAは、物理的に除去し破壊しない限り、何百万年も環境中にとどまる。皆の血液や体内にすでに入り込んでいるものもそのまま残留する。こうしたことについてはなんの対策もなかった。

PFOAの懸念や批判的報道にもかかわらず、株式市場におけるデュポンの名声は完璧のように見えた。財務上の数値だけでなく、私に言わせれば皮肉にも、環境指標と持続可能な企業実践のリストでも「最優秀企業」のリストの上位にランクしていた。

二〇〇五年、デュポンはフォーチュン誌の「世界でもっとも好まれる企業」のリストで三七位だった。ファイナンシャル・タイムズ紙の「世界で最も尊敬される企業」の調査の「世界の地域社会との約束」部門で、デュポンは二四位だった。デュポンは、世界の最も持続可能な企業の財務指標である「ダウ・ジョーンズ持続可能指数」にも挙げられた。一九九九年の指標発足以来毎年常連だった。おそらくもっとも驚愕すべきことに、ビジネス・ウィーク誌の「トップ・グリーン企業」の一位に選ばれた（このリストには3Mも入っていた）。

しかしデュポン内部では異議申し立てが起きていた。多くの声が上がり、同社に正しいことをするよう求めていた。それはバーニー・ライリーやジョン・バウマンといった弁護士だけではなかった。

さらに、別の裁判の証拠開示を通じて、私は同社の疫学検討委員会の内部メモを見つけた。この委員会は、デュポンと契約した外部の科学者が疫学調査と倫理問題に関する内部手引きを提供する委員会だった。そのメモは、デュポンの広報戦略の核心部分について、驚くほど強く怒りにさえ満ちた言葉遣いで、鋭く提言するものだった。

「人々のPFOAへの曝露の影響と健康被害の可能性に鑑み、我々は、PFOAの健康リスクは全くないと主張するような公的声明を出さないよう、強く助言する」と同委員会の委員たちがデュポンに二〇〇六年初めに書いている。「我々はまた、自信に満ちたように見える方法で、PFOAが健康リスクを生じないと主張するデュポンの公式声明の根拠に疑問を呈する」。

他方デュポン内部では、あのすべてを「さらけ出す」戦略は強い抵抗に遭っていた。幹部連中へのあるメモには、同社が隠す方向に進むよう促し、透明性に抵抗するようにと書いてあった。「点をつなげる」という題名のこのメモは、私には、政府規制当局やメディアや市民、そして特に法廷弁護士をＰＦＯＡの不都合な事実から遠ざけるようとする概略の指南メモのように読めた。締めくくり部分は、かなり哀れを誘うように私には感じられる調子で、「拡散する情報量を最小限に食い止める戦略はないのだろうか」とまとめられていた。

もう一つの資料は、製品の擁護を専門としデュポンに雇われたワシントンＤＣを本拠とするコンサルティング会社のワインバーグ・グループからのものだった。デュポンへの提案で、困難な時代の企業の危機管理を得意とすると誇っていた。

手紙には大文字で、「デュポンは、あらゆるレベルで議論を先取りする必要がある」と書いてあった。「始めから政府機関と原告弁護団と環境活動団体を牽制し、これ以上、環境保護庁が検討している現行のリスク評価やウェストバージニア州で係争中の問題を追及させせない戦略が必要だ」。

この手紙は、照準の十字線を私の顔に合わせたように感じられた。

ワインバーグ・グループの「多面的な計画」は、特に「環境保護庁による現行のリスク評価をコントロールする」必要性に触れていた。このリスク評価は規制への道を開くもので、同社が止める必要があると言うのはそのせいだった。

それをどう実現するのか。科学、と言っても、同社の管理下でデュポンの利益を優先するような科学を使う計画だった。そのメモは、「ＰＦＯＡと（先天異常）その他取り沙汰されている危害を否定するような論文と記事を出版しやすく」し、「ＰＦＯＡとジャンク・サイエンスと医療モニタリングの限界に関する白書の出版を推進する」と提案していた。

そして、ＰＦＯＡに有利な研究が存在しなければ、同グループはそれをでっちあげることができる、という算段だった。同社は実際、「ＰＦＯＡがさまざまな血清中濃度で安全安心であると示すだけでなく、本当の健康上の利益があると示すような研究を作成することができる」と提案していた。

その厚かましさは驚愕に値した。

第30章　証明責任

二〇〇七～二〇一〇年
オハイオ州シンシナティ

デュポンが広報キャンペーンと同社負担の健康調査で煙幕を張るのに忙しくしている間、環境保護庁は三年間一貫して、時間稼ぎをした挙句、すべての約束を反故にした。新しい独立の研究がＰＦＯＡの危険性と普遍性を明らかにし続けたのに、同庁は市民に発表した約束を守らなかった。化学物質以外の災害が新聞の見出しを飾った。株式市場が崩壊し、経済が止まり、世界の金融構造が崩れかけた。そして、同庁がＰＦＯＡ問題に真剣に取り組むだろうという私の一縷の望みは消失した。

私の個人的な関係も激動期を迎えていた。不安感は解消したと思ったのは間違いだった。新しい訴訟で費用は嵩み、時間給の請求できない作業は累積した。新たな法律的障害が裁判を遅延させた。家では家族の健康問題に心底揺さぶられた。これは人生で真っ暗な時期だった。あらゆる形であらゆる場面で試練があった。

底流には、科学パネルの長い結果待ちに基づく容赦ない緊張感がくすぶっていた。三人の疫学者は科学的な結果を出すために、費用と時間の制約を基本的に受けずに取り組んでいた。その結果は、揺るぎない強固なもので、見守る我々もデュポンも世界中の学会の同僚も、疑義を挟む余地がないものである必要があった。私は科学パネルが「まず確実な関連性」を裏付けてくれると確信していた。ブルックス博士とアート・マールとブルックマール社の全チームが取り組んだ独立のC8健康プロジェクトの成果は知っていた。二〇〇六年末に成功裏に完結したこのプロジェクトは、世界中どこでも実施されたことのない最大規模の地域住民の健康データ収集計画だった。最後のアンケートと採血が終わる頃、ブルックマール社は七、八万人の住民のうち約六万九千人のデータ収集に成功していた。これはまさに、科学パネルが確定的な結論を導く上で必要とする高品質かつ大量のデータそのものだった。我々原告側に収集できるはずがない、とデュポンが考えていたようなデータ量だった。彼らの期待を破った今、同社は背後で戦争を始めたことが明らかになった。広告会社とコンサルタントを使って、証拠を疑い弱体化する動きだった。

敵対勢力の力と巧妙さがわかったので、ただ座って万事最後はうまくいくと期待するわけにはいかなかった。ジョー・カイガーの集団訴訟の技術的な部分は和解で決着していたが、私は毎月常に膨大な時間（およびそれに伴う経費）を調査に費やした。続く七年間ほぼ毎朝、連邦政府の医療データベース「パブメド」にアクセスして最新の出版物を精査し、役立つ重要なデータがないか探した。

セーラは、それまで私の粘り強さをこの上なく理解してくれていたが、朝一番に私が携帯に手を伸ばすのを見て眉をひそめるようになった。私が別のことを考えているのを見て堪忍袋の限界にきていたか、あるいは、さらに悪いことに、生活の一部として受け入れていたのだったか。

ネットで科学データを検索するのはそれほど簡単ではなかった。当時世界中でＰＦＯＡ研究の量が急増していた。専門家が新たなデータの解釈や理解の手助けをしてくれた。しかし彼らは時間で請求してくるので、経費はかさんだ。デュポンが科学パネルに送りつける論文もモニターする必要があった。デュポンか3M（あるいは彼らのコンサルタント）が出資する研究があれば、科学パネルにそう伝えておきたかった。闘いはまだ終わらず、今手を休めるわけにはいかなかった。

努力の甲斐はあった。集団訴訟団が和解したことで、きれいな水を飲めるようになった。二〇〇五年和解後すぐ、デュポンは公共水道水の新濾過設備の建設と操業に支出する一方、私設井戸の原告住民に家庭用濾過システムを提供した。新浄化システムは機能し、PFOA濃度は改良された水質分析方法の検知限界未満に下がった。原告団の家庭で何十年も続いた飲料水の汚染は終わった。しかしPFOAは、パーカーズバーグやミネソタ州やニュージャージー州などの飲料水で見つかり、住民は曝露していた。

その点を強調するために、私はPFOA（とその他のPFAS族）の高濃度曝露を訴える小グループの原告のための新しい水質と血液の検査プログラムを立ち上げた。環境保護庁と州規制当局には手紙を書き続け、これらの地域住民の個別および累積するPFAS血中濃度を知らせるとともに、汚染水問題に対処し、すべてのPFAS汚染物質の適切な飲料水基準を設定するよう促した。全米で増大する弁護依頼人クライアントを裁判で支援するのが私の責任だったが、もはや裁判弁護士としての関心だけに留まらなくなっていた。かつて自分自身が当惑あるいは困惑を感じながら眺めていたその人になった。情熱にあふれた男、巨大な公衆衛生上の脅威と戦うファイターだ。どういうわけか、自分が世界、またはその一部を救おうとする人になっていた。

息子たちは私のことを絵本にちなんでザ・ロラックスと呼んだ［一九七一年刊行の環境問題と闘うキャラクターの童話。二〇一二年に映画になった］。これは「ダディはオフィスでドーナツを食べる」よりましな呼び名だと思っていた。彼らが幼かった頃、父親の生活はそのようなものだと考えていたようだった。順番に「スペシャル・ランチ」を食べにダウンタウンのオフィスにやってくることになっていた。「スカイライン」でコニードッグ、一九五〇年風のダイナー「ハザウェイズ」でチーズバーガーとフライドポテトを食べてからオフィスに戻り、バークさんに挨拶してからキッチンに向かい、残っている「グレーター」のドーナツを漁るのが日課だった。古き良き時代に、会社は毎朝ドーナツを揃えてくれていた。子供たちは、小学校に進んだ今日では、きれいな水と環境と樹木の保護活動をするのがどういう意味か理解していた。彼らには何年間も『ロラックスおじさんの秘密の種』を読んであげてきた。彼らが大好きな物語だったのだ。

二〇〇六年のＰＦＯＡ管理プログラムは、ＰＦＯＡ血中濃度や水質汚染問題を解決するわけではなかった。排出と製造は、二〇一五年の期限まで削減されながらではあるが、継続が認められた。全廃になったあとも、既存の「残留」汚染は無期限に環境中に留まる。環境保護庁の新たな研究では、全廃後も環境中のＰＦＯＡ濃度は上昇し続ける可能性があった。消費者向け製品の一部のポリマー樹脂——焦げ付かないフライパン、家具、化粧品、家庭用洗剤、衣類、食品包装容器——は、環境中での劣化によりＰＦＯＡに分解することがわかった。この研究によれば、このプロセスはデュポンの科学者が予想したより一〇〇倍速く進行した。環境保護庁の研究者は、この劣化が「環境へ放出されるＰＦＯＡその他のフッ素化合物の重要な供給源」であるとした。

しかし、この毒物への継続する曝露を即座に緩和する方法はある。それほど複雑ではない。基準値を決め、水道水を検査し、基準値を超えた場合は濾過すればよい。

その技術はあった。我々のウェストバージニア州とオハイオ州の原告団のためにデュポンがデザインし出資した粒状活性炭フィルターだ。もう何年も順調に機能していた。そう、水道会社レベルで設置するのはコストが高い。しかしその費用は、集団訴訟の賠償責任と健康被害の対策のコストとは比べ物にならない。会社――と政府――に正しいことをさせるのにどうして裁判が必要なのか。

永遠に待たされたが、私の手紙攻勢は、やっと州レベルの対策をもたらした。

ミネソタ州はＰＦＯＡの飲料水ガイドラインの限度を〇・三ｐｐｂに設定した。州法レベルで初めて、ＰＦＯＡを「危険物質」と定め、これをきっかけに３ＭとＰＦＡＳの州規制で長期の裁判が続いた。

ニュージャージー州は飲料水の長期曝露について、はるかに厳しい〇・〇四ｐｐｂのガイドラインを採用した。しかしデュポンは、同州できれいな飲料水を供給する基準として、強制力のないそのガイドラインを拒絶した。以前、デュポンがオハイオ州とウェストバージニア州で集団訴訟和解条項の〇・〇五ｐｐｂを二〇〇六年環境保護庁との同意命令を盾に拒絶したのと同じ展開だった。

この間、環境保護庁行政は後退した。同庁は、長く遅延したＰＦＯＡリスク評価の結論を出さないと表明した。デュポンが猛烈に抵抗した同庁科学助言委員会の「まず確実な関連性」の勧告も出さなかった。「そのリスク評価は時代遅れになり、まだ始めたばかりだったから」と同庁は言った。「我々は一からやり直す」。

同庁がようやく公表した初の飲料水の「暫定的」ＰＦＯＡガイドラインは、失望させるものだった。二〇〇九年オバマ政権の開始に伴う環境保護庁職員の入れ替えが進む中、同庁は飲料水中のＰＦＯＡ「暫定的健康推奨値」〇・四ｐｐｂを公表した。二〇〇六年のデュポンとの同意命令で盛り込んだ〇・五ｐｐｂよりほんの少し低いだけの数値だった。少しだけだが厳しくすることにはなった。

もっともこの数値は、その二年前、ミネソタ州での〇・三ｐｐｂとニュージャージー州での一〇倍厳しい〇・〇四ｐｐｂより緩かった。決定的な違いもあった。両州の基準は長期曝露（何年にもわたる継続的摂取）に対処するものだったのに対し、新しい同庁の数値は「短期」曝露（曝露が数時間ないし数日続く場合）を想定していた。同庁は、「まだ検討中」とだけ言いながら、その後何年も長期曝露の数値は出さなかった。

デュポンは同庁の新しい数値が、パーカーズバーグとニュージャージー州の我々のクライアントのＰＦＯＡ濃度が完璧に「安全」だと追認した、と主張した。これは長期曝露と短期曝露との決定的な区別を無視するものだった。その結果、環境活動家は同庁の新数値を政権交代前の「ブッシュ政権の（デュポンへの）置き土産」と呼んだ。

新オバマ政権は、有毒化学物質規制の連邦制度を見直すと宣言した。その一環で環境保護庁はＰＦＯＡ（およびＰＦＯＳ）が「各化学物質のリスクとそれに対処する同庁の具体的方策の概要を示すための「化学物質行動計画」の対象になると発表した。

同計画は二〇〇九年一二月に完成する予定だった。

しかし完成することはなかった。

新しい科学的知見が英国、デンマーク、カナダ、ノルウェー、および北極圏西部からも届くようになった。しかし米国ほど真剣にこの化合物を研究している国はなかった。調査研究は全米の上位大学で進んだ。ＰＦＯＡは、あらゆるところで見つかった。ペット、アザラシ、ホッキョクグマ、オスプレイ［タカ科の鳥ミサゴ］の卵、その他地球の僻地・奥地のさまざまな動物からも検出された。人間世界にもあった。母乳や新生児から検出されたのだ。ジョンズ・ホプキンズ大学が検査した三〇〇人の赤ちゃんの臍帯血の九九％からＰＦＯＡが見つかった。

飲料水だけでなくさまざまな発生源から広まっていた。汚染に関与する製品のリストは絶えず拡大していた。ファストフードの包装紙、電子レンジ用ポップコーンの袋、自動車のウィンドウ・ウォッシャー液、さらにミネラルウォーターからも検出された（やがてフィルターが使われるようになった）。こびりつかない調理器具、防汚加工した絨毯、防水加工した衣服は古い例だった。ＰＦＯＡは穀物の土壌、食肉牛、および水質汚染で知られた地域で栽培された作物からも見つかった。

これは人々にどういう影響があるか。新たな研究は広範な疾病との関連性を突き止めた。ジョンズ・ホプキンズ大学は、曝露した赤ちゃんの出生時の低体重および低頭位を発見した。デンマークの研究では、似たような低体重が判明した。その他の研究では、肝酵素の損傷、甲状腺障害、および子供のＡＤＨＤ（注意欠如・多動症）も指摘された。これらはすべて、きれいな水と医療モニタリングを求めるその後の新たな訴訟で有力な武器となりえたが、最初の我々の集団訴訟は科学パネルの報告だけが重要だったので、私は同パネルが新データをすべて把握できるようにすることだけ心がけた。

二〇〇八年、科学パネルはすでに二年近く作業していたものの、まだ、C8健康プロジェクトで集めた健康データと研究論文を忙しそうに分析していた。我々の和解条項はパネルの作業に期限を設けていなかったが、同パネルの委員は完了まで五年と想定していた。最終的には当初見積もりの六倍に当たる三千万ドル以上かかり、心配しながら知らせを待つ地域住民にとっては長すぎる期間がかかることになった。そこで同パネルの疫学者は、住民向けに予備的な結果報告を発表することにした。もっともそれすら少しずつ出始めたのは二〇〇八年後半のことだった。

科学パネルは、予備報告が公式の「まず確実な関連性」の決断ではないと明言した。最終的な医療モニタリングにつながる結果は、まだ三年先とのことだった。しかし彼らは公表に自信があった。

テフロン発明の五〇周年記念日の二〇〇八年四月四日の二日前、C8健康プロジェクトのデータを用いた分析結果が報道された。「顕著に高い」濃度のPFOAが、七万人近くの住民の血液から検出されたのだった。全員のメディアン（中央値）二八ppbは、さまざまな血液銀行の調査で判明した全米一般市民の血中濃度の六倍だった。最もひどく汚染していたのは、平均一三二ppbを記録したリトルホッキングの水道水利用者たちだった。そのうちの一人は、二万二四一二ppbを記録した。

また予備的な数値から、曝露は成人も未成年も高コレステロール、妊婦高血圧、先天異常、および若い女性の性徴の遅れと関連する一方、糖尿病や流産や未熟児出産とは関連性がないとされた。

「デュポンは科学パネルの作業を支援する」と同社広報担当者が予備的結果に対して発言した。そのあと、混乱を招く論理の破綻があるのに、「我々の立場は、科学的証拠の重みに基づき、PFOA曝露に関連した人体の健康への影響はなく、一般市民にリスクはない」と付け加えたのだった。

ミネソタ州では3Mへの風当たりが強くなっていた。同州の環境保護局は同社に、PFASを投棄したツイン・シティーズ地域の埋立地の調査と浄化の費用を支払うよう要請した。こういう時に使われる同意命令に合意した3Mはやがて同局に、旧埋立地の浄化に一三〇〇万ドル支払うことを約束した。

同じ頃ミネソタ大学は同社のPFOA従業員の死亡率に関する新しい研究を発表した。わかったことは、高率の心臓麻痺と前立腺がんだったが、3Mのコメントは聞き慣れたものだった。「この研究でも、PFOAからの健康被害はないという我々の結論は変わらない」。その数週間後、3MのPFAS物質がツイン・シティーズ内および周辺の井戸百個で見つかり、影響される住民は六万八千人になった。

二〇一〇年末になって、ミネソタ州検事総長は3Mを州裁判所に訴えた。広範なPFAS汚染による膨大な天然資源の損害賠償を求めるものだった。州政府は我々の裁判資料を多く使っていた。

この頃、他国は、PFOAから市民を守る対策を取っていた。私がそれを知っているのは、オンラインで世界中をモニターするのが日課だったからである。海外の政府規制当局がPFASと疾病の関連性を明らかにした場合、私は米国の規制当局にそれを速やかに伝えた。「ほら、他の国は対応している。なぜ貴機関は対処しないのか」。もちろん科学パネルにも送り続けた。

大ニュースは、カナダがPFOAを含む製品の輸入を禁止した最初の国になったことだった。ノルウェーはヨーロッパでの消費財PFOAの禁止を提案した。

米国の環境保護庁は何をやっていたのか。

二〇〇六年当時、私は半ダースくらいの州で複数のＰＦＯＡ裁判を扱い、昔からのウェストバージニア州の同僚たちを含む、少なくとも一〇以上の弁護士事務所と弁護士の共同弁護団の一員として働いていた。新しい裁判には、自分では妥当と思われる期待を持って臨んでいた。最初の集団訴訟で成功したのと同じデータと証拠と論理が使えると考えていた。

それはまたしても間違っていた。

その後五年間にわたり、新たな裁判は私に衝撃を与え、やる気を失わせるような形で展開した。訴訟を統括する判事たちは、大きく異なる法解釈に到達した。パーカーズバーグ市の汚染水を飲む住民の訴訟では、最初の集団訴訟と同じ解決策を求めてウェストバージニア州ウッド郡の州裁判所に提訴した。きれいな水と医療モニタリングだった。

しかしパーカーズバーグの裁判では、デュポンは新しい法律上の武器を携えて挑んできた。「集団訴訟公平性法」と呼ばれる連邦法だった。集団訴訟を連邦裁判所で扱うよう仕向ける目的であると大方の人が感じたこの法律は、州法廷より連邦法廷の方が概して「被告にやさしい」と見られているため産業界が支援していた。デュポンはこれを使って、訴訟をウェストバージニア州裁判所から連邦裁判所に追い出し、連邦裁の集団訴訟規則ではきれいな水と医療モニタリングは提訴できない、と速やかに申し立てた。テナント家裁判の時のグッドウィン判事はそれに同意した。

我々の訴えに利がないわけではなかった。グッドウィン判事は原告側が「ＰＦＯＡ曝露が人間の健康に害があるとする説得力ある証拠を提示し、その証拠はこのケースの原告が説明する心配を正当化する」ものだと認めた。彼は、「公共の健康リスクがあるかもしれないという事実は、地域社会で懸念の声が上がり、政府当局に対策を取るように訴えるのに十分である」とも言った。しかし同判事は、要望されている医療モニタリングに関して、連邦裁の判例では医療は個人的なものとされ、ウェストバージニア州の判例とは異なるという見解だった。連邦判例法では、医療モニタリング・アドバイスが原告一人ひとりに同等ではない、なぜなら各人は別々の医療歴と水消費量だから、だった。

まもなくニュージャージー州の我々の裁判で、連邦裁の判事はグッドウィン判事と同じ理屈で、集団訴訟に関する連邦裁規則に基づき、医療モニタリングの集団訴訟を却下した。

ミネソタ州では、我々の集団訴訟は認証問題以前に門前払いとなった。同州裁判所は、州法で医療モニタリングを要求する権利を認めず、モニタリングすべてをまとめて却下したのだった。

類似の認証問題で、全国的なテフロン調理器具の集団訴訟も頓挫することになった。アイオワ州の連邦裁の判事は、二三州からの記名原告団を含む全国集団訴訟の認証を拒絶した。今回もテフロン調理器具が健康リスクかどうかの判断ではなかった——だれが集団訴訟の原告団か、定義が難しいというだけの問題だった。アイオワの裁判所はデュポンに同意した。調理器具一つひとつがテフロン・コーティングされているかはわかりにくいので、誰が購入者か特定できないという論拠だった。

私はますます苛立ち、打ちのめされた。一つ敗訴するごとに、初めの頃の訴訟で得た自信が失われるのを感じた。しかし退歩にもかかわらず、法廷に姿を現わし、州と連邦規制当局に情報と資料を送り続けたことで前進も見られた。３Ｍは我々がミネソタ州で告訴したあと、オウクデイルの公共水道を汚染したＰＦＯＡ（およびＰＦＡＳ）を濾過する費用の負担に同意した。デュポンはニュージャージー州の水道は全く安全だと言い張ったが、我々の和解でデュポンに八〇〇万ドルを払わせて、我々のクライアントに濾過装置の設置費を負担させた。

しかしパーカーズバーグ市には、頑としてきれいな水を提供しようとはしなかった。

そうこうするうちに、クライアント（訴訟依頼人）から、新しい疾病や家族の死の連絡が増えた。アール・テナント家からも舞い込んできた。

デラが泣きながら電話をかけてきて悲しい知らせを伝えてくれた。裁判で和解した八年後の二〇〇九年五月一五日、アールが「突然」心臓麻痺で死んだのだった。六七歳だった。死亡欄では突然亡くなったとされていた。しかし我々は皆、そうではないと知っていた。アールは、雌牛が死に始めた頃から長いゆっくりとした衰弱が始まっていた、と。彼の健康は回復しなかった。心臓発作は悲しみの終点にすぎなかった。本人は最後まで見届けられなかった大義への情熱的な肩入れが終わったのだった。

アールがいなくなったことを私は信じられなかった。お別れの挨拶もできなかった。彼がデュポンから償いを得るためにどれほど厳しい闘いに臨んだか、考えるだけで胸が張り裂けそうだった。そして裁判終結後、ほとんど時間が残っていなかったことも痛恨の極みだった。始めたことの結果を見ることは、遂になかった。究極的に何人の人を助けることになったか、本人は知ることがなかった。その正義はどこにあるのか。

アールはクライアント以上の存在だった。我々の関係は複雑できわめて説明の難しいものだった。私にとって彼がどういう存在だったか説明しようとしても、とても心が痛んでできない。しかし私は彼に借りがあるので説明の努力はしなくてはならない。アールは重要な存在だったからだ。

彼は私が初めて弁護士事務所に連れてきたクライアントだっただけでなく、初めて私に助けを求めてきた人でもあった。彼を助けるチャンスをもらえたことに感謝したい。私のキャリアのあの時点で、彼が私を助けてくれたことも確かだった。人生のほとんどの期間ずっとアウトサイダーと感じていたあとで、遂に必要とされ評価されたのだった。

アールは私の家族を思い出させてくれ、自分のルーツとのつながりを回復してくれた。子供時代から変わらない数少ない場所に戻って、地に足がつくことを感じられたのはいい気分だった。

アールと土地は切っても切れない間柄だった。数え切れないほどの懐疑論者たちがいたにもかかわらず、彼が自然界に関する本能とそれらに対する揺るぎない確信を維持できたことに憧れる。疑われ、相手にされず、物笑いにされればされるほど、彼はますます頑固にこだわったのだった。

私にはそれがよくわかる。原告団の弁護士というアイデンティティに、まだ完全には慣れていなかった。自分の部族からの離脱者と見られていると感じた。それは、かつて私が座っていたテーブルの反対側の被告弁護士たちが私を見る眼差しに感じられた。彼らは、私がかつて原告団弁護士を見ていたのと同じ眼差しで私を見ていた。私の同僚の「原告団弁護士」の顔にも窺うことができた。しかし彼らが顔をしかめて疑えば疑うほど、私はしつこくこだわったのだった。

ちょうどアールがそうだったように。

第31章　痙攣

二〇一〇年五月
ケンタッキー州クレセント・スプリングズ

私はもはやダークホースではなかったが、筋金入りの真っ黒な羊になりかけているのではないかと、ますます心配するようになっていた。二〇〇四年の集団訴訟の和解後、熱意と楽観に燃え、また会社とパートナーたちの支援と勇気づけと信頼を一身に受けながら、新しいＰＦＯＡ訴訟に次々と飛び込んだ。若手弁護士何名かがキャリア駆け出しの段階で手伝ってくれた。これらの裁判が長引くにつれ、何千時間もの時間が費やされ、膨大な金額が専門家と裁判費用にかかっていた。これは、最初の集団訴訟のための科学パネルと「まず確実な関連性」の作業にかかるものに追加して累積していた。ひと月過ぎる度に、どれほど会社と同僚が私に投資し期待しているかを、ますます増える総時間と費用の形で――しかもすべて「未請求」と「回収不能」と表示された――強い念押しとして受け取っていた。

こうした状況は、世界大恐慌以来最大の経済危機とメルトダウンの最中に進行した。深刻な貧困に苦しんだ何百万人もの人たちに比べれば、弁護士事務所の財政的災難は大したものではなかった。しかし、災難が感じられなかったわけではない。長年働いてきた職員と従業員が去るのを見た。未請求の裁判に尽力してくれた若手弁護士たちも会社を去った。今回も大声では何も言われなかったが、私は心の中では、彼らのキャリア上、首にオモリをぶらさげて働いてくれたが、危機に際して転職を考えたのだろうと確信していた。

会社で受け入れられているという脆い感覚は、強固だったことはないが、今や崩れ始めていた。長年のパートナーが定年退職したり去って行ったりするにつれ、他の都市の会社との合併の話が公表された。新しいパートナーが新しいビジネスを持って会社に加わった。毎月、ＰＦＯＡ訴訟が始まった頃会社にいなかった何十人もの弁護士たちは、おそらく当惑しながら、請求メモの中で私の名前の隣りに並ぶ巨額の未請求の時間と経費を見ていたのだろう。

私は毎日、過度あるいは不必要な出費がもはや容認されない時期に、私の仕事と実践が会社にとって持続可能でない重荷と見られていることを心配した。集団訴訟の和解で記録的な手数料が入った時から六年近く経っていた。今会社に何を貢献しているのか。どうやってパートナーたちを助けているか。ただ、費用がより多くかかっているだけのように思えた。小さな慰めとしては、あまりにも深いぬかるみに会社を連れ込んだので、もう先に進んでやがて勝って損失を穴埋めすることを期待する以外に道がないように思えた。しかし会社が、無駄なことにこれ以上金をつぎ込むことは止めると言い出すかもしれない。この時点で損切りして、私に退職を促す方が、会社にとってはマシな選択ではないか。

そうなれば私はどうするか。どうやって家族を養うのか。「支払ってくれる」ようなクライアントはいなかった。この一〇年間、ふつうだったら我が社が弁護する大企業を逆に訴える原告団側で働いてきた。この時点で、私のオフィスの電話は、企業クライアント——あるいは企業クライアントを持つパートナーたち――からの助けを求める電話が鳴り続けるわけではなかったと言えば十分だった。四五歳で「儲かる顧客リスト」のない状態で、一からやり直すのか。

夜、眠る代わりに、横になったまま頭の中で猛烈に様々なシナリオを描いていた。家を売る、息子たちを私立学校から転校させる、ミニバンのリース契約を打ち切り返却する……。こうしたことを考えながら夜明けと共に起き出し、一日中心配し続けた。不安のレベルはひどかった。科学パネル報告が有利でなかった場合、原告団の救済を得られなかった場合、会社にとって財務的重圧になった場合のことを考えると、家族の生活にも十分加われなかった。自分の職業とこの裁判が精神的に疲労困憊させていることに気づき、ますます憂鬱になった。セーラが一番求めているものを私は与えることができなかった。そのせいで、彼女は時々会話の中でこの裁判を嘲笑し、私を怒らせた。それでもセーラは、会社はこれで解雇することはないと納得させようとしたが、私は信じなかった。私は特に経済がさらに停滞する中で毎日心配した。今のところ、少なくとも仕事と給料はあった。いい家があり、セーラは仕事をしなくてもよかった。それでも、この裁判のためにすべてを危うくしかけていると感じ、いつなんどき私の目の前ですべてが暴発してもおかしくない、と心配しながら生きなければならなかった。

科学パネルの作業が始まって五年が経過していた。当初の予想とは裏腹に、回答はまだなかった。デュポンと3Mは人間の疾病との明白な確定的な関連性が不確定と主張したので、我々はミネソタ州とニュージャージー州とパーカーズバーグで救済を確保できずにいた。我々が助けると約束した地域住民たちへの救済だった。巨額の出費が累積していた。住民は病気になり続けた。何人かは死にかけていた。すべて私の責任ではないか。私が、科学パネルを設置したのだ。永遠に回答が出ないばかりか、デュポンはそれを逆手に取って、科学パネルの作業が終わるまでＰＦＯＡの規制対応は不要で時期尚早だと主張していた。要するに、懸命になって実現させた仕組みそのものによって、宙ぶらりんの状態になってしまったのだった。

私はますます落胆していった。他の人たちも不吉の前兆を見たのか、オフィスの前を通過したり、立ち話に立ち寄ったりする人は急速に減った。軍事基地周辺に住む少年として、自分か友達が一年おきに引っ越すのはわかっていたので、私は傷つかないよう保身を身につけていた。いずれにせよ、会社に対して、私は信頼は裏切らないし、自分には居場所をもらう価値があると伝える必要があった。

私には、自分の知っている誰よりも多く働き、長くこらえる能力があった。ひどい真実を暴いたのはわかっていた。危険な現実だった。そして人の命がかかっていた。アールやジョー・カイガー、そしてセーラの母親のような人たちが病気になり、どうして、と不思議に思いながら早死にし続けた。陰謀論のように聞こえるかもしれないが、今や私は、真実を隠蔽しようとする努力が本当にあると確信していた。もちろん、デュポンや３Ｍの発表する声明は人々を安心させ、説得力があり、論理的なので、皆が信用しても不思議ではなかった。

日によっては全く克服できないように思われた。しかし意気消沈する度に、アールのことを考えた。彼は、デュポンが遂にとうとう責任を認めるまで、私をあと押しして闘い続けさせた。彼は金、名声、復讐のために闘ったわけではなかった――求めたのは説明責任だった。アールは決して揺るがなかった。そして最後には正しかった。

少し前のことになるが、二〇〇八年九月、グランマーが亡くなった。予想外の死ではなかった――九一歳で皮膚結核を患い、私の両親宅で車椅子の生活だった――が、最期の衰弱は急で早かった。何週間かデイトンのホスピスを車で往復したあと、彼女はいなくなった。

そのすぐあと、ジムとデラ・テナント夫妻の長女マーサが乳がんの診断を受けた。両乳房の切除術の後、化学療法を受けた。マーサには会ったことはなかったが、ジムとデラがよく話してくれた。二人の幼い子の母親だった。アールの妻サンディもがんと闘っていたが、それほど経たないうちに亡くなった。アールと同じくあまりにも早すぎた。

ジムとデラはいつも電話をくれて、親友の関係になった。クリスマスごとにデラが送ってくれる自家製ファッジ［キャンディの一種］は楽しみにしていた。一年を通じてすばらしい手紙、メールそしてカードも二人から届いた。電話口で彼らの声を通して、揺るぎない支援と激励をもらうだけでありがたかった。彼らの苦労は想像するにあまりあった。

自宅では、セーラが母親のがんの再発に直面していた。私の両親の健康も衰えていた。母と父は一連の心臓発作やその他の疾患に対処していた。セーラの実の妹までも、とてつもなく若い年齢で心臓発作を起こし、皆を驚かせた。

この間、科学パネルは際限のないように見える遅延により低迷し続けていた。データ分析は想像以上に困難とわかり、何度か期限を延長した。合意時の設計条件で、我々は期限に口を挟むことはできず、デュポン側も我々原告側も、同パネルの方法論に介入することは厳しく禁止されていた。できるのは三人の委員の求めに応じることだけだった。

もどかしいのは、長期の遅延が巨大なデータの欠落のせいであることだった——曝露した地域住民に関する完全なPFOAの疫学調査が全くなかったのだ。この欠落は偶然ではなかった。研究が意図的に中止され、研究が公刊されないこともあれば、公刊論文の結論が生データと整合しないこともしばしばだった。一部の調査は全く実施されなかった。一九七八年のサル研究——高濃度の投与を受けたすべてのサルが死亡したもの——と一九九九年の類人猿実験との間の二〇年のギャップはどうしたことだったのか。その間の追跡調査はどこに行ったのか。

これらすべての考えと疑問が、毎日起きている間、一分ごとに私の脳裏をよぎった。唯一の気晴らしは、テレビの『ファミリー・ガイ』のエピソードを二匹の猫コングとポッサムと一緒に観ることだった。大笑いしすぎて猫たちが怖がってひざから逃げ出すほどだった（いつも戻ってきたが）。

ある日曜日、セーラが息子たちを教会に連れて行った後、猫とともにソファに収まり、漫画療法で少しだけとはいえPFOAを脳裏から切り離していた時だった。初めて少し何かがおかしいと感じ始めた。視野がぼやけ、視界の端には奇異な歪みと光のきらめきがあった。それらを振り切って身支度するために二階に上がった。しかしシャワーで視野は悪化し、ふらついてめまいもするようになった。私はシャワーの湯気のせいかと思った。階段を降りる間に、足の感覚が麻痺した。

キッチンの椅子に這っていくと、体の右側が震え始め右手と右脚に広がり、靴下がはけなかった。帰ってきたセーラと息子たちは、震えながら座っている私を見つけた。ろれつは回らず、右半身の震えは麻痺になっていた。セーラの質問に答えようとして、全く話せないのに気づいた。パニック状態になった。セーラが居間のソファに移動させてくれたが、そこで私は気を失った。彼女はそういう状態の私を見せないようにするために、息子たちを階下に行かせた。それから道を走って、袋小路の角に住むマーク・ボイド医師に助けを求めた。

意識が戻った時、居間でボイド医師が私の前に心配そうに立っていた。彼は私を床に寝かせ、ソファに足を乗せた。気は失わなかったが、右脚と右手の麻痺は止められなかった。彼は私の目を照らした。彼が何を考えているか推測できた。脳卒中だった。彼は言わなかったし、私は話す能力を失っていたが、同じことを考えていた。彼は救急車を呼んだ。

救急隊員が玄関から救急車へ車椅子で押して行く間、セーラはマークの妻に息子たちを頼み、自分は病院に同行できるようにした。息子チャーリーが弟二人と追いかけながら泣き出すのを見た。このような姿を見せたことに私は愕然とした。うちのガレージへ入るドライブウェイで点滅する救急車に私が震えながら搬入されるところを、通りの近所の人たちが見ているのを見て屈辱的な気持ちになった。救急治療室に入ると、右半身の麻痺が激しく震える痙攣になった。腕と脚が震えながら台に繰り返し上下しながらぶつかるのを止めることはできなかった。これが三時間休まず続いた。この間セーラはずっと驚くほどの節度を持ち取り乱さなかった。医師が私を台に縛り付けた時、彼女の顔には恐怖が見えた。そして、嘘のように震えは止まった。誰かがスイッチを切ったように。もっとも、視界は霧がかかったままで、精神はぼんやりしていた。話し声は聞こえたが応答はできなかった。

有り体に言って恐怖に慄いた。それが過ぎ去ると、自分の身体的弱さに怒りを感じた。

脳卒中ではなかった。どの医師も全く説明できなかった。心電図で心臓麻痺でないこともわかった。脳のスキャン、MRI〔磁気共鳴映像法〕その他あらゆる検査でも、診断はつかなかった。数日入院し回答を待ったが何も得られなかった。一体なんなのか、なぜなのかわからず、気が気ではなかった。てんかんか。怪しい脳障害か。誰も教えてくれなかった。何もわからないので心が乱された。

数日かかったが、ようやく症状は治まり、普通の感覚が戻り始めた。仕事に復帰し、順調に見えた。少なくとも自分ではそう感じていた。セーラは、私がもっとはるかに深刻に受け止めないので烈火の如く憤っていた。彼女は、これはストレス過剰のせいなので、仕事を減らして他の人にデュポン裁判を任せなければ悪化するばかりだと確信していた。彼女は、会社と共同弁護士が過度の圧力とストレスをかけて、すべて私一人に任せ、発生していること――いないこと――すべての責任を負わせていると考えて、次第に怒るようになった。同僚に電話してはっきりどう考えているか伝えるようにと、私が脅迫されたのも一度ではなかった。彼女は医師とともに神経科の診察をもっと頻繁に受けるよう促した。両親と姉も同調した。しかし私は一回限りのおかしな「エピソード」のせいにして、乗り越え忘れることにした。面倒なことに割くゆとりはなかった。

私は引き続き環境保護庁に手紙を書き続け、新たなPFOA裁判の仕事をしていたが、私のパートナーであるキム・バークは、彼の裁判の手伝いをしてほしいと言ってきた。短期間だったが、古巣の仕事に戻れるのはいい気分だった。

そこでまた起こったのだった。初回がおっかない感じだとすれば、二回目はゾッとするほど恐ろしかった。今回は会社で起こった。

ちょうどキムの裁判の証言録取から戻ったところだった。部屋に戻り、デスクに座り、パソコンのモニターを見ると、まるで液体になったかのようにぼやけて波打つようになった。頭に霧がかかり、めまいも始まった。そして右腕と右脚が震え始めた。

立ちあがろうとしたができなかった。震えが止まらず痙攣に発展するのではないかと心配してパニックに陥った——そうなったらどうすればいいのか。ここから脱出しなければならない、それも急いで。アシスタントのデボラに早退すると伝えるために電話のボタンを押した。彼女が電話に出た時、自分でろれつが回らず言葉が出ないことがわかった。手遅れだった。

意味不明の発語を聞いた彼女は廊下を走ってきてドアを開けた。腕と脚が激しく震え、質問に答えられないのを見て、彼女が脳卒中を疑っているのがわかった。私は職場の誰にも伝えていなかったので、彼女も初回のエピソードは知らなかった。救急車を呼んでくれた。

救命士が到着し、私は担架に縛り付けられ社内を通って連れ出された。抑えられないほど痙攣していたが、意識ははっきりしていたので、みんなが廊下やエレベータや路上で見ているのがわかった。午後五時近くでいたるところに人がいた。もうまさに屈辱的なことだった。もともと注目されるのを忌み嫌う者として、憐憫の対象になるのは想像できる限りで最悪の状態だった。

今回も痙攣は三時間続いた。医師たちが呼んだ別の神経科医は、ＭＲＩを撮り、電極を身体中に貼り付けた。そこで震えが再発した。少なくともこれで、何が起きているか診断でき治せるだろうと暗い気持ちで考えた。しかし彼らは「異常な脳活動」ということしか言えなかった。てんかん発作でも心臓発作でもなかった。線がショートするコンピュータのアナロジーを使って説明してくれた。しかし「解剖しない限り解明できないだろう」と彼らは言った（私は丁寧にお断りした）。

私の人生のこの時点で、屈辱と怪我は結合双生児だった。

私はそれらを隠そうとした。ある時職場でまた痙攣が始まるのを感じて、誰にも見られないうちにオフィスから出ようとした。あまり行かないうちに右脚がもつれ始めた。右脚の全筋肉が同時に壊れたようだった。前兆がないので倒れないように支える必要があった。とても注意してよろよろしながら会社に戻り、意気消沈しながらキム・バークに家まで乗せてもらった。

職場で恥ずかしい思いをするのもいやだった。しかし、パートナーたち、そして特にセーラと家族にストレスと心配をかけるのは耐えられなかった。セーラは三人の息子たちと化学療法中の母親の世話で多忙だった。誰かに負担をかけるのは嫌だった。会議中小さな震えを感じたら、手の上に座るようにして抑えた。ろれつが回らなくなったり脚の力が尽きてつまずいたりしたら、酔っ払っていると見られるのではないか心配した。特に初めの頃、その苦悩のあまり、さらに極端に閉じこもるようになった。シンシナティ・ダウンタウンの事務所に四半世紀所属したあと、川向こうの北ケンタッキー事務所に移籍することにした。そこには他に弁護士三人とアシスタント一名しかいなかった。今や全キャリアを過ごしたメイン・オフィスから、物理的に離れたのだった。

共同弁護士たちともますます遠くなっていると感じていた。ＰＦＯＡ問題全体がどれほど複雑で多層的になっているか誰も十分に理解していないようだった。確かに、デュポンや３Ｍとの闘いや、科学パネルが終結するまでの落ち着かない待ち時間は、同情してくれた。しかし彼らは他の州で働き、他の裁判をたくさん抱えていた上に、対面ではほとんど会わなかった。

複数の裁判が進行中で、新たなPFAS研究のモニタリングや連邦政府・州政府規制機関への手紙書きなどがあるので、片腕でサーカスの三種目を同時に指揮しているかのようだった。

私は、戦略と戦術を計画し、部隊を組織し連携をとった。完全なチームを結成することに常に心を砕き、私の知識の欠けているところを補ってくれる人を連れてきたいと考えていた。そのリストと必要なメンバー数は増大する一方だった。チームメンバーはそれぞれ明確な任務と機能に専念するが、すべてのボールが空中にあるように統括する人が、全体像を把握し、科学と規制当局者とメディアと政治家に影響を与える絶えざる努力をモニターする必要があった。私はその任務から逃れることはできなかった。

細部に緊張感を持って専念していると、時折現場から離れ、背後にある大きな疑問に答えるために必要な視座を見つけるようなことは困難だった――なぜこんなことが起きたのか。

どうやって、化学物質は地球全体を汚染するのか。動物を殺し何十年も人間の血液中に留まるようなものが、どうしてこれほど長い間検知されなかったのか。どうやって、一企業が地域住民全体の水道水を汚染してお咎めなしでいられるのか。どうやって、汚染を防止するのが唯一の任務である規制当局はそばに立ったまま汚染を放置したのか。

私は真実に光を当てる重大な責任を感じていた。これは小さな環境許可証や諸規制の話ではない。蛇口をひねり、グラスを満たす水が汚染されていない、と信用できる権利の問題だった。

痙攣のあと診察した医師が、「ストレスは大きいですか」とたずねた。

私は「普通以上のことはありません」と答えた。セーラが聞いたら首を絞められただろう。

二〇一一年の日々が過ぎていったが、科学パネル待ちが続いた。地域住民はぶつぶつ言い、裁判所はパネルに催促し、それがニュースになった。ヒル判事は二〇一一年一二月に八一歳で亡くなっていた。ジョン・D・ビーン新判事が、進行中の和解活動を統括する任務に指名されていた。パネルに直接圧力をかけることはできなかったが、我々と同様、痺れを切らしている判事とヒアリングを準備することは可能だった。

「かなりイライラしています」と、判事はパネルについてパーカーズバーグ・ニュース&センティネル誌に語った。「パネルに高い給料を支払っていますが、何か進んでいるようには見えないのです」。彼は、進展が見られなければ、原告被告双方に新科学パネルを任命させると脅迫さえした。そこまでは踏み切らなかったが、パネルの委員に出廷を要請し、なぜ長引いているのか説明させた。

「市民は回答を求めています」と彼は言った。

科学パネル委員の一人カイル・スティーンランドは、遅延理由の説明で、同誌に次のように引用されている。「我々は、人々が過去にどれくらいPFOAに曝されたか推測しなければなりません。もし誰かが一九九五年にがんになったら、一九九五年より前にどれくらい曝露していたか知る必要があるのです」。

これはオリンピック・レベルの疫学だった。デュポンの川と大気へのPFOA排出履歴を使って、パネルは、PFOAはどこへ行ったかモデルを構築し、各時点で各水道システムにどれくらいの量が入っているか計算していた。いつどのようにして一個人がこの濃度の水を飲んだか計算することで、各個人の曝露度合いおよび推定PFOA血中濃度の経年変化さえも計算できるのだった。

「膨大な任務ですが、C8と疾病との関連を科学的に判定するためには欠かせないものです」とスティーンランドは言った。「時間がかかるが正しく作業する価値はあります。できるだけ早く出すべく作業しています」。

原告団のいらだちは怒りにつながりかねなかった。ジョー・カイガーは、長く待たされた不満を口にした。「彼らが気取って歩いているのをよく見かけます」と彼は新聞に答えた。「つながりと言うだけで、『まず確実な関連性』はまだ出していません」。

驚くことではないが、デュポンは、待つことに満足し、長ければ長いほどよいと考えているようだった。「期限を押し付けたことはありません」とラリー・ジャンセンは言った。「何か見つかれば知らせがあると信じています」。

この不確実さの苦しみは、二〇一一年九月、電話会議設定を告げるパネルからのメールで終焉を迎えた。原告側とデュポンとが電話で聞いている中で、パネルは間もなく、まず確実な関連性の声明を出す予定だと言った。私はそわそわしながら興奮していた。当初の和解条項に基づき、一つでも関連性が見つかれば、曝露した原告団のための今後の医療モニタリングを統括する新しい医療パネルが結成される。和解の下で地域住民の水道水を浄化するすべての濾過システムの支払いを続けるデュポンの義務も確定する。これは永遠に、だった。

私は前進する意欲に満ち、すでに次のステップの準備をしていた。電話のあと数日のうちに、例の神経系の症状が再発した。一〇月には病院に行くほどのものが一回、一一月には三回続けてあった。同じ経験、同じ症状だった。またしても誰も説明できなかった。医師たちは単に別の薬のセットに切り替えただけだった。不思議な病状と付き合うのは、長く不穏な過程だった。最初の投薬では脳に濃い霧がかかり集中力が維持できなかった。医師にはこれではうまくいかないと伝えた。職場では、明晰な思考と集中力の維持だけが求められていて、医療的に発生した霧がかかっていなくても難しいことなのだ。何種類か入れ替わり立ち替わりする医師たちが処方する投薬を試した。ようやく痙攣の「エピソード」を最小限に抑えるような薬が見つかった。しかしまだ当惑し予期できない「痙攣」は続いた。頭が突然片側に曲り、片目が閉じるか、片腕か片脚が痙攣した。歩く時、足を時々引きずるようになった。とても人目を気にするようになってしまった。

痙攣は激しくなくなったが、今日に至るも続いている。脚が自由にならなくなり、首が暴力的にひきつり、腕が突っ張り、まぶたがぴくぴくしない日が何日も続くことはあまりない。それでも仕事はできるので、一病息災で対応している。

第32章　報いへの道

二〇一一年冬
ウェストバージニア州ビエナ

二〇一一年一二月四日、科学パネルが最初の「まず確実な関連性」の報告書を公開した。それは、未熟児出産や低体重児や流産や先天異常とは関連が「ない」とした。先天異常の結果を聞いてうちのめされた。スーとバッキー・ベイリーにはなんと伝えるのか。しかし一つは関連性を認めた。プリエクランプシア——妊娠高血圧症だった。これは妊婦に死を含むさまざまな症状をもたらすものだ。

人生でこれほどほっとしたことはなかった。何年ものたいへんな努力の末、独立の科学的検証でPFOAが深刻な健康被害と関連していることが明らかになった。もうデュポンと、「微量」の曝露は「人間の健康に影響するという証拠がない」かどうか議論する必要がなくなった。この問題は、独立した科学調査で完全に決着がついたのだ。

しかし安堵は長く続かなかった。デュポンは、共同で委員を選び支援すると約束したにもかかわらず、直ちに広報担当者を通じて科学パネル報告の重要性を疑問視し始めたのだ。この相手のことは熟知していたので、和解条項では双方とも結果について疑念を挟む手段はなく受諾するものと釘を刺してあった。さらに悪いことに、同社はこの間、新訴訟でパネルの遅延を言い訳に使い、進行する汚染に対して何もしなかった。ところが結果が不利だとわかると、その重大さを割引きし始めた。

パーカーズバーグ・ニュース&センティネル誌は、デュポンの声明を繰り返すように、パネルの発表が「率直に言って期待はずれだった」と否定した。社説は、「今までのところ、ＰＦＯＡ曝露の潜在的な危険性は誇張されている。司法分野の人たちが、地域住民の健康不安以外の利害意識から不安を煽っているようだ」。

「金食い虫の弁護士」という表現はなかったが、ほのめかしてあった。

デュポンは言いたい放題だったが、その後数か月にわたり、科学パネルは残りの成果を小出しにした。二〇一二年七月末、七年以上かかった最終結果が出た。ＰＦＯＡ曝露とほとんど確実に関連するのは六疾患になった。ＰＦＯＡの危険性は「誇張されて」はいないようだった。疾患のリストは次の通りだった。

腎臓がん
睾丸がん
潰瘍性大腸炎
甲状腺疾患
高コレステロール
プリエクランプシア［妊娠高血圧症］

このように証明責任は果たされた。三人の世界一流の疫学者が、疫学史上もっとも包括的で完全で正確なデータセットを研究した結果だった。

科学パネルの報告に関する心配が解消した今、過去七年間、いかにその心配に消耗させられたかを私は実感した。この間息子たちは少年サッカーから高校体育会に進んだ。もっと一緒に時間を過ごしたかった。この何年もの間、デュポンと３Ｍは我々を嘘つき呼ばわりし、恐怖で人々を脅し会社を誤解させてきたと非難した。とうとう彼らが間違っていると断定できた。

これで、科学パネルの心配はなくなり、和解の第二段階に専念できるようになった。和解条項に基づいて医療パネルの委員を選定し、医療モニタリング計画の詳細を確定してもらうわけだ。医療パネルは科学パネルと同じ方法で決定した。今回は疫学者ではなく、中立的で世界的に有名な三人の独立の医師を求めた。ラリー・ウィンターはできないと言うので、ラリー・ジャンセンが私と旅することになった。

人格的対立の心配は杞憂に終わった。裁判で争う相手だった頃、彼が私を見下していたのは確かだと思うが、彼に関する限り、今や裁判は本質的に終わっていた。彼が交渉の末確定した和解条件を実施するだけだ。闘う材料はもうなかった。

それでも今までの経緯があるので、始めた当初は緊張があったが、二人で移動していたある晩、くつろいだ雰囲気で初めて夕食を共にした。裁判の話はなかった。代わりに二人の会社が変貌する経済情勢に翻弄されていると話す中で、似た経験を経てきたことがわかった。そこで彼は、初めて、私が彼と同じ企業法務の弁護士だと見るようになった。

その後親友にはならなかったが、四か月の作業の間、間違いなく気持ちの通じる関係が続いた。

二〇一二年四月には、医療パネルが決まった。カリフォルニア大学アーバイン校職業環境健康センターのディーン・ベイカー博士、メリーランド大学医学部のメリッサ・マクダイヤーミド博士、そしてダートマス大学医学部のハロルド・C・ソックス博士だ。

和解条項で、新医療パネルは、PFOAが六疾患を発生させることは受け入れた上で任務に当たるよう求められた。デュポンが医療検査と手続きを負担するためには、パネルはいくつか条件をクリアできるか確認する必要があった。

一　疾患の検査方法が存在する
二　必要とされる検査が曝露していない患者に推奨される検査と異なる

さらに三つ目として、医療パネルは、集団訴訟のどのメンバーが十分に高い疾患リスクを持ち検査対象になるかを決めることになっていた。デュポンは原告団の中で最高のPFOA曝露集団のみがモニタリング対象になると主張した。私は、科学パネルが「まず確実な関連性」は原告全員が該当すると裁定したので、原告になった人は全員がモニタリング対象者だと反論した。これは重大な点だった。デュポンがこの議論に勝っていたら、医療検査を高曝露濃度のごく少数の原告団の人だけに絞ることができただろう。私たちはこの闘いに勝ったのだった。

二〇一三年五月、医療パネルは初回報告書を公表した。年齢や性別による明らかな区別（たとえば女性は睾丸がん検査なし、男性は妊娠高血圧症検査なし）以外、要するに原告全員が六疾患のモニタリングを受けるよう推奨した。二〇〇四年の和解に基づき、デュポンは上限二億三五〇〇万ドルまで、あらゆるモニタリングの費用を負担する必要が生じた。

和解条項は医療モニタリングの枠組みを確定したが、どのように七万人に六疾患のモニタリングを実施するかは明確に取り決めていなかった。この規模のことは前例がなかった。我々は、前回のC8健康プロジェクトの経験があるブルックマール社のポール・ブルックスとアート・マールに再度依頼しようと考えた。

デュポンには別の構想があった。ブルックマール社が七万人の原告団のほとんど全員を血液検査に首尾よく動員できたことにデュポンは懲りていた。もし誰も検査を受けなかったら、デュポンは一銭も支出しなくて済む。デュポンは別の人を使いたいと提案してきた。ニューヨーク市のファインバーグ・ローゼン法律事務所のマイク・ローゼンだった。

ローゼンは医療面の経験はなかったが、集団的悲劇の犠牲者への補償の分配に関しては有力な専門家だった。デュポンは、巨大で複雑な和解を手がけたローゼン事務所の経験が、まさに我々が必要としているものだと主張した。

和解合意の細部に注意を払っていたが、前例のない医療モニタリング計画の実施方法が詰め切れていなかったことに、私は次第に吐き気を催しながらも気がつき始めた。

我々は早く合意したかったので、妥協することにした。ブルックマール社とプログラムの実施で協力するという条件で、ローゼンがモニタリングを担当することに同意した。

ところが実行する段になるとローゼンは、ブルックマール社はふさわしくないと通告してきたのだった。ブルックス博士と同僚たちは、ローゼンに先進的な新しいプログラムなどを到底実施できない野卑な田舎者と呼ばれたと感じて、怒り心頭に発していた。ローゼンが辞めるかブルックスが辞めるかのどちらかになった。大混乱である。原告団はモニタリングを待っていた。結局、ブルックマール社抜きで医療モニタリングを実施するほかなかった。新たな通知が出ると原告団は参加し始めたが、ペースはゆっくりだった。最終的に集団訴訟の八千人が来て、六疾患の多数の診断検査も含めて、血液検査と医師との面談を実施した。前例のない規模の医療モニタリングになった。しかしC8健康プロジェクトの採血数に比べれば数分の一に過ぎない。もしブルックマール社が実施していたら、どれくらい多数の人が無料検査を利用しただろうか、と残念に思わずにはいられなかった。

これで集団訴訟のすべての項目は達成された。その次に、六疾病の人たちの対策を考え始めた。我々が集団訴訟の全員を一グループと見なした第一段階と異なり、個人の怪我と死亡の訴えは、個々人の要求として、別々の個別の裁判をそれぞれの人がそれぞれの弁護士を選んで起こす必要があった。現実は、時間はかかったものの、考えるだけでも衝撃的なものだった。七万人ほどの原告団（デュポンのワシントン・ワークス工場の従業員を含む）のうち、約三五〇〇人が名乗りを挙げて、六疾患の診断を受けたと申告しただけでなく、デュポンに対して正式に裁判を起こして、救済を求めて立ち上がった。私は、もっと多数の住民が同じ疾患で苦しんでいたが、とにかくデュポンと対決するリスクを追いたくないので断念したと確信した。もはや法律と科学の話ではない、デュポンの五〇年に及ぶ行動と無策から生じた人間の悲惨さの問題だった。エドとハリーとラリーが個別裁判の新クライアントを記録するにつれて、心が破れるような個人個人の様子が明らかになった――それは法廷でようやく日の目を見る現実だった。

ワシントン・ワークス工場の従業員で、二〇年以上テフロン関連製品を扱ったケン・ワムズリーのような話だ。

ケンは生え抜きのデュポン社員で、一生働くと決めていた。他の従業員と同じく、下積みを経験し何度も部署を変わった。一九六二年、たった一九歳の時に雪かきから始めた。

一九七六年、最後となる異動で彼はワシントン・ワークス工場の化学物質分析実験室に行った。そこで、分子を操作し化合物を分析するハイテク機材を使いながら、様々なテフロン製品をテストした。社内で昇格する中で、休憩室でテフロン業務の噂を聞いた――早死にしたくないなら行きたくない部署だ。しかしそれは不平のある一部の人の職場の悪口だろうと思った。デュポンが強調する職場の安全性にはいつも感銘を受けたし、いずれにせよ新しい仕事は断るにはもったいない部署だった。精密さが好きで、微小レベルのものを検知することに喜びを感じた――ppm、ppb。毎朝、七時数分前に到着し、その日の最初の実験を始める。一千以上の化合物を「C・アラビカ」から水性溶媒に抽出する作業、つまりコーヒーを淹れる作業だった。

しかしまず水がきれいになるまで待つ必要があった。工場の地下水を汲み上げた水は、蛇口から茶色がかった色で出てきた。飲みたい程度の色になるまで流しっぱなしにしておいた。実験室の同僚たちと文句を言いながら、何度となく上司に苦情を伝えた。何も心配ないと言われたので、心配していなかった。

一九七六年までに、ケンはワシントン・ワークス工場の水を一〇年以上飲んでいたことになる。ある日、テフロン実験室で仕事をしていると、腹部に刺すような痛みを感じ始めた。痛くてトイレに駆け込んだ。当初、ひどい食あたりか、もしかしたら食中毒のように感じた。しかしそれらは以前に体験していて、やがて痛くなくなるのを知っていた。しかしこの痛みは続いた。やがて腹痛は体をよじるような痛みになっていった。ましな日もあったが、痛みはひどくなるばかりだった。トイレが近くにある実験室でなら落ち着いて働けた。しかし外出するのは心配になった。家か職場以外に行く場合は、常にトイレの場所を確認していた。本当にあやうく間に合わなくなりそうなことが何度もあった。

ある晩あまりにも痛くなり、朝まで我慢できそうになくなった。妻が医者を電話で起こした。

「病院に行きなさい」と医師は言った。「急いで」。

救急治療室でケンは次第に深く串刺しにされるような一連の検査を受けた。しかし原因はわからなかった。

「開腹手術をして調べます」と医師は言った。

手術で潰瘍性大腸炎とわかった。小腸は消化を妨げる小さな傷跡の癒着で覆われ、ガスタンクに砂が入ったようだった。医師は癒着を切除し縫合した。翌朝起きると臍の上八インチのところからの傷口はベルトの下まで続いていた。医師の言葉が眠れぬ夜に耳に残った。「ケン、治療はしておきました。しかし将来のことが心配です」。

傷口の回復は地獄のようだった。ベッドに横たわり、傷口は蜘蛛の巣のような管につながれていた。ようやくベッドから起き上がれるようになると、彼のために準備されたゆり椅子のようなものに座った。立とうと努力したが、体がついてこない。弱り過ぎていた。力を取り戻すのに何か月もかかった。働けず座っているだけなので、お金が出ていく一方だった。家の外の道を無理やり行ったり来たりした。回復に時間がかかりすぎると失業するのではないかと心配した。三か月くらいして、テフロン実験室に復帰した。

実験台にかがみ、ビーカーやシリンダーの分子を操作しているうちに、やがて体調は完全によくなった。生活は正常に戻った。自分らしく感じるようになり、部門で一番熟練した実験技術者になった。若手が助けを求めてやってくるような技術者だった。

ケンはテフロン実験室の仕事が好きだった。デュポン関係者がC8-PFOAと呼んでいた物質も検査していた。

キャレンとスーのように、ケンもこれが「単なる石鹸のようなもの」と考えていた。テフロン製品を「もっと滑りやすく」するものだった。製品のPFOA含有量も測った。八オンス瓶にサンプルを入れてきた。それをメスシリンダーに流し込み、ガーゼで濾した。

白熱炉でテフロンを焼く実験の場合、ケンは熱と煙から離れた。同僚たちがテフロンの煙を吸わないようにと警告していた。「すぐ肺炎になり翌日具合が悪くなる」からと言われていた。一九八〇年代までマスクの着用は推奨されなかった。しかしケンはできるだけ吸い込まないようにしていた。常識だった。

安全規則・手順は初日から叩き込まれた。安全メガネ、安全靴、安全ゴーグル、様々な手袋——仕事ごとに要件が決まっていた。安全管理者に、正しい安全防具なしに仕事をしているのを見つかったら、耳が痛くなるほど注意された。即日帰宅させられることもあった。しかしケンはそういうことはしなかった。書いてある規則はすべて守るタイプだった。

実験室マニュアルは、化学物質の扱い手順についてきわめて詳細だった。ケンはたまに発がん物質とわかっているものを扱う必要があった。それらは排気フードの下で注意深く扱った。PFOAはそのような警告がなかったので、「実験台の上で」作業した。手を守るために手袋はしていた。たまに何かが腕に振りかかることがあったが、気にしなかった。ただ拭き取った。安全マニュアルにそれ以外の指示はなかった。

他の従業員と同じように、ケンが定期検診で会う工場の医師は、定期的に採血し化学物質がないか検査した。結果は全く心配していなかった。上司が注意深く見ていてくれると思い、工場の念入りな安全方針と手順は、十分すぎる保護を提供してくれた。むしろやりすぎだと思っていた。

もちろん工場の蛇口から出てくる茶色の水道水はあった。深刻な危害があるというより、気分のいいものではない、くらいに見えた。彼と同僚たちは上司にミネラルウォーターを談判したが、認められなかった。茶色い水道水はそのまま放置され、ケンはそれで悩むことはなかった。

彼は、主として仕事が安定して当てにできることを感謝した。例外は工場が交代シフトを八時間から一二時間に延長した時で、一日がとても長く感じられるようになった。一日が終わるまで持たせるためにコーヒーの量は増えた。時には六杯から八杯、変な水で淹れたものだった。

一九八〇年、ケンは三七歳で、夫であり三人の子供の父親だった——娘二人と息子一人。パーカーズバーグに家を買い、会社のピクニックに家族を連れて行き、まだ若くて活発だったのでソフトボール大会で活躍した。ベースを回るのは速く、腕っ節は強かった。人生で一番幸せな時期だった。

同じ年、デュポンの高分子製品部は、同社のどの部門より優れた安全記録を打ち立てた。一日も就労制限で失ったり妨げられたりしなかった。社内ではワシントン・ワークス工場が、世界の一四二のデュポン工場の中で最優秀の安全記録を誇った。「ワシントン・ワークス工場は世界で一番安全な会社の一番安全な部署の一番安全な工場だ」と友人で同僚のデイビット・モアヘッドは、何年も後になって一九八〇年当時を思い出しながら書いた。

数か月後、一九八一年の春、ケンが出勤すると何かがおかしかった。女性はどこに行ったのか。テフロン部門の女性は一人残らずいなくなっていた。奇妙だった。

女性たちは帰宅させられたと聞いた。

でもなぜなのか。

誰かが、先天異常を生じさせる疑いのある化学物質のことを言っていた。化学物質はPFOAだった。ケンは心配しないようにしていた、皆は女性だけに影響があると言っていたからだ。でも気になって上司に聞いてみた。上司は真っ直ぐに目を見て安心させてくれた。「ケン、大丈夫だ、男には影響ない」。

二〇年間、ときおり消化器系の問題は起きたものの、ケンはそれを信じた。

開腹手術で癒着を治療してから四半世紀が過ぎようとしていた。手術後、体力を回復して実験室に復帰するには何か月もかかった。その間デュポンが仕事を押さえておいてくれたことに感謝していた。三九年工場で働いたあと、一からやり直すのだけは避けたかった。

手術後の年月はだいたい順調だった。お腹の問題はあったが、生活は影響を受けなかった。ソフトボールもできるようになった。ほとんど毎週ボウリングもやった。ゴルフも習った。左利きだったが右打ちを練習した。

しかし幸運は長くは続かなかった。今度はケンでなく妻が病気になった。青白くなり、失神を繰り返し、便通に問題があった。医師たちは何が問題かわからなかった。結局手術で小腸の三分の二を切除した。

手術から戻ってきた人は、彼に言わせれば、「別の女性」だった。彼女はいつも静かな人だったが、今や癇癪持ちになっていた。ケンは彼女をまだ愛していたが、彼女が愛してくれているかはわからなかった。彼女は離婚を望んだ。彼女の決意を翻すことはできなかった。三人の子供たちを育てた三台分のガレージ付きの家から引っ越した。彼はビエナにある寝室二間のとても小さな家にダウンサイズした。そこはパーカーズバーグの静かな郊外で、私の祖母と曽祖父母がかつて住んだ町だった。彼は五八歳になり、一人暮らしで、地平線には孤独な老後が近づいていた。

彼の人生で唯一安らぐ場所は職場だった。テフロン実験室では昇格した。実験室のアナリスト「分析担当者」になり、実験室では最高位のゾーン七のスタッフになった。中間管理職のすぐ下の地位だった。ようやく収入もよくなった。子供は大学を卒業したので、退職に備えて貯金ができるようになった。年金が始まる六三歳で退職できるよう計画した。会社に四〇年いたから、年金はいい額になるはずだった。

じっとしている性格ではないので、退職してからもそういう計画ではなかった。旅行し、外国も訪れたかった。地元のコミュニティ・カレッジで数学を教えることも考えた。もしかしたら合唱団に参加するかもしれない。単身者クラブも。

ところが二〇〇一年、私が環境保護庁に一二ポンドの手紙を送ったひと月後、ケンの以前の腸の痛みが再発した。さらに悪くなっていた。

テフロン実験室でお腹を抱えてうずくまり、トイレによろよろしながら行った。恥ずかしいことだった。同僚には、自分がどれくらい頻繁にすっ飛んで行くのか知られたくなかった。激痛は突然予告なしに来た。その結果社会生活に支障を来すようになった。外出は減らし、トイレに行列するところは避けた。時々間に合わないことがあったからだった。猛烈な痛みが突き刺すように戻ってくると生活に支障が出た。一九七〇年代に痛みに襲われた時のことを考えながら、手術後医師が言ったことを思い出した。「ケン、治療はしておきました。しかし将来のことが心配です」。

この言葉が脳裏に響いた。将来とは今のことで、医師は正しかった。当時も痛みは耐え難かった。今ははるかに悪化していた。仕事は休みがちになった。日によっては、収まることを祈りながら、ベッドでのたうつことしかできなかった。医師は検査を指示したが、何度やっても原因はわからなかった。

ある日トイレに駆け込むと、下着が血まみれだった。春には痛みで仕事ができなくなった。会社に出向いて退職を告げる力も残っていなかった。電話して、もう戻らないと伝えるのが精一杯だった。

三九年間あそこで働いた。人生の三分の二だ。ケーキと風船と笑いを誘う乾杯の挨拶に満ちた退職記念パーティーがあるべきだった。金時計をくれてもよさそうだった。尻すぼみな形ではなく、盛大に送り出してもらうはずだった。

彼が工場を去った後、少し具合は良くなった。いい機会だと考えてフロリダまで病気と闘う兄を訪ねてドライブした。夜通し運転した。その途中トイレが間に合わなくなった。当惑し、恐怖を感じ、汚いことになり、情けなかった。

帰宅してから診察を受けたが、さらに検査するだけで答えはなかった。結果を待つ間、痛みはひどい段階から「天文学的」な段階に悪化した。うずくまって、真っ二つに切られたような痛みだった。便通が堪えられる時期には便秘になった。四、五日も排便の気配がなかった。もう一日経てばと、こらえて疲労してしまうのだった。

検査結果が戻ってきた時、医師は言った。「ケン、深刻な問題があります」。

進行性直腸がんだった。がんだ。潰瘍性大腸炎が直腸がんのリスクを高め、それがリスクではなく現実となった。

厄介な疾患をケンは一人で耐える必要があった。少なくとも今はデュポンに地獄の体験の責任をとらせ、賠償させるチャンスが出てきたのだった。

一五年近く前に始まった訴訟のこの新段階において、私は地域住民の間に渦巻く騒ぎと噂を収めるのに忙しかった。そのほとんどが、疾病に関する個人裁判に群がる新しい原告弁護士たちのせいだった。外部の法律事務所は、二〇一一年末に最初の「まず確実な関連性」が出るとすぐにパーカーズバーグに降り立つようになった。それ以来、弁護士たちは関連性のある疾患に苦しむケンのような集団訴訟団の人を探していた。

裁判所は二〇一三年一月に公式集団訴訟通知を承認し、通知は発送され、誰でも無料で訴えを起こせることが明らかになった。

集団訴訟通知が発送される前から、我々はデュポンと交渉して個別裁判を集団としてまとめて対処する方法を検討していた。しかし外部事務所による新しい法的活動により、まとめる作業は複雑化してしまった。デュポンは別の提案をしてきた、広域係属訴訟だ。これは、大人数に影響する複雑な訴訟を簡素化する特別な法的手続きである。

デュポンにとっても、別々の管轄区域で整合しない規則と裁判日程に基づき、複数の裁判に対処するのは実務的な悪夢だった。

これは、我々原告側とデュポンの弁護士チームとの利害関係が一致する珍しいケースだった。認定疾患の診断を受けた原告は、個別裁判で損害賠償を請求するが、全ての訴えを一つの広域係属訴訟で一人の判事が一つの法廷でできる限り調整すれば、傷ついた人たちも大いに時間短縮になる。

新しいデュポン「C8個人疾患裁判」の広域係属訴訟は二〇一三年四月にスタートした。係争中の裁判はすべてオハイオ州コロンバスの連邦裁判所に移送してまとめられ、エドマンド・A・サーガス・ジュニア判事が担当することになった。サーガス判事は一九九六年からコロンバスの裁判所にいて、最近オハイオ州南部の主席判事に任命されていた。広域係属訴訟は複雑なので、この判事の広範な経験は役立つだろう。複数の弁護士が新訴訟をたえず追加していたので、同訴訟がどれくらいの規模になるかわからなかった。個別裁判は一〇以上の弁護士事務所から起こされたが、多くの原告は我々のチームの担当を望んだ。

広域係属訴訟は、双方が陪審員の公判のために「代表的な訴訟」〔試訴、テストケース〕をいくつか提案するものだった。この前提は、代表的な案件での陪審員の評決が、原告・被告にその他の裁判が今後どう展開するかを示すことになるとともに、和解金額の基準にもなる。これはデュポンが了承した場合のことであり、同社はタバコ産業と同じように、何千もの裁判を個別に法廷で争うこともできた。

いずれにせよ、エドとハリーの事務所もラリーの事務所も、もし広域係属訴訟が失敗してデュポンが個別に裁判することになったら、とても何千もの個別裁判を担当する余力はなかった。エドとハリーの事務所はすでに、個別裁判を担当してほしいという最初の問い合わせに伴う書類準備と打ち合わせと電話応対で手一杯だった。「パプ」に電話する時が来た。

マイク・パパントニオは大規模不法行為を専門とするフロリダの弁護士事務所のパートナーだ。「大規模不法行為に習熟する」という法律会議を毎年ラスベガスで開催していた。そこで彼はロックスターのような存在だった。彼のファンは、ロバート・F・ケネディ・ジュニアその他有名な法律専門家とパパントニオが共同で司会する「リング・オブ・ファイア」という全米ラジオ・トークショーで知っていた。エドはパプをよく知っていた。ウェストバージニア州のデュポンの別の環境裁判「スペルター製錬所裁判」を一緒に担当したことがあった。小さな町スペルターの重金属製錬所による汚染の裁判だった。エドは地元弁護士としてパプを支え、陪審員に魔法をかけ、企業から巨額の評決を勝ち取るのを見た。エドは以前から、もし個々のＰＦＯＡ個人疾患裁判を起こすことになったらパプに頼もう、と言っていた。

ずっと遡る二〇〇五年の和解の直後、エドの提案で彼とラリーと私は、フロリダ州ペンサコーラに飛び、エドにパプを紹介してもらった。彼の八九フィートのヨット「ニューヘイブン号」に招待してもらい、社交界レポーターたちがゲストの衣装を説明するようなパーティーに出席した。チーク材と真鍮で飾られ、半人半魚の海神トリトンの彫刻の見下ろすこのヨットは、私が足を踏み入れる初めてのヨットだった（今後も二度とないだろう）。パプは大きな人柄の優雅なホストだった。南部の魅力で陪審員を虜にするのが想像できた。盛大に和解を祝う乾杯の挨拶で、彼はもし疾患との関連性が確定して個別の人身傷害裁判になったら、それは彼の専門だし協力すると言っていた。

一〇年近く経っていたが、パプは約束通り協力してくれた。広域係属訴訟の枠内での裁判になるので、彼は以前の同訴訟の時から親しい弁護士事務所に協力を仰ぎ、原告たちの弁護士事務所を統括してもらうことにした。マンハッタンにあるダグラス＆ロンドン事務所の筆頭パートナーのマイク・ロンドンは、この種の裁判の世界では広く知られ、全米裁判史上で有名な複雑な広域係属訴訟を設置・運営し解決する比類なき成功と経験を誇った。パートナーのゲアリー・ダグラスは、文字通り本物のロックスターだった。生粋のニューヨーカーで、ゲアリー・ダグラス・バンドでギターを弾き歌っていた。最初は企業弁護士事務所だったが、独立して人身傷害と製造物責任を専門とするようになった。複雑な医薬品訴訟で重大な評決を数多く勝ち取っていた。

ゲアリーは北部、パプは南部出身だった。二人合わせれば、法廷で素晴らしい陰陽連合チームになる。代表的な最初の試訴はまだ二年以上先の二〇一五年九月だった。遠い先のようだが、それまで毎週、公判手続きを決め、原告を選び、証拠開示を実施し、証言録取を進めながら、我々の証拠に対し増大するデュポンからの激しい攻撃に対処するという、苦労の多い過程だった。同社は、これだけで一〇〇件以上の動議を出してきた。

この間私は、過去一四年間発掘してきた事実を陪審員にやっと見せられる自分を想像しない日は、一日もなかった。

私は、ＰＦＯＡと疾患との関連性が明らかになり、原告が損害賠償を追及できるようになって、弁護士として満足できる時が来ると思っていたが、それは間違いだった。

デュポンはスクワイヤー・パットン・ボッグズ事務所から全く新しい弁護士を連れてきて、元の和解情報のさまざまな条項を解体する動議とメモで我々（と法廷）を苦しめた。これはデュポンにとって広域係属訴訟の有利な点だった。一つの裁判所に何千もの個別訴訟が並んでいるので、広域係属訴訟をブロックできれば、個別訴訟は即死するだけだ。

それは阻止する必要があった。高価だったが、科学的証拠と専門家証言で武装した。デュポンは、「似非科学」を使う人がいると非難しながら、証言を拒否する動議を出し続け、全部争った。

裁判所はデュポンの重要な動議をすべて却下した。しかし一つ却下されると新たに一〇以上の申立てが出てきた。ギリシャ神話の多頭獣ヒドラのように、一つ頭を切り落とすと、代わって二つ生えてくるのだった。

動議の多くは陪審員に、デュポンに不利な資料や証拠を見せない裁定を求めるものだった。その中には、バーニー・ライリーやジョン・バウマンの電子メール、テナント家と家畜チームの資料、一六五〇万ドルの和解と罰金を勝ち取った環境保護庁のデュポン裁判も含まれた。

今回もほとんど全ての動議は、結局不成功に終わった。しかし資料の洪水は止まらなかった。裁判所がデュポンを却下すると、同社の弁護士は同じ議論の形を少しだけ変えて、ただ繰り返し何度も何度も再提出してきた。一千個の擦り傷で死ぬような状態だった。

新たに今回の広域係属訴訟を担当した事務所の弁護士は、私が読んで暗記した何百万ページもの資料を読む時間はなかった。早い段階で私は、膨大な証拠と科学の微妙なニュアンスを全員に理解してもらうのを諦めた。たとえ毎晩午前三時まで調べて書くことになっても、自分でやった方がたいてい早かった。セーラは仕事を減らしてと懇願した。ストレスが再び増えて神経系の痙攣の引き金になるのを恐れていたのだ。彼女は私の出張や外食にほとんど文句を言わなかったが、私の方は物理的に家族とほとんど毎晩および週末をいっしょに過ごしたものの、心ここにあらずだった。裁判のことで頭がいっぱいだったのだ。息子たちは今や皆ティーンエイジャーになっていたので、私が家で過ごし、サッカーの試合や展覧会や学校行事に行く以外、私の出番はなかった。しかしセーラは、自宅で私の気持ちを必要としていた。それはますます困難になっていった。裁判所が私を全ての広域係属訴訟の共同主席弁護士に任命し、何千もの訴訟と訴えの重責を担うことになったからだ。時折起きる弱い症状——首と腕と脚とまぶたの痙攣とひきつけ——以外、長いこと問題はなかった。セーラには、大丈夫だから心配しないようにと言った。本心は自分自身も心配だった。しかし、もう終わりまであと少し。止めるわけにはいかなかった。

デュポンは「特定的な」因果関係はまだ争うことはできた。特定個人に関して、ＰＦＯＡが六疾患を発症させうるだけでなく、他の要因（喫煙、肥満、遺伝的要素など）よりもはるかに大きな要因であるかどうかを争う余地はあった。

加えて新しい広域係属訴訟の資料と議論から、デュポンは和解の基礎を攻撃する準備をしていた。一〇年前の和解合意で議論しないと約束していたにもかかわらず、科学パネルが確定したＰＦＯＡと六疾患との一般的因果関係を否定する計画だった。ブルックマール社を排除した時の混乱から、デュポンが書面での合意に従うとは限らないことは知っていた。今回は、手遅れにならないうちに手を打つことにした。一般的因果関係を一から確認するつもりはなかった。

異例な法的戦術で、判事にこの一般的因果関係はすでに決着済みで今後の裁判の論点ではないと裁定してほしいという申立てを出して、先回りすることにした。広域係属訴訟の弁護士で和解に立ち会わなかった人の中には、これはリスクが高いと言う人もいた――負けてデュポンが一般的因果関係を書き直すことになったらどうするのか。しかし私はボストンでの和解交渉の時その場にいた。デュポンが書き直しできないように文言を選んでいた。和解は信頼していて、他の弁護士の心配を克服して、この一点について裁判所に早期の包括的判断を要請することにした。

私の要請によるヒアリングはコロンバスで二〇一四年一一月一三日に開催された。デュポンのデイモンド・メイス主席弁護士がコートを脱いだところ、スーツを着てくるのを忘れたことがわかったという滑稽なところから始まった。企業弁護士として、騎士が馬上槍試合に武具を忘れたのに似ていた。

メイスは礼儀を欠いたことを謝った。

「謝罪は不要です」サーガス判事は言った。「でもおわかりだと思いますし、あなたはそうではないと思いますが、他の人たちには少し滑稽に見えます」。

事実、ユーモアを感じた。しかしそれ以上に、何かの印であることを願った。広域係属訴訟全体の運命は、この一見何の変哲もない出来事に集約されているかもしれない。もしデュポンが和解の基礎そのものにケチをつけて、PFOAの深刻な健康被害を徹底的に解体したら、一〇年分の仕事は水泡に帰し一からやりなおすことになる。和解が強固と信じていても、私の胃は不安で痛んだ。公聴会が間違った方向に進んだら、はっきり言ってめちゃくちゃになる。

私は原告席から立ち上がり、スーツのボタンをもったいぶりながら判事とメイスのために止め、メモとペンを演台に置いた。

私は軽く咳払いをして、「判事閣下はこれがきわめて特異でとても変わった裁判であると分かっています」と話し始めた。「我々は、最も高度な世界的企業と類例のない契約関係にあります。七万人の人と前例のない合意を結んで、個々人の曝露の度合いを検査し、パネルを組織して、どの疾患がPFOAによって実際に発症するか確定することにしました。そして一旦発症が確定したら、デュポンは地域住民との間でPFOAが裁判の原因であるという事実は蒸し返さないと約束しました……」。

「確かにこれは普通ではありません」と私は続けた。「しかし八万の人がこれに同意し、何年も待った挙句、足を運んで、血液検査をして、さまざまな医療手続きをとりました……デュポンはこの合意に従うことを要請されるべきです」。

サーガス判事は言った。「しかしこのあたりから厄介になります。私は遡って科学的結果を読みました。たくさんのデータを使っています。例えば水を飲む人を検査しています。しかし他のことも確認しています。特に摂取量については言ってないのではないですか」。

決定的なポイントに光を当てるチャンスだった。「判事殿、まさにそのとおりです。理由は、これに先立って摂取量は決まっていたのです……。当事者双方ともわかっていました。それがどの疾患を引き起こすか知りたかったのです」。私は判事に、科学パネルが精査する原告は特定のPFOA「摂取量」の人たちであると定義したことを伝えた――少なくとも一年間はPFOA濃度が〇・〇五ppb以上の飲料水を飲んでいた人のことだった。パネルの任務は「まず確実な関連性」をこの定義で確認する作業だった。

サーガス判事はうなずいた。「了解です」と彼は言った。

私は、何年も前の基本合意で問題は解消したことを判事にわかってもらいたかった。科学パネルは、いたずらに七年間かけて、不確定な濃度のPFOAがどこかの誰かを病気にする、と調べたのではない。原告の人たちがこの化学物質の濃度〇・〇五ppb以上の飲料水を一年以上飲んで病気になったかを調べた。そして確かに病気になると判定し、デュポンも和解条項の書面――法的な契約――でその結論は争わないことに同意したのだった。

私は続けて、科学パネルが「まず確実な関連性」を確定したら、原告全員が十分なPFOAに曝露して病気になりうるのは当然のことだと説明した。原告は誰一人として、曝露が少なすぎるから裁判資格がないということにならない。

サーガス判事はまたうなずいて、「そうです」と言った。

「判事殿、関連性は原告全員に見つかりました」と私が言った。

しばらくやりとりしたあと、判事は次のように言った。「さて、確認ですが……喫煙は長ければ長いほどリスクは高くなります。ＰＦＯＡについてはそうなのかわかりません……。換言すれば、五年飲むのと一年飲むのとでは差が出ますか」。

科学パネルが関連性を確定したら、原告全員に等しく適用される、とデュポンが合意していた。そこで原告全員に関する一般的因果関係の議論は終了なのだった。

「判事殿、その問題は議論の余地がありません」

私はサーガス判事が答えるのを聞いてほっとした。「それが一般的因果関係ですね」。

メモを持って席に戻った時、かなりいい気分だった。そのあとメイスが上着なしで演台に近づき、私はポーカーフェイスを保つよう自分に言い聞かせた。しかしメイスはデュポンの他の弁護士と同じく優秀で、針先に乗る天使の人数も数えられるくらいだった。この事件に関して言えば、隙間なく鎧で固められた合意をこじ開けようとするだろう。

「法廷で周知のように」とメイスは言った。「和解合意の中で――判事殿、条文を見ると――一条四九項には、『まず確実な関連性とは、入手できる科学的証拠に基づき、原告の中にＰＦＯＡへの曝露と特定の疾患の関連性が強いこと』と書かれています。重要な用語は、判事も認めるように、『の中に』です」。

そこを突いてくるのは信じられなかった。しかし彼はそう言い始めた。

「判事殿、『ウェブスター辞典』を引くと、そこに出てくるばからしい例文に、ガチョウの中にちらばるアヒルの文があります。そういう意味で使われます。全部がガチョウとは限りません」

「この和解では、まず確実な関連性を指す文言は『全員』とは書いてありません。このつながりが原告全員に見つかるとは書いてありません。もしそのつもりだったら、その簡単な文言を使ってもよかったはずです。しかしそうは書いてありません。そして原告は文言を追加したり、そこにある言葉を変更したりはできません」

今や私は怒っていた。和解一〇年後の今になって、デュポンはガチョウの中のアヒルを持ち出すのか。暴発しそうになったとき、判事が助けてくれた。

サーガス判事は彼を途中で遮って言った。「問題は、和解条項の文言に戻ると、とても重要なことがあります。読み上げると『被告はＰＦＯＡとあらゆる疾患との間の一般的因果関係の問題を争わない』と書いてあります。原告のどの人に適用されるか制限はないと思いますが、どうですか」。

メイスは口ごもった。「判事殿、すみませんが、もう一度お願いします」。

「私は読み上げています」と判事は応答した。

「はい、判事殿」メイスは言った。頬がわずかに赤らんだ。

サーガス判事は続けた。「私が言いたいのは、ひとたび科学パネルが決定を下したら、一般的因果関係を認めることについて、そこには制限が全くないことです。その意味は――私は『あらゆる原告の人』を意味すると読みました」。

メイスは抵抗した。「いいえ、判事殿」と彼は始めた。続くやりとりで私は耳を疑った。彼は意味論を展開した。ちょうどビル・クリントン〔元米国大統領〕が「あの女性」と性交渉を持ったかどうか判断する大陪審員に対して「その単語の意味によって変わってきます」と言ったのと同じ手法だった。

「まず」とメイスは切り出した。「それが疾患を起こすことは確かです。それから、疾患と原告全員とをつなぐのは原告『の中に』というこの表現です。しかし『原告全員』とは書いてないのです。『の中に』とあります。そして、判事殿、覚えておく必要があるのは事実として……」。

判事は遮った。「私は……『ウェブスター辞典』ではない。しかし、『の中に』は限定詞には見えません」。

法廷はその日即座に判断しなかった。しかしひと月後、パソコンに裁定が飛び込んできた時、裁判所が、デュポンの議論は「支持できない」と断定した件を読んで、微笑まずにはいられなかった。裁判所は、「曖昧さのない用語」と「明確な契約用語」との観点から、科学パネルの「まず確実な関連性」の判断を疑うデュポンの主張を却下したのだった。

満足すべき決定的な勝利だったが、こんなに明快に却下されたのに、デュポンはまだ一般的因果関係を争う専門家の報告書を提出し続けた。毎回専門家や報告書を却下してもらうよう裁判所に動議を提出する必要があった。これは初公判の日まで続いた。

この流れの中で、デュポンは外部世界に対して勇敢な顔を保ち、一歩も引かず、ひとかけらの悔恨も見せなかった。「常に責任感を持って行動したと自負しています」と同社広報担当者はパーカーズバーグ・ニュース&センティネル誌に語った。「これらの事件でしっかり弁護し続けます」。

さらにデュポンは、代表的な試訴で我々の懲罰的賠償請求を禁止する動議を裁判所に上げていた。彼らは、根底にある事実に基づいて判断する道理を弁《わきま》えた陪審員なら、懲罰を課す根拠を見つけられないと主張していた。

私はすぐ反論にとりかかった。長年収集した全証拠のサンプルをまとめて裁判所に送った。デュポンの動議は裁判所がきっぱりと却下した。「道理を弁えた合理的な陪審員は、デュポンがPFOAの有害性を知っていて、自らの主張を通すために不十分な科学的調査を意図的に操作したり使用したりすると同時に、市民にPFOAの危険性に関する誤った情報を提供したとする証拠を見つけた」。

これで、一一年かかった裁判は、初めて道理を弁えた陪審員がどう判断するかきちんと見届ける段階に入った。

第33章　公判

二〇一五年九月一五日
オハイオ州コロンバス米国地方裁判所

晩夏の朝、オハイオ州コロンバスの八四年前に建立された連邦裁判所の階段を上った。一九三〇年代に建てられたジョーゼフ・P・キニアリー記念連邦裁判所は、オハイオ川に流れ込むシオトー川沿いの一ブロック全てを占める、ネオクラシカル様式の立派な建物だった。厚い砂岩の壁とそびえ立つ柱で、近代的パルテノン神殿のように見えた。ファサード［建物の正面］には、産業と農業との隣り合った正義を描く逸話的情景が彫り込まれていた。詳細に見ると二頭の雌牛を引く農場主に気づいた。吉報と受け止めた。

屋内の大理石の床を一歩一歩踏みしめるにつれて、そのために一六年以上準備してきた場所と時が近づいた。一足踏み出すたびに突然心配になった。もし痙攣が始まって、また立っていられなくなったらどうしようか。法廷に入る時つまずいたり激しく震えるようになったりしたらどうするか。確実な現実に焦点を合わせることで、その心配を打ち消そうとした。我々の弁護士チームはとても有利な陳述を準備したのだ。しかし身体的な心配は別として、法廷の緊張は振り払う必要があった。

公判は公式には前日の陪審員の宣誓から始まっていた。しかし実質的な法廷の行動はこれから始まるところだった。マイク・パパントニオとゲアリー・ダグラスが開廷の挨拶をした。私の初仕事は開始の口火を切ることだった。これで残りの裁判の舞台を設定することになった。ここまでの一六年を概観し、パプとゲアリーを陪審員に紹介し、あとはきわめて有能な士官に手綱を渡すことになる。

九時一五分前までに、法廷は満席だった。法廷全体は落ち着かないエネルギーでうるさく、記者はメモ帳を手にし、弁護士はスマホにメッセージを入力し、傍聴人は期待しながらしゃべっていた。九時ちょうどにざわめきは止まり、陪審員が並んで静かに入廷し、法廷の右側の陪審員席に着席した。

「全員起立」と廷吏が言った。

皆が立って見守る中、サーガス判事が入って判事椅子に座った。

「オハイオ州南部地区の米国地方裁判所は開廷する。栄誉ある裁判官はエドマンド・サーガス判事である」

「着席してよい」サーガス判事が言った。一〇〇名が同時に座る衣擦れに続いて、期待感のある急な静寂が訪れた。

「判事殿」廷吏が言った。「本日の事件はカーラ・マリー・バートレット他とE・I・デュポン・ドゥ・ネマーズ株式会社の裁判である」。

「弁護士は」と判事が言った。「始めてよい」。

カーラ・マリー・バートレットは、デュポンが代表的な試訴［テストケース訴訟］に選んだケースだった。孫のいる五九歳の女性で、一七年間PFOA汚染水を飲んだ後腎臓がんと診断されていた。

彼女が選ばれたのは、おそらく数千の訴訟の中で、損害の少ない方だからだ。彼女の疾患はあまり負担なく治療ができていたのだった。デュポンが選んだもう一つの理由は、その後の対照尋問で明らかになった。彼女のケースでデュポンはPFOA以外の原因で病気になったと主張しようとしていた。言い換えれば、デュポンにとってこれは「ベスト・ケース」であり、陪審員がこれをどう判断するか見たかったのだ。

私は深呼吸してから、原告側のテーブルから立ち上がり、法廷中央の演台に立った。

「法廷及び紳士淑女の皆様、おはようございます。私はロブ・ビロットです」

法廷に自分の言葉が響くとすぐにリラックスできた。ようやく、千回想像したように、陪審員の前に立ち、PFOAの物語を語るのだ。深く息をしてから一人ひとりの一対の目を見た。女性三名、男性四名。陪審員の表情は中立的で関心を示しながら、視線を返してくれた。彼らが、ことの全容を聞く初めての一般市民である。理解してもらうために、バートレット夫人ががんになる前——ずっと前——まで遡って話す必要があった。事件の始まりの前の始めから。

「この事件は長い年数にわたるので、何十年も遡ることになります」と私は言った。

ほとんど寝ていなかったが、目は冴えていた。黄色いメモパッドの切れ端にいくつか箇条書きのメモがしてあった。一張羅のスーツのポケットからそれを取り出し、広げてから、演台に平らに置いた。しかし見なかった。見る必要はなかった。

「かなり昔の資料をたくさん見ることになります」

もう全部暗記していた。証拠に使う重要書類の日付は全部暗唱できた。逐一引用できた。あまりにも何回も読み返したので、脳裏に焼き付いていたのだ。

陪審員はそれぞれペンとメモパッドをもらっていた。詳細に読み返したい資料の番号を書き留めるように推奨されていた。裁判のあと、これらの資料は陪審員室に送り返された。私は、誰でもこの資料を読みさえすれば、私が何年間も見てきたことが見えて理解できるだろう、といつも信じ、今まで単純に期待していた。

この事件は、ＰＦＯＡがバートレット夫人のがんを発症させたかが焦点だった。しかし私は陪審員に、バートレット夫人が長期にわたり紆余曲折を経てきたＰＦＯＡ物語にあてはまることを理解してほしかった。全体像を見て欲しかった。

「これから見せるものの背景を少しお話しします」と私は言った。「そしてどのように今日に至ったかも伝えたいと思います」。

アールがこの場にいないのは何とも残念だった。陪審員の前に立ち、判事と傍聴人が見入るその瞬間にも、私は彼に別れの挨拶をするチャンスがなかったことを後悔していた。それを慰める唯一の方法は、デュポンに責任を取らせることだ。アールが一番求めていたことだった。そのためにこの裁判で勝つ必要があった。

彼が始めたことを私が終わらせる必要があった。

「これは一九九〇年代後半に始まりました」と陪審員に言った。「テナントという名前の一族の話です……」。

五分間の導入の後、私はパプとゲアリーにオープニングの残りの発言を任せた。パプが初めに話した。彼が自信ありげに大股で陪審員の前を通り、武器のような言葉と感情で語った。彼は二つの法廷を満たすくらいの人間的魅力に溢れていた。

「おはようございます、紳士淑女の皆様」と彼は温かく言った。「私は北フロリダ出身です。なるべくはっきりと話すつもりですが、ゲアリー・ダグラスとは違いがあります。彼の方が少し早口です」。

ニューヨーカーのゲアリーは、法廷右側の原告側のテーブルから笑顔を返した。私はゲアリーとカーラ・バートレットとの間に座り、陪審員はさらに右側だった。この法廷では、原告が陪審員に一番近いところに座り、陪審員は近くでよく見えた。バートレット夫人は時々私の方に寄って質問をささやいたが、たいていは静かに座り、陪審員が彼女を観察する時はそわそわしないようにしていた。

裁判の準備をする中でバートレット夫人をよく知るようになるにつれ、好感を持たないわけにはいかなかった。もの静かで温かく、青い目で顎まで伸びるきれいなブロンド髪の彼女は杖を頼って少し足を引き摺りながら歩いた。話す時は手を私の腕に優しく乗せる癖があり、私の心を溶かした。一九か月の青い目の男の子の孫がいて、明らかに溺愛していた。

カーラ・バートレットはパーカーズバーグ生まれで、ワシントン・ワークス工場から川を渡ったオハイオ州の人口二〇人くらいの村で育った。五人兄弟の末っ子で、飲料水と料理用の水に湧水を使っていたのを覚えていた。そのうち父親が井戸を掘った。成人した頃、タッパーズ・プレインズ公共水道会社の水を飲み始めた。父親は、高速道路のガードレールを建設する仕事で、ほとんど毎晩出かけていた。週末に家に戻ってくる生活だった。

高校時代、近くの農場で放課後と夏休みの間、とうもろこしとトマト畑を手伝った。二十代には両親の家を出て、敷地内のトレーラー・ハウスに移った。家族経営の不動産屋で帳簿をつける仕事をした。夜はコンビニで二つ目の仕事をした。そこで将来の夫ジョン・バートレットに出会った。

結婚式の日、新婦の父はインフルエンザで、娘とともに教会の通路を歩くことはできなかった。カーラは、新郎の前の結婚で生まれた若い息子の腕に連れられて歩いた。少年はカーラの肘までの身長もなかった。新婦を祭壇まで連れて行ったところで、神父が少年に質問した。「カーラを義理の母として受け止めるか」。

「はい」と彼は言った。「受け止めます」。

一九九五年一一月、カーラとジョンは、少年にアレックスという名の弟を与えた。その五、六週間後、大晦日に、カーラは腹痛で身を捩《よじ》った。友人が子供たちを見てくれる間にジョンが救急治療室に連れて行った。胆嚢だと医者は言った。しかし別の原因だった。CATスキャンで腎臓に影があった。

陪審員には、じきに話の後半を伝えることになる。まず我々は、科学と資料と経営判断を説明した。専門家がまず、全体の枠組みと流れを証言した。そのあとカーラ・マリー・バートレットが証言台に立ち、核心部分を証言した。デュポンの広範な人体実験の参加者に、自分が知らないうちになっていたのはどういうことだったか、彼女が説明したのだった。

法廷の外ではメディアが騒いでいた。

公判が始まる数か月前、デュポンは、事業のテフロン部門を「切り離し」て、ケマーズ社という新会社を作った。非効率に対する株主の反乱がきっかけだったが――分社化で「身軽」(つまり「解雇」)になった――、これを見た瞬間、私は賠償責任を回避するためではないかと不安になった。その数年前、似たようなことがエネルギー会社カー・マギー社でも起きていた。この会社は意図的にあるいは過失により活動家キャレン・シルクウッドをプルトニウムに被曝させ、分社化したトロノックスという会社はじきに親会社が生じさせた大規模の環境破壊の巨額の賠償責任で倒産した、という疑いで悪名を轟かせていた。最終的に裁判所は、分社化が詐欺行為であり親会社が賠償責任を負うことを決定したが、それまでには何年間もの悪夢のような法的闘争が必要だった。それを繰り返したくはなかった。我々の事件では、最後はデュポンに公判の結果の評決の責任を取らせることができたが、公判が進行中の当時は不安にさせる憶測が金融市場を駆け巡った――ケマーズ社は発生しうる損害賠償を負担する財力があるのか。

ウォールストリートは楽観しなかった。裁判アナリストはケマーズ社の損害賠償負担額は四億九八〇〇万ドルに上ると推計した。別の会社のアナリストは五億ドル以上の賠償なら同社は倒産するだろうと言った。株価から計算すると、投資家も悲観的だった。ケマーズ社の株価は六月から五七%下落していた。

多くの人が、一九九〇年代の大タバコ企業の裁判と比較していた。裁判はまだ連邦裁判所で続いていた。我々のケースと同様に、最初の集団訴訟により、一般的因果関係問題は解決していた。以後の集団訴訟の原告は、「一般的」に言って、喫煙の発がん性は証明する必要がなかった。それは自明だった。しかし特殊的因果関係は証明が必要だった――喫煙ががんになりうることだけでなく、喫煙

(他の原因ではなく喫煙そのもの)がその原告個人のがんを実際に発症させたことは証明の必要があった。

「この事件はかなり簡単に分解できます」パプは陪審員に言った。「この物質の危険性についてデュポンは何を知っていたのでしょうか。そして、どれくらい早くから知っていたのでしょうか」。

そう言ってから彼は、その後数週間我々が陪審員に説明することになることの概要を説明した。デュポンがバートレット夫人の傷害について法的責任を負うべきであることの証明だった。彼は私が何年もかけて発掘した数十の資料を例示し、それらが巨大なジグソーパズルのピースのように一つひとつ当てはまることになるか説明した。そのパズルは陪審員の眼前で完成することになるのだった。

パプが陪審員に説明するのを聞いていると、私は泣くのを抑えるのに必死だった。私が取り乱さないようにしている間に、パプはデュポンの過失を概観し終えた。次にゲアリーが立って陪審員の前に行き、もっと個人的な話を始めた。パプが説明したばかりのデュポンの作為[行動]と不作為の結果、バートレット夫人がいかに苦しんだかについてだった。ゲアリーの話を聞きながら、私は我々のチームを必要とした何千何万の人たちと終わりがないように見えた旅に思いを馳せ、今やっと目的地が見えたと感じた。その目的地が正義であるよう祈るばかりだった。

開廷の説明が終わると、公判が本格的に始まった。その後三週間、専門家その他の証人を呼んで話してもらい、すべての証拠がデュポンのPFOA大災害の責任を証明していることを示してもらった。

基本的な四点を証明する必要があった。

その一　デュポンは、バートレット夫人およびその他の原告に傷害を生じないようにする適正な注意義務を有したか？

その答えは明らかに見えるが、激しい闘いが起きた。

我々は、デュポンが有毒と認識している化学物質で公共水道を汚染しないようにする義務があったと主張した。ひとたび水汚染に気づいたら公表する義務があった。「一つ簡単にできたことがあります」とパプは言った。「警告する、つまり選択肢を与えることだ」。

デュポンは、「工場の外で見つかった比較的低いＰＦＯＡ汚染濃度では、地域住民にいかなる危害があるかについてのいかなる可能性に関しても、知識も予見性も全くありませんでした」と主張した。同社は害があるとは「全く知らず、知っているべきだったとも考えていません」と申し立てた。

これがデュポンの弁護論だった。古くからのお気に入りだ——我々は知らなかった！

義務があったかどうかの判定基準の一つは、危害の予見可能性だった。同じ立場にある適正な会社だったら、原告への危害の可能性を予見できたか。

デュポンの主席弁護士のデイモンド・メイスは陪審員に言った。「特定の年にデュポンの個々人が下した決断を見る時、テレビ番組20／20に見られるように、後でわかったことに基づき判断するような態度は避ける必要があります。その個々人が決断した時点で知っていたことに焦点を当てる必要があるのです」。

我々は、遅くとも一九八四年までにデュポンはＰＦＯＡの危険性を知っていながら、いくつか決断を下していたと指摘した。ＰＦＯＡを使用し排出し続け、環境保護庁に有毒データを提出せず、政府と市民に対して水質汚染の真実を隠蔽した、と。デュポンによれば、これらすべてがあっても、バートレット夫人のような地域住民に危害が及ぶ可能性を予見するのに十分ではなかった。デイモンド・メイスは、我々の証人たちが「月曜日の朝のクォーターバック〔アメリカン・フットボールの重要な選手〕」のようで信用できないと非難した。

その二　違反があったか。デュポンは似た状況にある適正な企業と同じように行動したか。

我々の専門家が、当時デュポンが入手し得た情報に基づき、適正な会社だったら何を知りどう行動したか証言した。デュポンの違反は言語道断の不作為を通り越していた。市民に汚染を警告しなかっただけでなく、隠蔽行動もあった。

「有毒性を知った後、また、生体内持続性と呼ばれるものを知った後、実験室でがんがわかった後も」パプは陪審員に言った。「彼らは市民に、心配しないでよい。ここには問題はありません、と言った」。

デュポンは自説を堅持し、何世代にもわたって言い続けた常套句を繰り返した。当時、地域の水道水に検出された「微量」のＰＦＯＡを飲む人に危害が及ぶとは予見できなかった、と。

その三　損害。原告は実際上の傷害や損害を受けたか。

我々は、バートレット夫人に証言台で答えてもらった。

その四　主因。デュポンの行動（または不作為）がバートレット夫人のがんをもたらしたか。

我々は陪審員に対して、この事件でＰＦＯＡの発がん性はすでに科学パネルで解決されていて、ここでの争点でないことを指摘した。因果関係で唯一争点になるのは特殊的因果関係――飲料水中のPFOA（その他のものではなく）ががんの主因かどうかだけだった。その点は激しい異論があった。「PFOAが腎臓がんを発生しうるからといって」とデイモンド・メイスは言った。「それがバートレット夫人のがんを引き起こしたことにはならない」。

何週間も我々の証人の証言とデュポンの反対尋問が続いた後、ようやくカーラ・バートレットが証言する番になった。

彼女はそわそわしていたが、ゲアリー・ダグラスが優しく証言をリードしてくれた。子供時代の質問にいくつか答えた後、落ち着いたように見えた。話し始めたのに合わせて私は陪審員の反応を注意深く見た。

バートレット夫人は、腎臓に影を発見した後、医師たちから継続ケアに来るよう伝えられた。当時彼女は男の子の赤ちゃんの方が心配だった。産まれた時ヘルニアが二か所あった。まだ生後数か月のアレックスは手術が必要だった。緊急だと言う医師も、まだ少し幼すぎると言う医師もいた。

少し大きくなったアレックスは手術を受けた。問題はなくなったようだったが、カーラの母が突然予告なく亡くなった。カーラは幼児と少年の世話をしながら悲しみに直面した。「自分のことは、何と言うか、後回しにしたのです」と彼女は言った。夫のジョンはトラック運転手で、週の間は不在で週末に家族の元に帰ってきた。だから、医院からCTスキャン検査の案内があった時、彼女は後回しにしようとした。「時間がとれません」と彼女は言った。「赤子がいます。いろいろ忙しいのです」。

彼女は医院の返事を決して忘れることはできない。「『しない』でいる場合ではありませんよ」。CTスキャンのあと、医院からまた電話があった。「バートレットさん」と電話の声が言った。「腎臓の影、医師たちは九八％がんになったと言っています」。

彼女が高ぶり始めたのがわかった。ゲアリーも感じて、陪審員にわかってもらおうとした。

「バートレットさん、その時何が脳裏をよぎりましたか」

「猛烈な恐怖でした。とても心配でした。その時、わかると思いますが、私はがんかもしれなくて、家族の面倒を見られなくなるかもしれないと気づいたのです」

「電話の後何をしましたか」

「ただ震えが始まり、とてもとても恐ろしかったのです。夫のジョンに電話して、ジェイムズがん病院で専門医に会う必要があると伝えました」

「当時何歳でしたか」

「四十歳でした」

「そういう言葉を聞いてどう感じましたか」

「『がん』と聞くだけで恐ろしくて逃げたくなります。しかし自分のこととなると、もっとひどくなります。考えたのは家族のことだけでした」

腎臓の影は葡萄のサイズの腫瘍に成長していた。「腎細胞がんです」と医師たちは言った。早期のステージIで発見されたが、除去するには手術が必要で、医師は「患者を真っ二つに切る」ような手術だと言った。

ゲアリーの導きで彼女は、その日夫のジョンが二時間半かけてコロンバスの病院に連れていってくれたことや、道中何が脳裏に去来したか、車内に満ちた沈黙のことを話した。

「私は……私は恐怖で死にそうでした」と彼女は言った。「とにかく泣かないようにしていました。夫が……夫をこれ以上動揺させたくなかったので」。

手術室に車輪付きの担架で連れていかれた時、ジョンはこれ以上は行けなくなるところまで担架の横をついてきてくれた。

「そういう時、『愛しているよ』と言葉を交わすものです。彼は『すべてうまく行くよ』と言い、私は『私も愛しているよ』と言った。『もし万が一のことがあったら、息子たちに愛していると伝えてください』」

副廷吏が彼女にティッシュを渡した。

「ライトを見上げた時、彼らが『これから眠らせてあげます。起きた時には全て終わっています』と言ったのを覚えています。覚えているのは、ライトを見ながら神よ、どうか大丈夫なようにしてください、と言ったところまででした」

「バートレットさん、手術後意識が戻った時、何を最初に思いましたか」

「あー、痛みでした」と彼女は言った。「ひどい痛みでした。人生であれほど痛かったことはありません」。

彼女は乾いた吐き気、傷口を止める針、滲み出すものを排出する管を説明した。自分の子供が初対面で横を向いて顔を伏せた時のことも話した。違う種類の痛みだった。

痛みが、生活の中に新たに加わった。平らに寝ると痛いので、何か月も寝椅子で寝た。ある日、鏡の前でシャツをまくってみると、「神様、なんということでしょう」と思った、と話した。ゲアリーは、陪審員に傷跡は見せない方がいいと考えていた。「どんな風か説明できますか」と彼は言った。

彼女はお腹から背中まで指でなぞった。「とても大きくて、とても醜いものです」。傷はやがて治った。痛みも消えていった。しかし恐怖はいつも残っていた。

「これはがんでした。再発するかもしれない。傷跡が毎日それを思い出させました」

「がんの恐怖が蘇るのは、当時と比べて今の方がひどいですか」

「すべて大丈夫と思っていました……しかし今は確信が持てません」

「それはなぜ？」

「自分の体内のＰＦＯＡ濃度がわかったからです」

二〇〇五年、バートレット夫人がブルックマール社の血液検査に行った時、結果は一九・五ｐｐｂだった。九九・六％の米国人よりＰＦＯＡ血中濃度が高いという数値だった。

弁護団のテーブルに座って証言台のカーラを見ているうちに、私は、強い悲しみが沸き起こった。デュポンがこの女性に何をしたか見てみろ、と思った。アールにしたこと、サンディにしたこと、みんなにしたことをよく見ろ。しかし反対尋問が始まると、悲しみは怒りに変わった。

反対尋問にデュポンは、陪審員にとっては新顔を送り込んできた。ステファニー・ニーハウスは、スクワイヤー・パットン・ボッグズ事務所のニューヨーク拠点から来た四十代の女性パートナーだった。デュポンは我々との議論あふれる公判前会議に彼女を送り込んで、すべての証拠と判例と、出てきたほぼすべての問題のあらゆる細部に論争を挑んできた。

しかし公判では今までのところ、彼女は陪審員の前で発言していなかった。陪審員が在席する時はいつも弁護士席に静かに座っていた。今、立って、バートレット夫人が反対尋問を始めた。

公判前動議から、特殊的因果関係に関するデュポンの主たる弁護論は、「別の何か」が同夫人のがんを発生させたというものだった。それは何か。肥満だった。デュポンは露骨にも、同夫人ががんになったのはＰＦＯＡのせいではなく太り過ぎだったからと主張した。

デュポンは若くてほっそりした女性弁護士の口から出た方が効果的と考えたのかもしれない。私は身構えた。醜い論争になりそうだった。

「変動はあったが、成人してから平均体重はだいたい一五〇ポンド〔約一一三キロ〕くらいだったと言って差し支えありませんか」

「はい」

「オーケー。身長は五フィート六インチ〔約一六八センチ〕ですか」

「だいたいそうです」

「オーケー。長年医師たちが減量やＢＭＩを減らすよう助言したと言ってよいですか」

「確かに、たぶん、そうです」

彼女の戦略は露骨で見るに耐えなかった。

バートレット夫人は、できる限りの気品を失わないようにしながら、憤慨した涙目で弁護士を見返した。見ているうちに私のこみ上げる怒りが激怒に変わるのがわかった。

この人たちは、企業の不正行為の恐ろしい代償［被害者］だった。このコストはどの貸借対照表にも計上されない。バートレット夫人のがんは、企業にとっては考慮外だった。

専門家の助けで、陪審員を三週間の科学と産業と医学の旅に連れていった。メモとメールと会議要録を通じて、ほとんど見ることのない巨大化学企業の内部を垣間見せることができた。内部調査を通じて、デュポンのハスケル毒性学研究所を見学できた。

デュポンの医学部長のブルース・カー博士と疫学者のウィリアム・フェアウェザー博士の録画による証言録取の証言、そしてバーニー・ライリーとジョン・バウマン弁護士の声明を通じて、陪審員は同社の様々な従業員が、経営幹部に正しいことをするよう要望したのを聞いた。我々は陪審員に、同社の幹部が従業員の声を無視したとする議論の余地のない証拠——同社自身の資料に基づくもの——を示した。

我々は陪審員に、説明不要の何百もの資料を提示した。デュポンが「グロテスクな仮装パレード」と呼ぶ証拠一式だった。陪審員はデュポン内の「点をつなぐ」プレゼンテーションとその疑念の余地のない目的——「拡散する情報量を最小限に抑える戦略はないか」を見た。陪審員はバーニー・ライリーが息子に宛てたメールで、悪化する状況を、もっとも平易な一般人にわかる言葉遣いで伝えるのを読んだ。彼らは、デュポン自身の法務部が巨大な懲罰的損害賠償を恐れていると知っていた。我々は彼らに説得力のある説明ができた自信があった。過失の四つの基本条件を指摘した。そして、だれが、何を、いつ、どこで、どのようにして、これら全部が発生したか説明した。しかしあと一つだけ、棺桶に釘を打つ最後の質問、なぜ、があった。

この質問の核心には恐るべきひどい真実があった。「代替案はあったのです」とパプは陪審員に言った。「明らかにそれを使えるとわかっていました。しかし問題はコストだ、とも知っていたのです」。

一九八〇年代に遡ると、PFOAの水質・血液汚染の証拠が出てきて、デュポンは特別チームを編成して問題を精査し解決策を検討した。一番明らかなのはPFOAの代用品を探すことだった。製造ラインは性能評価のための試作テストを実施した。ハスケル研究所は毒性を、経営陣はコストを分析した。

そして同社は、一九八三年には実用的な代替物を見つけていた。

それはテロマーBスルホン酸、またはTBSAと呼ばれた。化学的にPFOAとは違うが、類似の界面活性性を持つTBSAは、工業炉で加熱すると「無害と想定される副産物」に分解すると報告された。血液中の蓄積性はPFOAと同等だったが、毒性はより低いように見えた。しかし、その対策チームは毒性試験と血液データが必要と指摘した。問題は、TBSAは製品により効果にばらつきがあることだった。

別の解決策は、PFOAの破壊または処理だった。最初に製造した3Mは、この物質の廃棄情報をはっきり提示していた。化学的廃棄物用の施設で焼却または廃棄する必要があったのだ。もう一つの選択肢は、「こすって回収する」――PFOAをリサイクルするために取り除く方法だった。

重要なのは、デュポンには選択肢があったことだ。ＰＦＯＡの安全リスクに対処する方法があった。選択肢はどれも有望だったが、お金がかかるものだった。ワシントン・ワークス工場で熱による破壊は初期投資一〇〇万ドルが必要で、維持費は毎年さらに一〇〇万ドルかかるとの試算だった。実施には一年半ないし二年半かかる。こすって回収する方法はもっとかかる試算だった。初期投資三五〇万ドル、開発費一五〇万ドル、年間維持費二五〇万ドル。時間も四年から五年かかる。それでも、回収されたＰＦＯＡが再利用できれば、とんとんになる可能性もあった。

我々は陪審員に、こうした費用を全体像の中で比較してほしいと要請した。デュポンの書類によれば、ワシントン・ワークス工場の操業予算は年間約六億五千万ドルだった。それと比べれば、どの処理費用もわずかだった。

我々はこの現実が響いてほしいと願った。デュポンは、環境を汚染する前にＰＦＯＡを除去する方法を知っていたことを、陪審員に知ってほしかったのだ。

このことは、当時入手できる情報に基づき適正な企業が採用する行動として、当然のように見えた。特にことの重大さを考慮すればなおさらだ。デュポン自身の従業員を含む地域住民全体の健康に比べて、比較的低額の追加コストは、考える必要もないようなことだった。

そしてデュポンはどの方法を選んだのか。熱処理による破壊か。こすって回収する方法か。

そのどちらでもなかった。

パプは、大きな身振りを振り回しながら、綴り間違いだらけの一九八四年のＰＦＯＡ幹部会議要録を取り出した。もう何年も前から陪審員に見せたかった資料だ。ＰＦＯＡを廃止することで、会社は

「端的に言って、長期の字《マ》業《マ》部門の生存能力を危うくすることになる」と書いてあった。

「彼らはＰＦＯＡを使う必要さえなかった」彼は陪審員に言った。「それを使ったのは節約したかったからだけなのだ。経費を節減し利益を増大させることだった」。

同社が別の選択肢を採っていたら、我々は名指しで非難し手術の傷跡を測りながらここに集まらなくて済んだ。

すべては回避できたはずだった。しかしデュポンは費用がかかりすぎると判断した。だからバートレット夫人のような人がその代償を払っている。

「これは費用の外部化という」とパプは言った。「それによって大儲けできるが、その結果、このような法廷で裁かれることになる」。

締めくくりの発言でデュポンのデイモンド・メイス弁護士は、この事件を「トランプカード」と呼んだ。パプとゲアリーと同じく、彼も自信にあふれた口調で最後のモノローグを始めた。

「三週間前、ここに立って三つ証明すると言いました。一つは、デュポンの従業員の誰も、バートレット夫人その他地域住民に危害を与えるとは思っていませんでした。二つ目は、デュポンに賠償責任はありません。バートレット夫人に対してなんら法的責任に違反しませんでした。そして三つ目は、バートレット夫人の腎臓がんは簡単に他の理由で説明でき、デュポン従業員のせいではありません」。

「体内持続性は危害とイコールではありません」と彼は言った。彼の一貫したテーマだった。さらにもう一つ繰り返したことがあった。「ＰＦＯＡが腎臓がんを引き起こしうるとしても、バートレット夫人の腎臓がんを引き起こしたとは言えません」。

そのあとの彼の言葉を聞いて、私は飛び上がった。「我々はバートレット夫人の弁護士に挑戦状を出しました。この裁判に関する八〇〇万ページの証拠書類の中から、一文書――たった一つ――でいいから、デュポンの誰かが、地域住民の誰かに対して危害が予想されると発言した文書を見せてください」。

「ここで聞いてきた何年もの裁判の中で、数えられないくらい多数の弁護士が毎日デュポンと闘ってきて、PFOAに関わったすべての人のありとあらゆる場所から、書類棚から、デスクの引き出しから、パソコンから……」

「紳士淑女の皆様、全メールを顕微鏡で探してみても、デュポン側が誰かに危害を与えると予想したような文言は一つも見つけられないでしょう」

パプに目をやると、椅子から立つところだった。胸ポケットの秘密兵器を二人とも覚えていた。

私は幾晩か前に重要書類の膨大な束を再度読みながら掘り返していた（また繰り返していた）。デュポンは公判で、3Mの助言に従っていただけだと強調していた。3Mは最初の五〇年間PFOAの製造会社だった。デュポンは3Mから、PFOAについて健康の心配やリスクがあると疑う理由があると言われたことはなかったと主張してきていた。そのため、私は古い3Mの資料を取り出し、もう一度全部見直した。一つ、何年も前に見つけて、おそらく一〇〇回は再読した資料があった。それを一〇一回目に読み直すと、ずっと眼前にあった何かを発見した。今回は、巨大なスポットライトが当たっているかのように、それが私に飛びかかってきたのだった。

「あの、ところで」と翌朝パプに言った。「書類を見直していて、これを見つけたよ」。彼にそれを渡した。「役立つかもしれない」。

パプは読んで、私に向かって、石から剣を抜いたかのように微笑んだ［ヨーロッパの伝説的なアーサー王が、石に刺さった剣（エクスキャリバー）を抜くことで王としての出自を証明した］。この資料は、最後の証人の前で少し見せることで裁判書類として記録されていたが、一番最後の反論の時までそれが重要であることは強調しないでおこうという話になっていた。最後のサプライズになる予定だった。

従って、デイモンド・メイスが締めくくりの言葉と論述をすべて終えた今、パプがまるで髪の毛に火がついたかのような爆発的な反論をした。風変わりな表現で陪審員に話し始めた時、ほおは高ぶりとアドレナリンで紅潮していた。

「メイス氏は、一つ資料を見せろと言いました」

パプは、デュポンの弁護士とお抱え科学者のボビー・リカードの座る被告弁護席を一瞥した。上着のポケットから資料を取り出し、目立つように広げた。「メイス氏、リカード氏、これがその資料です」。

一九九七年の３Ｍの物質安全性データシート――ある物質の性質と曝露リスクと健康被害を詳細に記載したもので、３Ｍがデュポンに送ったものだった。彼は読み上げた。「警告。がんを発生させうる化学物質が含まれている」。その化学物質は何か。ＰＦＯＡだった。３Ｍはデュポンにできる限り明確に――一九九七年に――ＰＦＯＡががんを起こしうると伝えていた。

パプは資料を振りながら陪審員の方を向いた。法廷のスクリーンで皆が見られるようにした。

「資料を見せろと言いましたか」彼は言った。「これです。これを読みなさい！」。

デュポンの弁護士たちは資料を見て、当惑を隠せなかった。そのページを一心不乱に読んでいるのが見えた。懸命に読めば、その「がんになる」という文言が消失するかと考えているようだった。

パプは指を鳴り響かせたあと、発言の締めくくりにかかった。「デュポンにはよく聞いてほしい。この国では、会社が大きすぎるから責任を取らなくていい、というような制度になっていないことをわかっていると希望します」。

私は陪審員を観察して顔から読み取ろうとした。了解の印だったのか。期待しすぎるのが怖かった。陪審員がどう判断するかは本当にわからないものだ。

パプが言った。「あなた方は、オハイオ川全流域の人たちに対するデュポンの扱い方はオーケーだ、問題ないと言いました。でもあれでよいなら、この国の制度は崩壊しています。皮肉屋が正しいことになってしまう［そんなことが許されるべきではない］」。

二〇一五年一〇月七日午後四時、一日足らずの審議の後、陪審員の評決が出たと言われた。私はあまりにもそわそわし心配したので、病気になるかと思ったくらいだった。これで決まる。働いてきたすべて——一六年間のこだわり——がこの一瞬のためだった。我々は並んで入廷し、バートレット夫人とともに弁護士席に座った。

何時間にも感じられたが実は数分だった待ち時間の後、我々は立って陪審員を迎えた。彼らが着席すると、廷吏が入廷し小槌を上げた。我々はサーガス判事が入廷するのに合わせて再度起立した。私は脚がもってくれるか心配した。神経は火がついていた。過度の心配が痙攣を誘発しないか、そうでなくても、高ぶった感情が陪審員に見えてしまわないか、恐怖にかられていた。

「こんにちは、紳士淑女の皆様」とサーガス判事は陪審員と我々と傍聴人に向かって言った。傍聴席は公判初日よりさらにすし詰めだった。

彼は陪審員代表に立つよう伝えた。

「この事件の評決は出たと理解していますが」と判事が言った。

「判事閣下、はい、彼らが出しました」

法廷内の空気はざわめいた。指示に従い、陪審員は事務官に評決資料を渡し、事務官は立ち上がって法廷全体に向かって、平らな実務的な声で読み上げた。

「民事裁判C二・一三・一七〇、カーラ・マリー・バートレットとE・I・デュポンとの裁判、陪審員の評決：バートレット夫人の過失請求について同意するか。回答：同意する。七名の陪審員の署名」。

頭を下げる必要があった。目に見えるほど震えているのではないか、と私は恐れた。

「バートレット夫人に同意するなら、あるとしてどの損害をバートレット夫人は過失請求に対して請求する権利があるか。回答……」事務官は言いかけて判事を見た。判事は二人で確認するために彼に手招きした。事務官は判事に資料を見せ、判事はうなずき、続けるように伝えた。

「回答：一一〇万ドル。七名の陪審員の署名」

事務官が読み続ける前にサーガス判事が遮り、陪審員に向かって質問した。「文字が少し不明瞭だ。

全員に尋ねるが、数字は正しく読まれたか」。

「はい」と陪審員たちが言った。

「陪審員評決用紙」事務官が続けた。「バートレット夫人の過失請求の精神的苦痛の請求について同意するか。回答：同意する。七名の陪審員の署名」。

「もしバートレット夫人に同意するなら、あるとしてどの損害に対して請求する権利があるか。回答：五〇〇万ドル。七名の陪審員の署名」。

合計一六〇〇万ドルが、デュポンの彼女の傷害に対する賠償として認められた。

陪審員と判事が法廷から退出した後も私は驚愕し、震えながら座ったままだった。話そうとすれば泣きだすかもしれなかった。弁護士チームと、特にバートレット夫人を激励するために立ち上がった。ありがたいことに言葉は不要だった。彼女が大きなハグをしてくれた。

あまりにもたくさんの感情。長い年月。大量の仕事。大勢の人。そしてまばたく一瞬のうちに、すべてが一変した。すべて受け止めるには時間が必要だった。

しかしまだそのゆとりはなかった。次の公判は数週間後に開始する予定だった。

第34章　報い

二〇一五年
ウェストバージニア州パーカーズバーグ

一二月の華氏三二度［摂氏マイナス〇・六度］の日、私は震えて惨めな思いをしながらウェストバージニア州の野原に立って、写真家が撮影するのを待っていた。セーラが撮影用にコートを買ってくれたが、家に忘れてきてしまった。習慣で、ひとつボタンが取れて、猫の毛に覆われた、さほど温かくもない古いのをつかんで出てきてしまったのだった。原っぱには何時間もいた。

撮影はＰＦＯＡ物語に関する近刊のメディア記事用だった。今までのマスコミとのやりとりと同じく、この取材もそわそわした。たいていメディア対応は同僚弁護士に任せた方が幸せだった。ナサニエル・リッチというジャーナリストがニューヨーク・タイムズ紙に載せる記事のことで電話してきた時、受諾は気が進まなかった。

それでも、環境保護庁がＰＦＯＡ規制の動きを見せておらず、全米のその他の地域で飲料水汚染に気づいていないので、考え直したのだった。同紙にこの問題を説明し脚光を浴びせる記事が載ると、迫り来る公衆衛生の脅威の理解が深まるかもしれない。しかし、同紙が何を計画しているか全く知らなかった。内部の揉め事を経て、結局ナサニエルとリスクを覚悟で一緒に仕事をすることにしたのだった。彼と話しながらインタビューに応じるのは悪くなかったが、寒い中カメラの前で立っているのは特別な苦痛だった。

ジムとデラ・テナントの許可を得て、故郷に戻り、写真家の希望によりＰＦＯＡ問題が始まった場所で撮影した。以前なら家畜の群れが草を食んでいた空っぽの牧草地の端に立つと、アールとサンディのことを考えないわけにはいかなかった。そしてどれくらい変化があったかにも思いを馳せた。

後ろには、リディア・テナントの二階建ての家が暗い空き家になっていた。一族が手作りした納屋と穀物サイロも同じだった。二〇〇〇年代始め、アールの末娘のエイミーが夫と二人の小さな子供とともにその家に住んでいた。しかしドライ・ラン埋立地の問題が発覚したあと、農場から離れた方が安全だと決断した。エイミはまだひどい偏頭痛に苦しみ、子供は二人とも健康問題があった。

ジムとデラに会えるのは嬉しかった。撮影の間中付き添ってくれ、写真家が最後の数枚を撮影する準備をしている間、彼らのミニバンに乗り込み温まろうとしていた。

大多数のパーカーズバーグ住民が集団訴訟に集まった後も、バートレット評決の後も、まだへこたれないデュポン派の人たちが少しいて、ジムとデラを鼻であしらったり、彼らが入ってくると出ていくようなことが続いていた。まず健康を心配する人たちと、まず経済を心配する人たちとの緊張関係は残っていた。その緊張感は、スーパーマーケット「ピグリー・ウィグリー」の食品売り場の通路でも、ジムとデラが連れて行ってくれたレストラン「ウェスタン・シズリン」のテーブルでも感じられた。

「健康より経済を優先するつもりはないが、デュポンが去ったら人々も去るだろう」とベルプレ町の町長はワシントン・ポスト記者に言った。「このC8事件では誰も勝たない、皆が負ける」。

ベルプレは、我々の集団訴訟の六汚染水道地域の一つだが、マイケル・ロレンツ町長は、毎日水道水を飲んでいると言っていた。六疾患のうち一つでも発症している人に会ったことがなく、「デュポン従業員かデュポン退職者のいない地域は、ベルプレにはひとつもない」と主張していた。

彼は、デュポンは「すばらしい隣人」で「地域社会に貢献してくれる存在」と見ていた。しかし、ほとんどのキャリアを二六年間地元のシェル社の工場を含む化学工場で働いた人だった。

「病気になって、体を開いて、原油がたくさん出てきたら、会社が面倒を見てくれる、と私は心の中で信じています」と彼は言った。「裁判するより会社で働く方がいい結果が出ます」。

彼はバートレット夫人に敵意はないと言ったが、個人的にはＰＦＯＡで苦しむ人は「基礎疾患がある」人たちだと信じていた。

「C8事件はやりすぎでした」とロレンツは言った。そして確信しているのはそれだけではなかった。裁判でもっとも儲かった人は誰だか知っているか、弁護士たちだ、と言っていた。

ありふれた誤解だが、私の知っている現実とはかけ離れていた。最初の集団訴訟は、一一年以上前の二〇〇四年に始まっていた。その間パーカーズバーグ、ニュージャージー州およびミネソタ州の事件、及び公判の科学パネル作業関連で、膨大な追加費用を負担した。二〇一三年に始まった新たな広域係属訴訟で、以前よりはるかに時間をとられ、事務所にはさらに高い費用を請求するようになった。何千時間も事件に費やす一方、鰻登りの自腹負担があり、それに見合う収入は皆無だった。

会社の収益にどれくらい寄与しているかで報酬の大筋が決まるパートナーである私は、毎年、毎年、毎年、会社に負担をかけてきたことで、手取りは実際に何年も続けて減っていた。

確かにバートレット裁判では一六〇万ドルの評決で勝利したが、会社はまだ支払いを受けていなかった。支払いが実現するか不確かだった。デュポンは評決を控訴したのだ。私はパーカーズバーグに行くと相変わらずレッド・ルーフ・インに泊まり、ウェスタン・シズリンで食べ、一九九〇年製の走行距離二〇万キロのトヨタ・セリカに乗っていた。だから、弁護士たちがPFOAで「金持ちになっている」というコメントを読むと、舌を噛んで悔しい思いをした。

人々がより大きな全体像を見てほしい、と私は思う。請求できない時間給が一〇年分、七万人の原告に連絡する費用、一〇〇万ドル裁判にかかる費用。回収できたとしても、未回収の費用を精算し、残りをさまざまな弁護士事務所に分配し、各弁護士事務所の全パートナーで分けることになる（私の事務所には、インディアナポリスとシカゴの会社との合併で二〇人以上のパートナーがいた）。だから残額は想像する富の山とはほど遠い。

ニューヨーク・タイムズ紙には、全部は話さなかった。PFOA問題に焦点を合わせたかった——法律事務所の内部事情ではなかった。それでも同紙の記事は際限なき作業のようで、対面インタビューに始まり、事実確認担当者からの何十もの電話で終わった。そして写真が一枚必要で、どういうわけかそれに丸一日かかった。

午後遅くになっても、まだ原っぱに立っていた。顔と指と爪先は寒さで完全にしびれ、雪まで降ってきた。もう笑顔は作れなかった。

「あと数枚……」パシャ、パシャ、パシャ。

疲労困憊し、凍え、ダウンした。顔中にみじめさが溢れた。もちろんそれが採用された。

この記事は、ニューヨーク・タイムズ・マガジン誌の報道するカバー・ストーリーになると聞いて仰天した。二〇一六年一月六日の記事の題名を見てさらに驚愕した。「デュポンの最低の悪夢になった弁護士」。

しかし記事で一番予想外だったのは、わざわざ手紙を書いて、ありがとうと言ってくれた人の多さだった。私の受信箱は手紙とメールで溢れかえった――大半は全く見ず知らずの人たちからだった。連絡してくれた人に一人ひとり返信して感謝を伝えることにした。私は深く感動していた。着信したメールはプリントして自宅に持ち帰り、セーラや息子たちと一緒に読んだ。じきに電話帳くらい厚い束ができた。セーラと私はそれを近所の静かなレストランに持って行き、グラスを傾け、夕食を食べながら読んだ。「この事件で他に何も得られなかったとしても」と彼女は言った。「これですべて報われたね」。

メディアに露出したことで、別の発見もあった。自分の弁護士事務所で、驚きと好奇心から私に声をかけてくれたパートナーの人数に、私は仰天した。多くのパートナーは最近の合併で会社の一員となったので、それまで何年も私がやってきた内容を十分には理解していなかった。

長年の上司のトム・タープは、タフト事務所のシニア・パートナーだった。彼は表紙と記事を額縁に入れて、パートナー会議の時に贈呈してくれた。

これは、テフロンのフライパンのトロフィより、はるかに気に入った。

バートレット評決で、デュポンは初めて法律的にPFOAの責任を直接的に問われることになった。代表的な試訴の結果――陪審員によって課された具体的な損害賠償も含めて――、デュポンが残りの個人的傷害事件を評価するのに必要だと言っていた情報が提供された。

集団訴訟の他の人たちに比べて、カーラ・バートレットはPFOAの血中濃度が比較的低かった。彼女はワシントン・ワークス工場から一番遠い地域に住み、飲料水中のPFOA濃度は一番低かった。がんは第一段階で早期発見された。手術後、合併症はなく、化学療法も不要で、二〇年以上再発しなかった。病院は福祉対象者として扱ってくれたので、自腹の医療費負担はなかった。

デュポンがこの事件――他の事件よりそれほど劇的でなかった――で敗北し、陪審員が一六〇万ドルの補償的損害賠償を付与しただけで、同社の賠償責任を支持する基礎的な事実が強固であるという強いメッセージになったはずだった。しかし陪審員評決後二四時間経たないうちに、デュポンとケマーズはマスコミと一般市民に対して、事件の結果は実は同社側の立場を逆に有効だと確認したものだとの声明を発表した。デュポンのグレッグ・シュミット広報担当者はこのように説明した。懲罰的損害賠償請求が陪審員から出なかったので、「いかなる時点でもデュポンのウェストバージニア州パーカーズバーグの工場周辺の住民を意識的に無視したことはないことを証明しました。デュポンは、当社が使用した時点で産業および規制当局が入手できた健康・環境情報に基づき、取り扱いにおいて常に適正に責任感を持って行動しました」。

ケマーズのジャネット・スミス代表はデュポンの主張を繰り返した。「デュポンはPFOAの長い歴史の各段階において適正にかつ責任をもって、従業員と地域住民の安全性に高い優先順位をおきながら行動しました」。

両社は、責任や損害賠償を認めた陪審員の見解は完全に誤りであり控訴する、と表明した。

陪審員には、遂に全貌が開示された。彼らはアールが二〇年前に懸命に明らかにしようとしたことをつぶさに見た。彼らは私が何年間も犬の遠吠えのように叫んでいたあらゆることを理解した。そして彼らは重要な点を理解した。

今や、真実を見ようとも受け入れようともしないのは、デュポンだけのように見えた。懲罰的損害賠償が必要なら、次の裁判でそれを要求することになるだろう。

二〇一六年の夏、次の試訴を陪審員に訴えた。デイビッド・フリーマンは大学教授で睾丸がんを経験していた。命を救った手術は睾丸一つと腹部のいくつかのリンパ腺の摘出となり、カーラ・バートレットと同じくらい厳しいものだった。

我々は、ＰＦＯＡの基礎的事実関係とデュポンの判断を提示するだけで十分だった。戦略を精緻化し、プレゼンテーションを磨き、フリーマン氏の特殊事情に合わせて枠組みを調整した。しかし今回は、懲罰的損害賠償が追加されることを期待して、デュポンが意識的にリスクを無視したことを強調することにした。

二〇一六年七月五日、私は原告席の後ろに座り、パプが原告側の締めくくりの言葉を述べるのを聞いていた。バートレット夫人のケースは感情的に高ぶることになったが、フリーマン氏の事件は我々が達成したものの深刻さで衝撃を与えることになった。この事件を組み立てるのは、可動部分が一千個ある巨大エンジンを組み立てるようなものだった。デュポンに責任を負わせるには、すべての部品が完璧に作動する必要があった。一つでも部品が壊れたら動かなくなる。一つでも欠けたら全部が台無しになる。

パプはその部品であったが、今日は彼はただ動いているだけでなく、勢いがあった。

「昨日」と、彼は七名の陪審員の一人ひとりとアイコンタクトを取りながら話し始めた。「米国は独立を祝いました。そのお祝いは、あの独立で我々が獲得したものに対するお祝いが中心です。それは、米国市民が、どんなに巨大で強大な企業や国王や大統領であっても、法廷に呼び出し、『あなたがしたことは間違っています』と訴えてよい、という権利のことです」。

彼は悪玉を紹介した。「オハイオ川渓谷の人形使いと呼んでいるミスター・デュポンです」。

法廷では、会社は法人格があり人間のように扱われる。人間と同じように憲法第一四条の法的権利がある。つまり法の下での平等の保護、法廷でのデュー・プロセス〔適法手続〕の権利だ。さらに人間と同じく、会社自身の価値や意志や良心を持つ。

パプは続けた。「法廷に出てきて、異例な筋書きながら実際にここで話したような話をするのは、長年地域住民と環境活動家と自社の従業員を操ることができたからなのです」。

長年の数多くの場面での情報と事実の操作のことだった。これほど複雑で力のあるシステムの中で探し出すのはほとんど不可能だった。私が気づき真実を探し出した時、彼らは州政府との怪しい協力で私を封じようとしたと感じた。証拠開示では最も破滅的な資料をできるだけ長く隠そうとし、混乱を招く水質基準方法でわかりにくくし、結論を争わないと同意した科学パネルおよび一般因果関係にさえも異議を唱えた。

「彼らは川の両岸を操る必要がありました。科学者を操り、患者の治療にこの情報が必要な医師を操りました。出し惜しみし、隠蔽しました。紳士淑女の皆様、隠蔽するには能力が必要です。隠蔽を続けるには、とても優秀な弁護士もとても優秀な広報担当者も必要です。最も重要なこととして、戦略が必要です」

今回は懲罰的賠償を獲得できるよう準備していた。デュポンがリスクを意識的に無視したことを陪審員に明確にわかってもらうつもりだった。今回は、デュポンがＰＦＯＡの害を知っていて対策をとらなかったことに加え、デュポンが隠蔽し市民と規制当局を欺こうとしたことに焦点を当てた。発見した資料から、彼らの意図は疑問の余地がなかった。

「点をつなぐ」と書いてあった資料を思い出してください、とパプは陪審員に言った。あれを「北極星として使ってほしいのです。彼らの言葉——私のではない——を引用します。拡散する情報を最小限に抑える方法はないか。拡散したくないのは何か。年間五万ポンドもの発がん物質で川を汚染していることを市民に知らせたくない。ＰＦＯＡという毒が市民の血液に留まることを知られたくない」。

この総括を聞いていて、突然ひらめいた。過去一七年間の苦しい瞬間——敗北のように感じられた瞬間も——は今日のために必要だった。最近のミネソタ州やパーカーズバーグの認められなかった裁判や、比較的少額の八三〇万ドルのニュージャージー州の裁判のような苛立つ後退も、どうしても必要だったのだ。それらの結果ではがっかりしたが、お蔭でデュポンその他のところから証拠開示で資料を何年間も入手し続けられた。その資料が今この裁判で役立っているのだ。

「点をつなぐ」資料もその一つだ。あれは届いた一千番目の名もなき資料だったが、今の裁判で資料番号二八三の資料であり、決定的に重要だった。

「この会社の隠蔽工作を理解する場合は資料二八三から始めてください」とパプは言った。「点に関心を持たせなければバレずに済みます。市民が気づくと不満が発生します。不満は彼らの賠償責任を増やします。彼らの『曝露』［エクスポージャー］を増やすのです」

デュポンは誰も点を見つけないでほしい、見つけても点と点をつなげられないことを期待した。しかしアールは点を探し当ててつないだ。デュポンの最低の悪夢は、私ではなくアールだった。アールが勇気の意味を教えてくれた。政府も、地域住民も、友達も近所の人も止めるように圧力をかけても、彼は一人で立ち上がり巨大企業に石を投げた。彼の闘いが終わっても、私に戦い続けるよう支援した。彼だけのことではない、と知っていたからだった。

そして今、パプが、問題はデュポンだったと陪審員に念を押していた。「この事件の原告になる可能性のある人は何人か、と彼らは聞きました」。彼はスクリーンに映し出された資料を振りかざした。それにはデュポンの汚染水を飲んでいた人たちのことを「受容体」と書いてあった。

「覚えておいてください」とパプは人を惹きつける太い声で言った。「『受容体』という言葉を見るたびに、彼らは人間のことを話している、と思い出してください。ママとパパと子供たちのことを話しているのです。その人たちは彼らにとっては『受容体』なのです。人々を健康にしておくことに関心がないのです。関心があるのは、これを五五年間やったあと、いくら賠償する必要があるかということだけです。重要なのは、すべて回避しようと思えば回避できたということです。オハイオ渓谷の大勢の人が飲まなくてもよかったのです。彼らが正しいことさえすれば」。

この会社はこの分子の破壊方法を知っていた。いったん環境や血液中に入り込んだら、破壊できないことも知っていた。しかしこの物質は人を破壊できる。精霊が瓶から出てしまった。毒物は今や地球上の全人類の血液中を汚染した――この惑星のすみずみの生物の血液もだ。地球全体を汚染したのだ。

「こうして点をつなぐ時、私はこれを使います」。パプは、静かな法廷にスリルとサスペンスが充電されるのを待つかのように、一呼吸置いた。それからその言葉を吐き出した。「悪意（Malice）です」と彼は言った。「皆は悪意という言葉を聞くことになります。悪意とは、嫌悪、恨み、悪徳、無謀、企み、そして不吉だと言うでしょう。そうではありません。この事件で使う悪意、彼らの行動を評価する時の悪意とは、不吉でも嫌悪でも恨みでもその他のどれでもありません。悪意とは、意識的な無視です。何か意識していてそれを無視して、結果的に誰かを傷つけます。法律ではそういう意味なのです」。

私は陪審員がパプの演出を受け取ったのを見て、彼の意図をわかってくれた、と期待した。

これは、事故ではなかった。わざとやったのだ。

二〇一六年七月六日、陪審員はデイビッド・フリーマンを支持し、損害賠償として五一〇万ドルを裁定した。

今回はそれに五〇万ドルの懲罰的損害賠償を付加したのだった。

今回は現実的悪意があったと認定されたのだった。

遂にデュポンに聞くべきメッセージを聞かせ、問題を根本的に解決する時が来たという合図を送ったのだ。

しかし、デュポンとケマーズは速やかに控訴する、と宣言した。

タバコ会社の時のような臭いがした。


さらに三回目の広域係属訴訟に臨んだ。ケネス・ビニェロン裁判はもっと被害が大きくなった。ビニェロンは子供が四人いる五六歳のトラック運転手で、進行した睾丸がんがあった。

陪審員は被害補償に二〇〇万ドル、懲罰的賠償に何と一〇五〇万ドルを認めた。

この三回目の賠償ならデュポンも観念するだろう。

そんなことはなかった。

またしてもデュポンとケマーズから、法廷と陪審員は要するに誤認したので、控訴して訂正すると言ってきた。

試訴と公判は進展が見られなかった。公判はいくつも同じ結末——デュポンの責任が認定され、損害賠償と懲罰的補償は毎回高くなったが、控訴された。この調子では三千以上ある裁判を終えるのに何百年もかかるだろう。クライアントは初公判に辿り着く前に亡くなっているだろう。

サーガス判事は裁判を早めることにした。もしデュポンがすべて控訴するつもりなら、我々はもっと裁判の数を増やす必要がある。まもなく広域係属訴訟の日程に、二〇一七年末までに四〇のがん訴訟を終了するとの要請が付記された。オハイオ州とケンタッキー州とウェストバージニア州に分散して進める構想だった。

この最初の公判の最中に、デュポンが諦めた。同社弁護士はすべての裁判をまとめて終結することに同意した。

二〇一七年二月、デュポンは、すでに公判が始まっていた事件を含むオハイオ州とウェストバージニア州の三五〇〇以上の裁判について、六億七〇七〇万ドルを支払うことに同意した。同社は、控訴審で書類を提出し陳述も済ませ判決を待つだけだった裁判も自主的に取り下げ、和解に応じた。原告の誰がいくら和解金を受け取るかは複雑な手続きで、判事が任命し裁判所が監視する特別主事と請求管理者に委任された。どの疾患、どの治療方法（化学療法など）、苦痛と衰弱の年数、医療費支出による老後資金の枯渇など重要な違いは評価されランク付けされ、個別の分配額が決まった。

キャレン・ロビンソンの息子のチップや、バッキー・ベイリーが広域係属訴訟の和解の対象にならなかったことに、私は一生満足しきれないだろう。先天異常は科学パネルで「まず確実な関連性」を認められなかったからだ。将来の研究で関連性が確定されないはずはない。しかし参加した三五〇〇人以上の原告に関しては、正しいことが証明されて本当によかった。甲状腺疾患のスー・ベイリーも潰瘍性大腸炎のケン・ワムズリーも原告だった。

訴訟が終結したので、ケンは座って人生がどう左右されたか考えてみた。「健康被害のリストを出せる」と彼は言った。「大腸炎。進行性直腸がん。脾臓の摘出。黒変し抜けた歯。しかしむしろこれらの意味することをわかってほしい。私がデュポンに提供したものとデュポンが私から奪ったものを知ってほしい」。

「毎朝起きると直腸がないと思い出します。それがあった場所は塞いであります。大便は腹部の穴から流れ出てきます。そして二度の開腹手術の大きな傷跡の横に装着してある袋に流れ込みます。人工肛門形成術の患者を他にも知っていますが、自立性も自信も尊厳もなくなりました。以前は行動力があり人と交わるリーダーでした。今や、脆弱で怖くてほとんど外出しないのです」

「定年後は地元の短大で数学を教えたいと思っていました。バスケットボールのコーチも考えていました。旅行して世界を見ることも。人生をともにする愛する人を見つけることも。こうした夢は奪われました。人生の小さな喜びもなくなりました——ステーキも食べられない、ビールも飲めない、トイレに座って新聞も読めません。一五年間トイレに座ったことはありません」

「他の人も似たようなものを失ったでしょう。しかし私の苦しみは違います。人生を捧げた会社にやられたのです。信用していたのに。この会社が、既知の危険に曝し、安全だと約束しました。嘘をつき、健康を破壊し、人間性に対する信頼を打ち壊したのです。この会社はゆっくりだが確実に内側から私を殺し続けます。私が支え、私が愛していた会社だったのに」

何年もの我々の苦労によって、不十分ではあるが、何らかの補償をこれほどひどく苦しんだ人たちにもたらすことができたのは、せめてもの慰みだった。彼らは頼りにしてくれ、とても長い時間がかかったが最後に彼らを裏切らずにすんだ。

二〇一六年のある日、オフィスに知らない番号から電話がかかってきた。最初、電話口の女性のアクセントがよく理解できなかった。このジャーナリストはオランダのドードレクトからかけてきた。ここはワシントン・ワークス工場の欧州拠点にあたる旧デュポン（現ケマーズ）工場の所在地だった。ドードレクトはとても古く美しい港町で、運河の迷路と石畳の通りからリトル・アムステルダムと呼ばれる。しかし醜い問題があった。

このジャーナリストはＰＦＯＡを代替する化学物質を調査していた。環境保護庁のＰＦＯＡ廃止一〇年プログラムの間の二〇〇九年にデュポンが密かに採用した化学物質はＧｅｎＸ（ジェンエックス）と呼ばれた。構造はＰＦＯＡとほとんど同一だったが、背骨の炭素原子が二つ少なかった。ＧｅｎＸはドードレクトの水に流出したようだった。しかし、誰もその意味はわからなかった。これは何か。危険なものか。名前すらほとんど誰も知らなかった。ケマーズ社は人体に悪影響があるとする証拠はないと言っていたが、市民は心配していた。水道水から除去し、長年飲んでいた影響を知りたがったが、どうすればいいか誰もわからなかった。

「ビロットさん」彼女は言った。「私たちを助けてくれますか」。

これが始まりだった。ニューヨーク・タイムズ・マガジン誌の記事と六億七〇七〇万ドルの和解のあと、毎日のように新しい裁判の問い合わせや講演依頼があった。大学やロースクールで講演し、テレビのインタビューを受け、ニューヨーク州議会上院で証言し、イタリアでは立ち席しか残っていない聴衆に話した。そのイタリアではＰＦＡＳと総称されるＰＦＯＡその他の化学物質の厳しい規制を求める一万人規模の抗議デモがあった。サンダンス映画祭でウェストバージニア州裁判のドキュメンタリー『我々が知っている悪魔』の初上映会後に質問に答えた。スウェーデン・ストックホルムで、もう一つのノーベル賞として知られる「正しい生き方」賞の授与式に出掛け、欧州の指導者と国連代表に会って、PFOAその他の化学物質の地球規模の拡散について議論した。

かつてやっとセーラと息子たちといっしょに過ごせると思った途端、がん裁判で公判準備に忙殺されオハイオ州コロンバスのホテルに缶詰になっていた時と同じくらい、手が空かなくなった。でもセーラは必要なことはやったらどうかと励ましてくれた。長期間の二重生活に慣れていて、彼女自身新しい道が拓けていた。息子たちが高校に入り私は仕事漬けなので、セーラはプロキッズという地元非営利団体の弁護士としてキャリアを再開したのだった。息子たちは活発なティーネイジャーの友達と部活に嵌まり込んで、私がいてもほとんど気づかなかっただろう。

二〇一七年の大半を空港とホテルで過ごすのは気が進まなかったが、国の内外を問わず、蛇口からきれいで安全な水が出てくることだけを望んでいる何百万人に対して、未解決の問題について話せるのはとてもやりがいのあることだった。PFOAやPFOSより生体持続性が低いと宣伝されるGenXのような代替物質を含めて、四千種類近くあるPFAS全体［現在は約一万二七〇〇種類とされている］が危険かもしれないという意識が高まった。化学式が似ていて、動物実験の結果もあるので、全部が有毒か発がん性が疑われる。しかし誰も広範な科学調査をしていないので、その他のPFASの健康被害は断定できないというお決まりの議論がまかり通っている。

市民の理解が進むにつれ、公共水道の汚染検査も進み、PFOAとPFAS汚染の広がりが明らかになった。他方、［米国］国防総省は地元市民に対して、何百もの米軍基地と空港周辺の飲料水はPFOAで汚染されていると警告を出し始めた。ガソリン系の火事に使うクラスBという泡消火剤が汚染源だった。世界の一千近くの場所で類似の泡の被害調査が進んでいる。

環境団体EWGの調査では、PFAS汚染は、軍事基地、空港、製造工場、埋立地そして消火訓練拠点を含む四九州七〇〇か所以上に及ぶ。PFAS汚染水道水は、全米人口の三割以上の一億人の被害がわかっている。世界各地の研究から、C8科学パネルの六疾患をはるかに超える健康被害が明らかになってきた。メディアが一番注目したのは、イタリアの若い男性の調査で、高濃度のPFOAとPFOSに曝された人は、「短い陰茎、精子数減少、精子の低運動性」を含む生殖機能の問題があった。

PFASがこれだけ注目され、政治と規制の圧力が高まっても、問題の解決には何も具体的につながっていないことは、痛いくらい明白だった。記者ナサニエルのニューヨーク・タイムズ・マガジン誌の記事の四か月足らず後の二〇一六年五月二〇日――しかし環境保護庁とデュポンとのPFOA廃止合意からちょうど一〇年後（この合意でデュポンは連邦規制の一時停止を要請した）――、同庁は飲料水中PFOA濃度に関する初めての長期連邦健康推奨基準を公表した。七〇ppt（〇・〇七ppb）はPFOAとPFOSの合計値として生涯飲んでも安全とされ、PFAS全体についても大風呂敷な公約を表明した。しかし一年以上経ったが、公約の進展は何もない。

二〇一八年の春から夏に、環境保護庁は市民とメディアと政治からの圧力を受けて、PFAS汚染を管理する「国家計画」を策定していると表明した。同庁によれば、「飲料水中のPFOAとPFO

Sに関するすべて」を調査するようだった。ＰＦＯＡの危険性を警告する私の手紙から一七年以上かかって、同庁はやっと「ＰＦＯＡとＰＦＯＳを『有害物質』に指定する提案に必要なステップ」をとり、「目下、汚染拠点で帯水層のＰＦＯＡとＰＦＯＳ浄化勧告を策定」していた。また、未知のリスクのある全ＰＦＡＳに関して有毒性濃度を決めるために、「連邦および州政府と緊密に連携し対策を取っている」とも約束した。

にもかかわらず、二〇一八年末の段階で環境保護庁から進展の発表はなかった。その直後の二〇一九年二月になって、環境保護庁は大々的にＰＦＯＡとＰＦＯＳをスーパーファンド法の有害物質リストに遂に載せる「プロセスを開始した」と表明した。このプロセスは二〇年近く前に「始まった」ものだった。デラウェア州のトム・カーパー上院議員は私の思いを正確に代弁して、「環境保護庁は道の先の方に缶を蹴るのに一年近くかかりました」と言った。

ＰＦＡＳ汚染の被害を受けた何百万人もの米国人のために意味ある行動を取り、がんを含む健康被害の範囲を確定するだけのためにも、司法の力に訴える必要があると私は気づいた。古き良きコモンローの不法行為の考えだ。単一の恐ろしい事実——化学物質があらゆる人の血液に入っているという事実に注目した。犠牲者は市町村や地域や州に限られない。我々全員だ。

訴えは簡単だ。会社は、我々が人間スポンジのように血液中に彼らの有害物質を吸い上げ、何百万もの無料で許可不要の歩く産廃埋立地のように貯蔵することを知っていながら、環境に化学物質を不当に投棄した。そして我々の承諾なしに仕掛けられた時限爆弾である、このあらゆるところの血液汚染こそが、我々が訴える傷害そのものだ。求める解決策は現金ではない。もっと基本的なこと、つまり科学的知識を求めることになる。

私の考えは、これらの化学物質を生み出し利用しそれらで儲けた会社に対して新たな裁判を起こし、必要な科学的研究に資金を出させ、ＰＦＡＳ全体の健康被害を確定させるものだ。この科学研究は化学物質の商業生産が始まる前にやっておくべきものだったはずだ。原告被告双方が承認する中立的な科学者によるＣ８科学パネルの拡大版を作り、ＰＦＡＳ全部に関して血液汚染の影響をまとめて確定するのが目標となる。裁判は和解か判決を通じて会社に研究費を出させるとともに、ひとたび影響評価が確定したら最終結果として受け入れさせることになる。議論の余地はなく、控訴もできない。結局のところ、なぜ納税者が、会社にやられたことを理解するのにお金を払わなければならないのか、分からせたいのだ。

原告団弁護士として二〇年働き、弁護士事務所史上の最大の成果を誇り、代替版ノーベル賞をもらっても、最初の事件を事務所会議に提案した頃と同じくらい、私はびくびくしていた。一人の損害賠償と傷害賠償事件が三年かかり、小さな地域住民の訴えが一六年かかるなら、三億二六〇〇万の米国人の集団訴訟はどれくらいの時間――と未回収の時間給――がかかるのか。再び同僚のパートナーたちに、今や慣れっ子になったウサギの穴にいっしょに飛び込んでほしいと願い出た。長く徹底した調査のあと、彼らは同意してくれた。

二〇一八年一〇月四日、私は、化学企業八社を相手に、ＰＦＡＳに汚染された米国の人たちを代表する集団訴訟を、サーガス判事が担当するオハイオ州南部地域の米国連邦地方裁判所に起こした。

これからたくさんやることがある。

エピローグ

ＰＦＡＳ対策に行動や期限が伴わないことに業を煮やした上下院議員は、超党派法案を提出した。まだ可決されていないが、特定期限までに連邦政府のＰＦＡＳ規制の制定を模索している。二〇一九年には環境保護庁に対して、特定期限までにＰＦＯＡとＰＦＯＳをスーパーファンド法の下で危険物質リストに加える法案が上程されているが、まだ可決されていない。その他多数のＰＦＡＳ化学物質について、環境保護庁は「科学で解明されていない部分をできるだけ早く充実させる」と約束している。

謝辞

私の一番深く温かく心底からの感謝と愛は、私の並外れた妻のセーラ、そして驚くほど素晴らしい息子たちテディとチャーリーとトニーに捧げる。彼らはこの何十年もの物語をいっしょに生き抜き、出来事が起きて発展する間支えてくれ、本を書く時に再体験してくれた。一緒に支えてくれた両親のレイとエミリー、姉のベス、義兄のテリー、甥と姪、セーラの両親、兄弟姉妹、甥と姪、おば、おじといとこたちを含む私の親族と、セーラの親戚一同にも感謝したい。特別な感謝は、この本で綴った人たちと出来事に最初に繋げてくれて、たくさんの意味で私の人生を決定的に変えることになったグランマーに伝えたい。

もっとも感謝したいのはウェストバージニア、オハイオ、ミネソタ、ニュージャージーその他全米の地域の何万人もの人たちだ。彼らは過去二〇年間のＰＦＡＳ問題で私に裁判弁護の栄誉を与えてくれた。アール、サンディ、ジム、デラ、ジャック、エイミ、クリスタル（注記参照のこと）、マーサとテリーを含む比較できないくらい重要なテナント一族、ジョーとダーリーン・カイガー夫妻、キャレンとチップ・ロビンソン親子、スーとバッキー・ベイリー親子、ケン・ワムズリー、カーラ・バートレット、デイビッド・フリーマン、そしてケン・ビネロンといった、個人的な物語を寛容にも共有してくれた人たちだけでなく、個人の健康情報と血液サンプルを提供することで、大掛かりなＣ８健康プロジェクトを支援し成功に導いてくれた個人と家族の人たち皆が、ＰＦＯＡの隠されたリスクを世界中に示す決定的な証拠となった。

私のタフト・ステッティニアス&ホリスターLLP法律事務所の過去と現在のすべての人たちは、海図なき領海に漕ぎ出し、世界規模の汚染問題に取り組み続けるチャンスと支援を提供してくれた。同時に協力してくれた他のすべての法律事務所の弁護士、パラリーガル、職員その他の人たちは、この仕事に協力してくれただけでなく、成功につなげてくれた点で決定的に重要だった。特に本書で触れた人たち（たとえばキャスリン・ウェルチ、トム・タープ、キム・バーク、マイク・パパントニオ、マイク・ロンドン、ゲリー・ダグラス）だけでなく、言及していない人たち（たとえばゲリー・レイピエン、スティーブ・ジャスティス、デイビッド・バトラ、ケビン・マドンナ、レベッカ・ニューマン、クリス・ポーロス、マーク・ハイデン、ビル・ウェインズ、ジョン・ナルバンディアン、アーロン・ハーツィグ、ロバート・F・ケネディ・ジュニア、デボラ・マクリア、ロブ・クレイグ、スー・コースタ、ティム・オブライエン、ジェフ・ギャディ、ウェス・バウデン、キャロル・ムーア、そしてアシュリー・ブリテン・ランダーズ）にも感謝したい。特別の謝辞は、PFOAの物語を新しいレベルまで引き上げてくれたネッド・マクウィリアムズに送りたい。そして私の当初からの共同弁護士ラリー・ウィンターズのガイドと忠誠心と揺るぎない支援には、困難な何年もの間支えられた。

才能があり創意工夫に満ち献身的な驚くべき専門家集団に適切に謝意を伝えることは、私だけでなく誰にとっても困難なことである。特にポール・ブルックスとアート・マールとトロイ・ヤングとパッツィ・フレンスボーグ各博士は、一致協力して前例なきC8健康プロジェクトを企画し実施し成功させた功績がある。このプロジェクトは人間対象の健康調査として史上最大のもので大成功を収めた。同時にC8科学パネルと医療パネルとPFOAの健康リスクの解釈・分析・確認・モニターにおいて彼らを支援してくれたコンサルタントと科学者たちには、感謝する言葉も見つからない。

助言と教育と支援を提供してくれた、数多くの医師と疫学者とリスク評価専門家と化学分析専門家と毒性学者その他の科学者にも感謝しきれない。特にデイビッド・グレイ、リチャード・クラップ、バリー・レビー、ジェイムズ・ダールグレン及びジェイムズ・スミス各博士は、初めの頃からPFASの複雑でしばしば混乱を招き目眩のする世界を理解する手伝いをしてくれた。ファーディン・オイアエ、グレン・エバンズ、リチャード・パーディ及びアーリーン・ブラム各博士は、専門的訓練と才能を駆使してPFOAとPFAS群の危険を学界と規制機関と市民に教育し警告する手伝いをしてくれた。

市民団体の環境ワーキング・グループ（EWG）――特にケン・クック――の皆の並ならぬ努力にも特に感謝したい。PFOAとPFASの知識を普及し危険とリスクを伝えてくれたのは本当にすごい。

そのほかのNGOと市民グループや組織、ジャーナリスト、ライター、メディア関係者は、地球規模の健康の脅威を警告してくれた。特にグリーン科学政策研究所、ケン・ウォード、シャロン・ラーナ、キャリー・ライオンズ、マライア・ブレイクおよびナサニエル・リッチに感謝している。レス・キャンサー財団のビル・カズンズと理事会同僚たち、及び正しい生活アワード財団の仲間には、PFOAその他のPFAS化学物質のがんの脅威を周知してくれてとても感謝している。

アトリア・ブックスとサイモン&シャスターの極め付けのチーム全員にも深く感謝したい。彼らは私のストーリーとこの社会問題に深い関心を持ってくれた。すばらしい編集者のピータ・ボーランドの器用で洞察力に富む編集力とこの本に対する揺るぎない信念で、この本を完成することができた。彼のアシスタントのショーン・デローンは疲れを知らずに疑いなく限度を越して取り組んでくれた。リビー・マガイア、ベンジャミン・ホームズおよびジェイムズ・アイアコベリにも感謝している。

トム・シュローダの文学的スキルと才能が、科学と規制と法律と政治と企業文化のしばしば奥義的で複雑で混乱させる平行世界の物事を上手に編み合わせてくれた。トム、忍耐心と思いやりを持って物語を生き生きとこの本に収録してくれたことに感謝している。初期の貢献とヘラクレス的に難しい調査におけるキム・クロスの真に驚くべき才能にも感謝する。キム、ありがとう。

サイドバイサイド・リテラリ・プロダクションズ社のローリ・バーンスティンの絶大な支援と情熱と疲れを知らない努力と作業がなかったら、この本は日の目を見なかっただろう。彼女の超絶的な忍耐心、頑固な執拗さ、勇気づけ、才能そしてこの物語の持つ力と重要さに対する揺るぎを知らない信念のおかげでこの本ができた。ありがとう、ローリ。

注記：ある一人の農場主を誇りに思う娘として、クリスタル・テナントは「アメリカの将来の農場主たち」という団体のことを知っておいてほしいと願っている。詳細は www.ffa.org または www.blennerhassettffa.theaet.com を参照のこと。

訳者あとがき

テフロンのフライパンは私も使っていたことがある。あまりにも便利なので、今でも日本でたくさん販売されている。しかし三、四〇年前から、その有害性について囁かれていたのを覚えている。有機フッ素化合物がここまで多種多様な形で我々の生活に入り込んでいることも、それに伴う水道水の汚染が世界規模でここまで深刻になっていることも、ほとんど意識していなかった。

日本の全国紙で二〇〇〇年代からＰＦＡＳの環境汚染の記事はあった。二〇一九年に国会で沖縄米軍基地周辺の飲料水汚染が取り上げられると、コロナ禍の翌二〇二〇年四月にＰＦＯＡとＰＦＯＳが厚生労働省の水道水の水質管理目標設定項目に格上げされ、暫定目標値五〇ng／Ｌ（二物質の合計）が設定された。翌二〇二一年四月にはＰＦＨｘＳが要検討項目に追加された。

二〇二一年末に、本書より先に映画『ダーク・ウォーターズ』に出逢った。二〇一九年製作のこの映画は、パンデミックのせいで日本での公開が遅れた。本書の筋書き通り、迫真の裁判劇だ。衝撃的だった。

原書には、映画を凌ぐインパクトを感じた。巨大企業が、ありとあらゆる手段を使ってひたすら隠蔽し続けたことを丹念に明らかにする中で、市民の正義を貫くところに感動があった。あのおよそ法廷弁護士に向かないようなごく控えめな弁護士が、敗訴や欺瞞や逆風にめげずに巨悪に立ち向かうところに、強く共感した。二〇一六年正月のニューヨーク・タイムズ・マガジン誌のカバー・ストーリーで集団訴訟の顛末が明らかになると、無数の見ず知らずの人たちが彼にメールや手紙でありがとう、よくやってくれたと書いてきた。そしてその分厚い感謝メールの束をいっしょに読む中で妻セーラさんが、この事件で他に何も得られなかったとしても、これですべて報われたね、と言ったのを読んで、本当に涙がこぼれた。

泣いたのはそこだけではない。随所に、並みでない努力で尋常ならぬ不正義を突き崩す場面があった。よくくじけないで七〇年間分の汚染と「悪意」に立ち向かったと感慨に堪えない。

日本語版の翻訳について、著者ビロット氏の法律事務所ホームページのメールアドレスに問い合わせた。驚いたことにその日のうちに本人自身から返信が届いた。メールと温かいメッセージをありがとう、まだ翻訳されていないので、出版社が翻訳企画を手伝ってくれるでしょう、（大文字で）あ・り・が・と・う‼　と書いてあった。本書に出てくる著者本人にふさわしい温かい返信だった。

翻訳を始めると、裁判などの法律部分も、丁寧にわかりやすく一般向けに書かれていることに感銘を受けた。法律や環境衛生学が専門ではない私でも、先へ先へと読み進められた。また、随所に散りばめられた著者本人の心境の変化、家族や周囲の人たちへの温もりある眼差しの魅力に惹き込まれた。

私自身が職場で訴訟を経験したので、日米では司法制度が異なるにもかかわらず、組織・企業を訴える原告の人たちの苦悩がことさらよくわかった。特に個人が組織を訴える民事裁判では、日本でも八割が和解で終結するが、米国では九割だと知って唖然とした。よく映画に出てくるような公判で勝訴したいと思っても、費用や時間や極度の心理的重圧を考慮する必要がある。裁判は法律の条文に制約される一方、相手は全力で正義を否定してくる。本書でも企業の散々な隠蔽工作や嫌がらせに対して、原告側が粘り強く真実と正義を追求することで、概してデュポンが和解を受け入れ損害賠償や懲罰的賠償を支払う結果になっている。現在米国で無数に展開されているデュポンや3M相手の裁判は、日本ではほとんど報道されないが、自らの行いの責任をきちんと取る企業や地方自治体もないわけではない。エシカル（倫理的）な企業が、環境負荷や添加物、有機栽培や健康に配慮して成長していることに期待したい。

翻訳を通じてPFASは、合成界面活性剤であり内分泌撹乱物質であることを改めて確認できた。この猛毒の被害は深刻だ。現在米国でもヨーロッパでも、きわめて厳しい基準に移行する準備が進んでいる。前述の日本の水道水の暫定基準である五〇ppt（一兆分の五〇）に比べて、現在米国の環境保護庁が提案している基準は、定量下限値未満ではないかと思えるほどで、PFOAは〇・〇〇四ppt、PFOSも〇・〇二pptという厳しさである。これはヒ素や鉛などの猛毒の基準が〇・〇一ppm（一〇〇万分の一）であるのに比べて、一〇〇万倍の厳しさである。文字通りケタが違う。六ケタも違う、つまりPFASは比較できないほどの猛毒なのだ。この事実は衝撃的である。

しかも列挙すればキリがないが、さまざまながん、潰瘍性大腸炎、高コレステロール、脂質異常、ワクチン免疫力低下、男女の不妊症、ホルモン異常、肥満、喘息などとの因果関係が確定している、あるいは関連性を強く疑われている。現在、東京都多摩地区では横田基地周辺住民の血液検査が進行している。現代の病は個人の不摂生のせいではなく、添加物や農薬やPFASなど、本書の題名にあるように「毒を盛られた」結果だと本書は明らかにしている。検査をしてみたら、東京の私の自宅の水道水もPFASで汚染されていることがわかったので、活性炭フィルターを使っている。

なお、本書で描かれた二〇一七年の集団訴訟のあと、二〇二一年一月にデュポンとコーテバとケマーズの三社（後二社はデュポンから分社化したもの）は個人の損害賠償で八三億ドル［一兆一〇〇〇億円］の和解に応じた。二〇二二年四月にはオハイオ州裁判所が、本書の最終章でビロット氏が提訴した七〇〇万人の集団訴訟を認証した。ビロット氏は、浄化や被害調査は税金で賄うべきではない、一般市民が事実を知って企業と政府の責任を追及するべきだと一貫して主張している。本書の翻訳を快諾してくれたのも、彼がPFAS問題は「世界規模の公衆衛生の脅威」であると認識しているからである。その後の彼とのやりとりで、PFAS問題の日本での進展は毎日モニターしていると言われたのにはいささか驚いた。デュポンの直接の海外拠点は日本とオランダであるということも忘れていないのだろう。日本での問題解決の進展に著者本人とともに強く期待している。

本書の第一幕の主人公の朴訥な農場主ウィルバー・アール・テナント（Wilbur Earl Tennant）は、こだわりと確信の人だった。彼は“farmer”と自認するが、翻訳に当たり、農業経営者、酪農家、農夫、農民も考えた末、農場主とした。彼は三〇〇エーカーの地主だったが、米国の平均的小規模家族経営の農家より少し大きかったにすぎず、農場経営は楽ではなかった。デュポンが買い取った土地をアールが引き続き放牧できたのは、当初は本当に有り難かったに違いない。

デュポンに立ち向かうアールは、聖書のゴリアテに挑むダビデである。ウェストバージニア州の弁護士は皆怯んだ中で、果敢に立ち向かうビロット弁護士もダビデだ。この闘いは今でも続くが、保身に回り忖度することは、不正義を助長し市民の命を蔑ろにする。警鐘を鳴らす人たちやメディア関係者が、脅迫や嫌がらせを受けないことを願うばかりである。

原題のエクスポージャー"Exposure"はいくつか重要な意味がある。カメラのレンズの明るさを示す露出（絞り）、はだける、に始まり、晒す・曝す（さらす）、暴く、暴露する、露見する、露呈する、曝露・露曝する、放射能に被爆・被曝するという意味まである。本書では、ＰＦＡＳに曝されることと、隠蔽を暴くこととを掛けている。目に見えないという点では放射能と通底する部分のあるＰＦＡＳには、「被爆・被曝」は使いにくいように感じた。読者のご判断を仰ぎたい。

最後に、多くの方の支援を得て翻訳を進めることができたことに感謝したい。下訳の相談にのってくれた同僚たち、翻訳の質問を受けてくれた方たちにとても感謝している。母節子は、グーグル・ドキュメント・システムをマスターして、市民目線から下訳原稿を読みやすくしてくれた。また、ＰＦＡＳ問題の深刻さをしっかり受け止めて、翻訳作業を温かく見守ってくれた花伝社編集部の佐藤氏およびスタッフの方々に心からお礼を申し上げたい。

著者略歴

ロバート・ビロット（Robert Bilott）

タフト・ステッティニアス＆ホリスター法律事務所パートナー弁護士。1987年フロリダ州サラソタのニュー・カレッジ卒、1990年オハイオ州立大学大学院モリッツ・カレッジ・オブ・ロー修了。PFAS曝露被害訴訟の第一人者として、いずれも初となる個人訴訟、集団訴訟、大規模不法行為訴訟、及び広域係属訴訟を指揮。PFAS汚染被害者救済活動に関して、「もう一つのノーベル賞」と言われる「ライト・ライブリフッド賞」を受賞したほか、法律および環境関連の受賞歴多数。市民団体「レス・キャンサー」と「グリーン・アンブレラ」理事を務める傍ら、世界各地のロースクール、大学、カレッジ、地方自治体その他団体にて講演や講義を続けている。ライト・ライブリフッド・カレッジ教員、イェール大学公衆衛生大学院環境健康科学部講師、アルゼンチン・コルドバ国立大学名誉教授。
本書は、マーク・ラファロ主演の映画『ダーク・ウォーターズ』（2019年）の原作となった。

訳者略歴

旦 祐介（だん・ゆうすけ）

1956年東京生まれ。東京大学教養学部、米国アマースト大学教養学部卒業、東京大学大学院総合文化研究科国際関係論修士課程修了・博士課程満期退学。東海大学教養学部教授、同ヨーロッパセンター所長、同国際本部長、東洋学園大学副学長・学長歴任。この間イギリス・ケンブリッジ大学クレアホールとオーストラリア国立大学客員教授、日本人間の安全保障学会会長も務めた。現在同学会特別顧問・同学会英字誌編集委員。専門はイギリス帝国史、人間の安全保障。民間軍事安全保障会社、地球温暖化の科学、サイバーセキュリティ、内分泌撹乱物質・添加物や有機農法に関心。趣味は音楽・室内楽演奏、モータリゼーションの文化と歴史。

毒の水——PFAS汚染に立ち向かったある弁護士の20年

2023年4月5日　初版第1刷発行
2023年8月1日　初版第3刷発行

著者 ——ロバート・ビロット
訳者 ——旦　祐介
発行者 —平田　勝
発行 ——花伝社
発売 ——共栄書房
〒101-0065　東京都千代田区西神田2-5-11出版輸送ビル2F
電話　03-3263-3813
FAX　03-3239-8272
E-mail　info@kadensha.net
URL　https://www.kadensha.net
振替 ——00140-6-59661
装幀 ——黒瀬章夫（ナカグログラフ）
印刷・製本—中央精版印刷株式会社

ISBN 978-4-7634-2056-5 C0036